H3C 认证系列教程

路由交换技术
详解与实践 第1卷（上册）
（第2版）

新华三技术有限公司 / 编著

清华大学出版社
北京

内 容 简 介

H3C 认证系列教程《路由交换技术详解与实践　第 1 卷》(上、下册)对路由交换基础技术进行了详细介绍,涵盖了当前构建中小型网络的主流技术。本书为上册,主要内容包含计算机网络基础、局域网技术基础、广域网技术基础、网络层协议原理、传输层协议原理、应用层协议原理 6 篇内容和 10 节课程实验。本书的特点是理论与实践紧密结合,依托 H3C 路由器和交换机等网络设备精心设计了大量实验,有助于读者迅速、全面地掌握相关的知识和技能。

本书是为 IT 技术领域的入门者编写的。对于大中专院校在校学生,本书是进入计算机网络技术领域的好教材;对于专业技术人员,本书是掌握计算机网络工程技术的好向导;对于普通 IT 技术爱好者,本书也不失为学习和了解 IT 技术的优秀参考书籍。

本书封面贴有清华大学出版社防伪标签,无标签者不得销售。
版权所有,侵权必究。举报: 010-62782989, beiqinquan@tup.tsinghua.edu.cn。

图书在版编目(CIP)数据

路由交换技术详解与实践. 第 1 卷. 上册/新华三技术有限公司编著. —2 版. —北京: 清华大学出版社,2024.1
H3C 认证系列教程
ISBN 978-7-302-65214-4

Ⅰ. ①路… Ⅱ. ①新… Ⅲ. ①计算机网络—路由选择—教材 ②计算机网络—信息交换机—教材 Ⅳ. ①TN915.05

中国国家版本馆 CIP 数据核字(2024)第 011857 号

责任编辑: 田在儒
封面设计: 刘　键
责任校对: 李　梅
责任印制: 丛怀宇

出版发行: 清华大学出版社
网　　址: https://www.tup.com.cn, https://www.wqxuetang.com
地　　址: 北京清华大学学研大厦 A 座　　邮　编: 100084
社 总 机: 010-83470000　　邮　购: 010-62786544
投稿与读者服务: 010-62776969, c-service@tup.tsinghua.edu.cn
质量反馈: 010-62772015, zhiliang@tup.tsinghua.edu.cn
印 装 者: 涿州汇美亿浓印刷有限公司
经　　销: 全国新华书店
开　　本: 185mm×260mm　　印　张: 20　　字　数: 511 千字
版　　次: 2017 年 8 月第 1 版　　2024 年 1 月第 2 版　　印　次: 2024 年 1 月第 1 次印刷
定　　价: 69.00 元

产品编号: 096953-01

新华三人才研学中心认证培训开发委员会

顾　问　于英涛　尤学军　毕首文
主　任　李　涛
副主任　徐　洋　刘小兵　陈国华　李劲松
　　　　邹双根　解麟猛

认证培训教程编委会

陈　喆　曲文娟　张东亮　朱嗣子　吴　昊
金莹莹　陈洋飞　曹　珂　毕伟飞　胡金雷
王力新　尹溶芳　郁楚凡

本书编审人员

主　　编　张东亮
参编人员　胡金雷　张　鑫　朱玉广　刘　贝
　　　　　张　燃　詹继晔　彭星韵

版权声明

© 2003 2024 新华三技术有限公司（简称新华三）版权所有

本书所有内容受版权法的保护，所有版权由新华三拥有，但注明引用其他方的内容除外。未经新华三事先书面许可，任何人不得将本书的任何内容以任何方式进行复制、经销、翻印、存储于信息检索系统或者其他任何商业目的的使用。

版权所有，侵权必究。

H3C 认证系列教程

路由交换技术详解与实践　第1卷（上册）（第2版）

新华三技术有限公司　编著

2024 年 1 月印刷

出版说明

伴随互联网上各项业务的快速发展,本身作为信息化技术一个分支的网络技术与人们的日常生活密不可分。在越来越多的人依托网络进行沟通的同时,网络本身也演变成了服务与需求的创造和消费平台。

如同人类不同国家语言的多样性一样,最初的计算机网络通信技术也呈现多样化发展。不过伴随互联网的成功应用,IP 作为新的力量逐渐消除了多样性趋势。在大量开放式、自由的创新和讨论中,基于 IP 的网络通信技术被积累完善起来;同时由于业务易于实现、易于扩展、灵活方便,IP 标准逐渐成为唯一的选择。

新华三技术有限公司(H3C)作为全球领先的数字化解决方案提供商,一直专注于 IP 网络通信设备的研发和制造。H3C 的研发投入从公司成立开始,一直占公司营业收入的 12% 以上,截至 2022 年,H3C 累计申请了 13700 多项专利。

另外,为了使广大网络产品使用者和 IT 技术爱好者能够更好地掌握 H3C 产品的使用方法和 IP 网络技术,H3C 相关部门人员编写、整理了大量的技术资料,详细地介绍了相关知识。这些技术资料大部分是公开的,在 H3C 的官方网站上都能看到并下载。

2004 年 10 月,H3C 的前身——华为 3Com 公司出版了自己的第一本网络学院教材,开创了 H3C 网络学院教材正式出版的先河。在后续的几年间,H3C 陆续出版了《IPv6 技术》《路由交换技术详解与实践 第 1 卷》《路由交换技术详解与实践 第 2 卷》《路由交换技术详解与实践 第 3 卷》《路由交换技术详解与实践 第 4 卷》等认证培训系列书籍,极大地推动了 IP 技术在网络学院和业界的普及。

作为 H3C 网络学院技术和认证的继承者,H3C 会适时推出新的 H3C 网络学院系列教程,以继续回馈广大 IT 技术爱好者。《路由交换技术详解与实践 第 1 卷》是 H3C 推出的第一本 H3C 网络学院系列教程,也是最重要的一本。

本书在第 1 版的基础上进行了内容更新,以更加贴近业界潮流和技术趋势。另外,本书中的所有实验、案例,都可以在 H3C 所开发的功能强大的图形化全真网络设备模拟软件(HCL)上配置和实践。

H3C 希望通过这种形式,探索出一条理论和实践相结合的教育方法,顺应国家提倡的"学以致用、工学结合"的教育方向,培养更多的实用型 IT 技术人员。

新华三人才研学中心认证培训开发委员会
2024 年 1 月

H3C认证简介

H3C认证培训体系是国内第一家建立国际规范的、完整的网络技术认证体系,H3C认证是中国第一个走向国际市场的IT厂商认证,在产品和教材上都具有完全的自主知识产权,具有很高的技术含量,并专注于客户技术和技能的提升,已成为当前权威的IT认证品牌之一。H3C认证培训体系曾获得"十大影响力认证品牌""最具价值课程""高校网络技术教育杰出贡献奖""校企合作奖"等数项专业奖项。

截至2022年年底,已有28万人获得各类H3C认证证书。H3C认证体系是基于新华三在ICT业界多年实践经验制定的技术人才标准,强调"专业务实,学以致用",H3C认证证书能有效证明证书获得者具备设计和实施数字化解决方案所需的ICT技术知识和实践技能,帮助证书获得者在竞争激烈的职业生涯中保持强有力的竞争实力。H3C认证体系在各大院校以网络学院课程的形式存在,帮助网络学院学生进入ICT技术领域,获得相应的能力,以实现更好地就业。

按照技术应用场合的不同,同时充分考虑客户不同层次的需求,新华三人才研学中心为客户提供了从工程师到技术专家的技术认证和专题认证体系,以及从基础架构规划专家到解决方案架构官的架构认证体系。

前　言

　　党的二十大报告中强调"我们要坚持教育优先发展、科技自立自强、人才引领驱动,加快建设教育强国、科技强国、人才强国,坚持为党育人、为国育才,全面提高人才自主培养质量,着力造就拔尖创新人才,聚天下英才而用之。"

　　随着互联网技术的广泛普及和应用,通信及电子信息产业在全球迅猛发展起来,从而也带来了网络技术人才需求量的不断增加,网络技术教育和人才培养成为高等院校一项重要的战略任务。

　　为助力高校推进人才培养模式改革,促进人才培养与产业需求紧密衔接,深化产教融合、校企合作,H3C 依托自身处于业界前沿的技术积累及多年校企合作的成功经验,本着"专业务实,学以致用"的理念,联合高校教师将产业前沿技术以及项目实践与高校的教学、科研结合,共同推出适用于高校人才培养的"H3C 认证系列教程",本系列教程注重实践应用能力的培养,以满足国家对新型 IT 人才的迫切需求。

　　《路由交换技术详解与实践　第 1 卷》(上、下册)与 H3CNE-RS＋认证课程内容相对应,内容由浅入深、覆盖面广,包括大量与实践相关的内容,学员学习后可具备 H3CNE-RS＋的备考能力。

　　本书读者群大致分为以下 3 类。
- 本科、高职院校在校生:本书既可作为 H3C 网络学院的教科书,也可作为计算机类、电子信息类及相关专业学生的参考书。
- 公司职员:本书能够用于公司进行网络技术的培训,帮助员工理解和熟悉各类网络应用,提升工作效率。
- IT 技术爱好者:本书可以作为所有对 IT 技术感兴趣的爱好者学习 IT 技术的自学参考书籍。

　　《路由交换技术详解与实践　第 1 卷》(上、下册)内容涵盖当前构建中小型网络的主流技术。从最基本的线缆制作到复杂的网络配置都精心设计了相关实验,充分凸显了 H3C 网络学院教程的特点——专业务实、学以致用。通过对本书的学习,学员不仅能进行路由器、交换机等网络设备的配置,还可以全面理解网络与实际生活的联系及应用,掌握如何利用基本的网络技术设计和构建中小型网络。课程经过精心设计,结构合理、重点突出,学员可以在较短的学时内完成全部内容的学习,便于知识的连贯和理解,让学员迅速进入更高一级课程的学习中。依托新华三集团强大的研发和生产能力,教程涉及的技术都有其对应的产品支撑,能够帮助学员更好地理解和掌握知识与技能。教程技术内容都遵循国际标准,从而保证了良好的开放性和兼容性。

《路由交换技术详解与实践 第1卷》(上、下册)分为11篇,共44章,包含25个实验。每章后面都附有习题,帮助学员进行自测。

第1篇 计算机网络基础

第1章 计算机网络概述:本章主要讲述了计算机网络的基本定义、基本功能和发展过程,以及计算机网络中的一些基本概念,同时还介绍了计算机网络的类型和衡量计算机网络的性能指标,最后介绍了计算机网络的协议标准及标准化组织。

第2章 OSI参考模型与TCP/IP模型:本章首先讲述了OSI参考模型的层次结构、7层功能及其关系、两个系统如何通过OSI模型进行通信和数据封装的过程;然后讲述了TCP/IP参考模型的层次结构和各层的功能。

第3章 网络设备及其操作系统介绍:本章主要介绍了路由器与交换机的组成、主要作用和特点,以及H3C网络设备操作系统Comware的作用和特点。

第4章 网络设备操作基础:本章主要讲述了配置网络设备的基本方法、命令行的使用和网络设备的常用配置命令。

第5章 网络设备文件管理:本章主要讲述了H3C网络设备文件系统的作用与操作方法,包括配置文件的保存、擦除、备份与恢复,网络设备软件的升级,用FTP和TFTP传输系统文件的操作等。

第6章 网络设备基本调试:本章主要讲述了使用ping命令检查网络的连通性,使用tracert命令探查网络路径,以及使用debug等命令进行网络系统基本调试的方法。

第2篇 局域网技术基础

第7章 局域网技术概述:本章介绍了局域网的主要相关标准、局域网与OSI模型的对应关系、主要的局域网类型及其典型拓扑。

第8章 以太网技术:本章讲述了以太网的发展历程和相关技术标准,各种以太网技术的基本原理、以太网帧格式,以及以太网线缆的规范和连接方式。

第9章 WLAN基础:本章讲述了WLAN的发展历程、WLAN的频率范围和信道划分、WLAN的相关组织和标准,以及WLAN拓扑基本元素、设备和组网知识。

第3篇 广域网技术基础

第10章 广域网技术概述:本章介绍了常见广域网的连接方式、常用广域网协议的分类和特点,以及常见广域网架构。

第11章 PPP:本章讲述了PPP的基本原理及基础配置。

第12章 PPPoE:本章讲述了PPPoE协议的应用场景及基础配置。

第13章 SR技术基础:本章讲述了SR协议的产生背景、基本原理及应用场景。

第4篇 网络层协议原理

第14章 IP:本章讲述了IP地址的格式和分类、子网划分的方法、IP报文转发基本原理,以及VLSM和CIDR的基本概念。

第15章 ARP和RARP:本章讲述了ARP和RARP的基本原理,以及基本的IP包转发过程。

第16章 ICMP:本章首先讲述了ICMP基本原理,然后讲述了ping命令和tracert命令应用工作原理。

第17章 DHCP:本章主要讲述了DHCP的特点及其原理,并介绍了DHCP中继,最后介绍了如何在 H3C 路由器上配置 DHCP 服务。

第 18 章　IPv6 基础：本章介绍了 IPv6 的特点、IPv6 地址的表示方式、构成和分类，以及 IEEE EUI-64 格式转换原理；同时，讲述了邻居发现协议的作用、地址解析和地址自动配置的工作原理及 IPv6 地址的配置。

第 5 篇　传输层协议原理

第 19 章　TCP 基本原理：本章介绍了 TCP 的特点、TCP 封装、TCP/UDP 端口号的作用、TCP 的连接建立和断开过程，以及 TCP 的可靠传输和流量控制机制。

第 20 章　UDP 基本原理：本章介绍了 UDP 的特点、封装，以及 UDP 与 TCP 机制的主要区别。

第 6 篇　应用层协议原理

第 21 章　文件传输协议：本章讲述了 FTP 和 TFTP 的基本原理，包括其协议文件传输模式、数据传输模式，以及 FTP 和 TFTP 的相关配置方法。

第 22 章　DNS：本章介绍了 DNS 协议的基本原理及工作方式，以及在路由器上的配置。

第 23 章　其他应用层协议介绍：本章主要概述了 3 种较常用的应用（远程登录、电子邮件、互联网浏览）所使用的应用层协议、基本定义及工作原理。

第 7 篇　以太网交换技术

第 24 章　以太网交换基本原理：本章介绍了共享式以太网和交换式以太网的区别，最后重点讲述了交换机进行 MAC 地址学习从而构建 MAC 地址表的过程和对数据帧的转发原理。

第 25 章　配置 VLAN：本章介绍了 VLAN 技术产生的背景、VLAN 的类型及其相关配置、IEEE 802.1q 的帧格式、交换机端口的链路类型及其相关配置。

第 26 章　生成树协议：本章首先介绍了有关 STP 的一些基本概念，以及 STP 是如何通过实现冗余链路的闭塞和开启从而实现一棵动态的生成树，最后介绍了 RSTP 和 MSTP，以及如何在交换机上对生成树进行配置。

第 27 章　配置链路聚合：本章介绍了链路聚合的作用，链路聚合中负载分担的原理，以及如何在交换机上配置和维护链路聚合。

第 8 篇　IP 路由技术

第 28 章　IP 路由原理：本章介绍了路由的作用、路由的转发原理、路由表的构成和含义，以及在设备上查看路由表的方法。

第 29 章　直连路由和静态路由：本章介绍了直连路由和静态路由的基本概念、配置 VLAN 间路由的方法、静态默认路由和静态黑洞路由的配置与应用，以及如何用静态路由实现路由备份及负载分担的方法。

第 30 章　路由协议基础：本章讲述了可路由协议与路由协议的区别、路由协议的种类和特点、距离矢量路由协议工作原理、距离矢量路由协议环路产生原因和链路状态路由协议工作原理。

第 31 章　OSPF 基础：本章主要讲述了 OSPF 路由协议原理特性、配置方法和 OSPF 常见问题定位手段。

第 9 篇　网络安全技术基础

第 32 章　网络安全技术概述：本章介绍了网络安全技术概念和网络安全技术范围。

第 33 章　通过访问控制列表实现包过滤：本章介绍了 ACL 定义、分类及应用，ACL 包过滤工作原理，ACL 包过滤的配置方法和应用注意事项，以及 ASPF 的功能和基本原理。

第34章　网络地址转换：本章讲述了NAT技术出现的历史背景、NAT的分类及其原理、如何配置常见的NAT应用，以及如何在实际网络中灵活选择适当的NAT技术。

第35章　AAA和RADIUS：本章介绍了AAA的架构、RADIUS协议的认证流程和主要属性、如何在设备上配置AAA和RADIUS，以及如何使配置设备的管理用户通过RADIUS认证。

第36章　交换机端口安全技术：本章首先讲述了IEEE 802.1x协议基本原理及其配置，随后介绍了端口隔离技术及其配置，最后介绍了端口绑定技术及其配置。

第37章　IPSec基础：本章讲述了IPSec的功能和特点、IPSec的体系构成、IPSec/IKE的基本特点，以及如何进行IPSec＋IKE预共享密钥隧道的基本配置。

第38章　EAD介绍：本章介绍了EAD的实现原理、EAD方案中各元素的功能、iMC EAD产品的功能和iNode智能客户端的功能。

第10篇　网络优化和管理基础

第39章　提高网络可靠性：本章对网络可靠性设计做了初步的探讨，并介绍了几种典型的提高网络可靠性的方法。

第40章　网络管理介绍：本章从网络管理技术概述出发，首先介绍了网络管理的基本概念和功能；其次介绍了网络管理系统的组成和实现，重点介绍SNMP；为了使读者掌握网络管理的实际应用，在此基础上介绍了H3C的网络管理产品和应用；最后对网络管理的发展趋势进行了介绍。

第41章　堆叠技术介绍：本章介绍了堆叠技术的产生背景和应用，堆叠技术的工作原理、基本配置和排错方法。

第42章　网络故障排除基础：本章对网络故障进行了分类，介绍网络故障排除的步骤、常见的故障排除工具，并给出了一些故障排除的方法和建议。

第11篇　网络技术发展

第43章　虚拟化技术基础：本章对虚拟化技术的发展历程及应用场景进行了阐述，并对虚拟化技术的分类及各自的优缺点做了初步探讨。

第44章　SDN与NFV概述：本章介绍了SDN的产生背景、基本概念、网络架构及其价值，在此基础上介绍了NFV的基本概念和标准架构，并简要分析了SDN与NFV的差异与关联。

各型设备、各版本软件的命令、操作、信息输出等均可能有所差别。若读者采用的设备型号、软件版本等与本书不同，可参考所用设备和版本的相关手册。

新华三人才研学中心

2024年1月

目 录

第 1 篇 计算机网络基础

第 1 章 计算机网络概述 ... 3
- 1.1 本章目标 ... 3
- 1.2 什么是计算机网络 ... 3
  - 1.2.1 计算机网络的定义 ... 3
  - 1.2.2 计算机网络的基本功能 ... 4
- 1.3 计算机网络的发展 ... 4
  - 1.3.1 主机互联 ... 5
  - 1.3.2 局域网 ... 6
  - 1.3.3 互联网 ... 6
  - 1.3.4 因特网 ... 7
- 1.4 计算机网络中的基本概念 ... 7
  - 1.4.1 局域网、城域网和广域网 ... 7
  - 1.4.2 网络的拓扑结构 ... 8
  - 1.4.3 电路交换与分组交换 ... 10
- 1.5 衡量计算机网络的主要指标 ... 11
  - 1.5.1 带宽 ... 11
  - 1.5.2 延迟 ... 11
- 1.6 网络标准化组织 ... 11
- 1.7 本章总结 ... 12
- 1.8 习题和解答 ... 13
  - 1.8.1 习题 ... 13
  - 1.8.2 习题答案 ... 13

第 2 章 OSI 参考模型与 TCP/IP 模型 ... 14
- 2.1 本章目标 ... 14
- 2.2 OSI 参考模型 ... 14
  - 2.2.1 OSI 参考模型的产生 ... 14

		2.2.2 OSI 参考模型的层次结构 ··	16

        2.2.2 OSI 参考模型的层次结构 ·· 16
        2.2.3 OSI 参考模型层次间的关系以及数据封装 ································ 16
        2.2.4 物理层 ··· 18
        2.2.5 数据链路层 ··· 19
        2.2.6 网络层 ··· 20
        2.2.7 传输层 ··· 23
        2.2.8 会话层、表示层和应用层 ·· 24
  2.3 TCP/IP 模型 ··· 24
        2.3.1 TCP/IP 模型的层次结构 ··· 25
        2.3.2 应用层 ··· 25
        2.3.3 传输层 ··· 26
        2.3.4 网络层 ··· 26
        2.3.5 网络接口层 ··· 27
  2.4 本章总结 ·· 27
  2.5 习题和解答 ·· 27
        2.5.1 习题 ··· 27
        2.5.2 习题答案 ··· 28

第 3 章　网络设备及其操作系统介绍 ··· 29

  3.1 本章目标 ·· 29
  3.2 路由器与交换机的作用与特点 ·· 29
        3.2.1 路由器的作用与特点 ·· 29
        3.2.2 交换机的作用与特点 ·· 30
        3.2.3 交换机和路由器的发展趋势 ·· 31
  3.3 H3C 路由器和交换机介绍 ·· 31
        3.3.1 H3C 系列路由器 ··· 31
        3.3.2 H3C 系列交换机 ··· 33
  3.4 H3C 网络设备操作系统 Comware ·· 34
  3.5 本章总结 ·· 34
  3.6 习题和解答 ·· 35
        3.6.1 习题 ··· 35
        3.6.2 习题答案 ··· 35

第 4 章　网络设备操作基础 ·· 36

  4.1 本章目标 ·· 36
  4.2 访问网络设备的命令行接口 ·· 36
        4.2.1 连接到命令行接口的方法 ·· 36
        4.2.2 通过 console 进行连接 ·· 36
        4.2.3 通过 AUX 口进行连接 ·· 38
        4.2.4 通过 Telnet 进行连接 ··· 39

  4.2.5 通过SSH进行连接 ································· 39
 4.3 命令行使用入门 ··· 40
  4.3.1 命令视图 ··· 40
  4.3.2 命令行类型 ··· 41
  4.3.3 命令行帮助特性 ····································· 42
  4.3.4 错误提示信息 ······································· 43
  4.3.5 命令行历史记录功能 ································· 44
  4.3.6 命令行编辑功能 ····································· 44
  4.3.7 分页显示 ··· 44
 4.4 常用命令 ··· 45
  4.4.1 常用设备管理命令 ··································· 45
  4.4.2 常用信息查看命令 ··································· 45
 4.5 配置远程登录 ··· 45
  4.5.1 通过Telnet登录路由器的配置 ························· 46
  4.5.2 通过SSH登录路由器的配置 ··························· 47
 4.6 本章总结 ··· 49
 4.7 习题和解答 ··· 49
  4.7.1 习题 ··· 49
  4.7.2 习题答案 ··· 50

第5章 网络设备文件管理 ··· 51
 5.1 本章目标 ··· 51
 5.2 网络设备文件系统介绍 ······································· 51
  5.2.1 什么是网络设备文件系统 ····························· 51
  5.2.2 网络设备的存储方式 ································· 51
  5.2.3 文件系统的操作 ····································· 52
 5.3 文件的管理 ··· 54
  5.3.1 配置文件介绍 ······································· 54
  5.3.2 配置文件的管理 ····································· 54
  5.3.3 使用FTP传输文件 ··································· 55
  5.3.4 使用TFTP传输文件 ·································· 56
  5.3.5 指定启动文件 ······································· 57
  5.3.6 重启设备 ··· 57
 5.4 网络设备软件维护基础 ······································· 58
  5.4.1 网络设备的一般引导过程 ····························· 58
  5.4.2 网络设备的一般性软件维护方法 ······················· 59
 5.5 本章总结 ··· 60
 5.6 习题和解答 ··· 60
  5.6.1 习题 ··· 60
  5.6.2 习题答案 ··· 60

第 6 章　网络设备基本调试 …… 61

- 6.1 本章目标 …… 61
- 6.2 网络连通性测试 …… 61
  - 6.2.1 使用 ping 测试网络连通性 …… 61
  - 6.2.2 使用 tracert 检测网络连通性 …… 63
- 6.3 系统调试 …… 64
  - 6.3.1 系统调试概述 …… 64
  - 6.3.2 系统调试操作 …… 64
  - 6.3.3 调试信息输出示例 …… 65
- 6.4 本章总结 …… 65
- 6.5 习题和解答 …… 66
  - 6.5.1 习题 …… 66
  - 6.5.2 习题答案 …… 66

第 2 篇　局域网技术基础

第 7 章　局域网技术概述 …… 69

- 7.1 本章目标 …… 69
- 7.2 局域网与 OSI 参考模型 …… 69
- 7.3 局域网与 IEEE 802 标准 …… 70
  - 7.3.1 主要的 IEEE 802 标准 …… 70
  - 7.3.2 数据链路层的两个子层 …… 71
  - 7.3.3 LLC 子层 …… 72
  - 7.3.4 MAC 子层 …… 72
- 7.4 主要局域网技术简介 …… 72
  - 7.4.1 以太网 …… 72
  - 7.4.2 令牌环网 …… 73
  - 7.4.3 FDDI …… 74
  - 7.4.4 无线局域网 …… 74
- 7.5 本章总结 …… 75
- 7.6 习题和解答 …… 75
  - 7.6.1 习题 …… 75
  - 7.6.2 习题答案 …… 75

第 8 章　以太网技术 …… 76

- 8.1 本章目标 …… 76
- 8.2 发展历程 …… 76
- 8.3 标准以太网 …… 78
  - 8.3.1 以太网帧 …… 78

8.3.2　冲突检测和处理 ·· 80
　　　8.3.3　流量控制技术 ·· 83
　　　8.3.4　标准以太网数据编码 ·· 84
　　　8.3.5　10Base-5 ·· 84
　　　8.3.6　10Base-2 ·· 86
　　　8.3.7　10Base-T ·· 87
　　　8.3.8　10Base-F ·· 91
　8.4　快速以太网 ·· 94
　8.5　千兆以太网 ·· 95
　8.6　万兆以太网 ·· 96
　8.7　超高带宽以太网 ·· 97
　8.8　本章总结 ·· 97
　8.9　习题和解答 ·· 98
　　　8.9.1　习题 ·· 98
　　　8.9.2　习题答案 ·· 98

第 9 章　WLAN 基础 ·· 99

　9.1　本章目标 ·· 99
　9.2　WLAN 基础知识和发展历程 ·· 99
　　　9.2.1　WLAN 的优势 ·· 100
　　　9.2.2　WLAN 发展进程 ·· 100
　　　9.2.3　WLAN 的相关组织和标准 ·· 101
　9.3　WLAN 频率和信道 ·· 102
　　　9.3.1　ISM 及其频段 ·· 102
　　　9.3.2　主流无线信号频段资源 ·· 103
　　　9.3.3　2.4GHz 频段各信道划分及使用范围 ··· 103
　　　9.3.4　5GHz 频段各信道划分及使用范围 ·· 104
　9.4　WLAN 网络构成 ·· 105
　　　9.4.1　WLAN 网络基本拓扑 ·· 105
　　　9.4.2　WLAN 设备的典型组网 ·· 106
　9.5　WLAN 网络报文发送机制 ·· 107
　9.6　WLAN 基本配置 ·· 109
　9.7　本章总结 ·· 110
　9.8　习题和解答 ·· 110
　　　9.8.1　习题 ·· 110
　　　9.8.2　习题答案 ·· 110

第 3 篇　广域网技术基础

第 10 章　广域网技术概述 ·· 113

　10.1　本章目标 ·· 113
　10.2　广域网作用 ·· 113

10.2.1 广域网的作用 ·········· 113
10.2.2 广域网与 OSI 参考模型 ·········· 114
10.2.3 广域网连接方式 ·········· 115
10.3 广域网技术 ·········· 116
10.3.1 传统专线连接模型 ·········· 116
10.3.2 虚拟专网连接模型 ·········· 117
10.4 本章总结 ·········· 118
10.5 习题和解答 ·········· 118
10.5.1 习题 ·········· 118
10.5.2 习题答案 ·········· 118

第 11 章 PPP ·········· 119

11.1 本章目标 ·········· 119
11.2 PPP 概述 ·········· 119
11.2.1 SLIP 简介 ·········· 119
11.2.2 PPP 基本概念 ·········· 120
11.2.3 PPP 的特点 ·········· 120
11.2.4 PPP 的组成 ·········· 121
11.3 PPP 会话 ·········· 121
11.3.1 PPP 会话的建立过程 ·········· 121
11.3.2 PPP 会话流程 ·········· 122
11.4 PPP 验证 ·········· 123
11.4.1 PAP 验证 ·········· 123
11.4.2 CHAP 验证 ·········· 123
11.4.3 PAP 与 CHAP 对比 ·········· 124
11.5 配置 PPP ·········· 124
11.5.1 PPP 基本配置 ·········· 124
11.5.2 配置 PPP PAP 验证 ·········· 125
11.5.3 配置 PPP CHAP 验证 ·········· 125
11.5.4 PPP 配置示例 ·········· 126
11.6 PPP 显示和调试 ·········· 128
11.7 本章总结 ·········· 130
11.8 习题和解答 ·········· 130
11.8.1 习题 ·········· 130
11.8.2 习题答案 ·········· 130

第 12 章 PPPoE ·········· 131

12.1 本章目标 ·········· 131
12.2 以太网接入的典型应用 ·········· 131
12.2.1 接入网 ·········· 131

12.2.2 以太网接入 ………………………………………………………… 132
12.2.3 大型园区接入的典型应用 ………………………………………… 133
12.3 PPPoE 原理及配置 …………………………………………………………… 134
12.3.1 PPPoE 原理 ………………………………………………………… 134
12.3.2 PPPoE 的配置 ……………………………………………………… 137
12.4 本章总结 ……………………………………………………………………… 140
12.5 习题和解答 …………………………………………………………………… 140
12.5.1 习题 ………………………………………………………………… 140
12.5.2 习题答案 …………………………………………………………… 140

第 13 章 SR 技术基础 …………………………………………………………………… 141

13.1 本章目标 ……………………………………………………………………… 141
13.2 SR 技术产生的背景 …………………………………………………………… 141
13.2.1 IP 转发 ……………………………………………………………… 141
13.2.2 ATM 转发 …………………………………………………………… 142
13.2.3 MPLS 转发 ………………………………………………………… 142
13.2.4 SR 技术的优势 …………………………………………………… 143
13.3 SR 基本概念及工作原理 ……………………………………………………… 144
13.3.1 SR 基本概念 ……………………………………………………… 144
13.3.2 SR 转发方式案例 ………………………………………………… 144
13.4 SR 应用场景 …………………………………………………………………… 146
13.5 本章总结 ……………………………………………………………………… 147
13.6 习题和解答 …………………………………………………………………… 147
13.6.1 习题 ………………………………………………………………… 147
13.6.2 习题答案 …………………………………………………………… 147

第 4 篇 网络层协议原理

第 14 章 IP …………………………………………………………………………………… 151

14.1 本章目标 ……………………………………………………………………… 151
14.2 IP 协议概述 …………………………………………………………………… 151
14.2.1 IP 及相关协议 …………………………………………………… 151
14.2.2 IP 的作用 ………………………………………………………… 152
14.2.3 IP 头格式 ………………………………………………………… 152
14.3 IP 地址 ………………………………………………………………………… 153
14.3.1 IP 地址格式及表示方法 ………………………………………… 154
14.3.2 IP 地址分类 ……………………………………………………… 155
14.3.3 特殊用途的 IP 地址 ……………………………………………… 156
14.4 IP 子网划分 …………………………………………………………………… 157
14.4.1 IP 子网划分的需求 ……………………………………………… 157

            14.4.2　IP 子网及子网掩码 ………………………………………… 158
            14.4.3　IP 子网划分相关计算 ……………………………………… 160
    14.5　VLSM 和 CIDR ………………………………………………………… 163
    14.6　本章总结 ……………………………………………………………… 164
    14.7　习题和解答 …………………………………………………………… 164
            14.7.1　习题 ……………………………………………………………… 164
            14.7.2　习题答案 …………………………………………………………… 165

第 15 章　ARP 和 RARP ………………………………………………………… 166

    15.1　本章目标 ……………………………………………………………… 166
    15.2　ARP 基本原理 ………………………………………………………… 166
            15.2.1　ARP 的功能 ………………………………………………………… 166
            15.2.2　ARP 基本工作原理 ………………………………………………… 167
            15.2.3　代理 ARP …………………………………………………………… 168
    15.3　RARP 基本原理 ……………………………………………………… 169
            15.3.1　RARP 的功能 ……………………………………………………… 169
            15.3.2　RARP 基本工作原理 ……………………………………………… 169
    15.4　IP 包转发 ……………………………………………………………… 170
            15.4.1　主机单播 IP 包发送 ………………………………………………… 170
            15.4.2　路由器单播 IP 包转发 …………………………………………… 171
            15.4.3　主机接收 IP 包 …………………………………………………… 171
            15.4.4　广播风暴 …………………………………………………………… 172
    15.5　ARP 基本配置 ………………………………………………………… 172
            15.5.1　ARP 的配置和查看 ………………………………………………… 172
            15.5.2　代理 ARP 的配置和查看 ………………………………………… 173
    15.6　本章总结 ……………………………………………………………… 173
    15.7　习题和解答 …………………………………………………………… 173
            15.7.1　习题 ……………………………………………………………… 173
            15.7.2　习题答案 …………………………………………………………… 174

第 16 章　ICMP ………………………………………………………………… 175

    16.1　本章目标 ……………………………………………………………… 175
    16.2　ICMP 介绍 …………………………………………………………… 175
    16.3　ICMP 的应用 ………………………………………………………… 177
            16.3.1　ping ………………………………………………………………… 177
            16.3.2　tracert ……………………………………………………………… 178
    16.4　本章总结 ……………………………………………………………… 179
    16.5　习题和解答 …………………………………………………………… 179
            16.5.1　习题 ……………………………………………………………… 179
            16.5.2　习题答案 …………………………………………………………… 179

第 17 章　DHCP ········· 180

- 17.1 本章目标 ········· 180
- 17.2 DHCP 简介 ········· 180
  - 17.2.1 DHCP 系统组成 ········· 181
  - 17.2.2 DHCP 地址分配方式 ········· 181
- 17.3 DHCP 报文介绍 ········· 182
- 17.4 DHCP 服务器与客户机交互过程 ········· 182
- 17.5 DHCP 中继 ········· 185
- 17.6 DHCP 服务器配置 ········· 185
  - 17.6.1 配置 DHCP 服务器 ········· 185
  - 17.6.2 DHCP 服务器基本配置示例 ········· 186
- 17.7 DHCP 中继配置 ········· 187
  - 17.7.1 配置 DHCP 中继 ········· 187
  - 17.7.2 DHCP 中继配置示例 ········· 188
- 17.8 本章总结 ········· 188
- 17.9 习题和解答 ········· 188
  - 17.9.1 习题 ········· 188
  - 17.9.2 习题答案 ········· 189

第 18 章　IPv6 基础 ········· 190

- 18.1 本章目标 ········· 190
- 18.2 IPv6 概述 ········· 190
- 18.3 IPv6 地址 ········· 192
  - 18.3.1 IPv6 地址格式 ········· 192
  - 18.3.2 IPv6 地址分类 ········· 194
  - 18.3.3 IEEE EUI-64 格式 ········· 195
- 18.4 邻居发现协议 ········· 196
- 18.5 IPv6 地址配置 ········· 197
- 18.6 本章总结 ········· 199
- 18.7 习题和解答 ········· 199
  - 18.7.1 习题 ········· 199
  - 18.7.2 习题答案 ········· 200

第 5 篇　传输层协议原理

第 19 章　TCP 基本原理 ········· 203

- 19.1 本章目标 ········· 203
- 19.2 TCP 协议特点 ········· 203
- 19.3 TCP/UDP 端口号 ········· 204

19.4 TCP 封装 205
19.5 TCP 的连接建立和拆除 207
19.6 TCP 可靠传输机制 209
    19.6.1 传输确认 209
    19.6.2 超时重传 210
19.7 滑动窗口 211
19.8 本章总结 212
19.9 习题和解答 212
    19.9.1 习题 212
    19.9.2 习题答案 212

第 20 章　UDP 基本原理 213

20.1 本章目标 213
20.2 UDP 的特点 213
20.3 UDP 封装 214
20.4 UDP 与 TCP 的对比 214
20.5 本章总结 215
20.6 习题和解答 215
    20.6.1 习题 215
    20.6.2 习题答案 215

第 6 篇　应用层协议原理

第 21 章　文件传输协议 219

21.1 本章目标 219
21.2 FTP 219
    21.2.1 FTP 介绍 219
    21.2.2 FTP 数据传输方式 220
21.3 TFTP 224
    21.3.1 TFTP 介绍 224
    21.3.2 TFTP 报文 224
    21.3.3 TFTP 文件传输过程 225
21.4 配置 FTP 与 TFTP 226
    21.4.1 FTP 客户端配置 226
    21.4.2 FTP 服务器端配置 227
    21.4.3 FTP 配置示例 227
    21.4.4 TFTP 客户端配置 228
21.5 本章总结 228
21.6 习题和解答 229
    21.6.1 习题 229

21.6.2 习题答案 ………………………………………………………… 229

第 22 章 DNS ……………………………………………………………………… 230

22.1 本章目标 ……………………………………………………………… 230
22.2 DNS 域名 ……………………………………………………………… 230
22.3 DNS 域名结构 ………………………………………………………… 231
22.4 DNS 域名解析 ………………………………………………………… 233
    22.4.1 DNS 域名解析概述 …………………………………………… 233
    22.4.2 DNS 域名解析过程 …………………………………………… 233
22.5 DNS 传输层协议选择 ………………………………………………… 235
22.6 DNS 查询方式 ………………………………………………………… 236
    22.6.1 递归查询 ……………………………………………………… 236
    22.6.2 迭代查询 ……………………………………………………… 236
22.7 DNS 反向查询 ………………………………………………………… 237
22.8 H3C 设备 DNS 特性及配置 …………………………………………… 237
    22.8.1 H3C 设备 DNS 特性 …………………………………………… 237
    22.8.2 配置静态和动态域名解析 …………………………………… 238
    22.8.3 配置 DNS 代理 ………………………………………………… 238
22.9 本章总结 ……………………………………………………………… 239
22.10 习题和解答 …………………………………………………………… 239
    22.10.1 习题 …………………………………………………………… 239
    22.10.2 习题答案 ……………………………………………………… 239

第 23 章 其他应用层协议介绍 ………………………………………………… 240

23.1 本章目标 ……………………………………………………………… 240
23.2 Telnet ………………………………………………………………… 240
    23.2.1 Telnet 概述 …………………………………………………… 240
    23.2.2 Telnet 工作过程 ……………………………………………… 241
    23.2.3 使用 Telnet 实现远程登录 …………………………………… 241
23.3 SMTP/POP3 …………………………………………………………… 242
    23.3.1 电子邮件概述 ………………………………………………… 242
    23.3.2 SMTP 原理 …………………………………………………… 243
    23.3.3 POPv3 原理 …………………………………………………… 243
23.4 HTTP …………………………………………………………………… 244
    23.4.1 WWW 概述 …………………………………………………… 244
    23.4.2 HTTP …………………………………………………………… 244
23.5 本章总结 ……………………………………………………………… 245
23.6 习题和解答 …………………………………………………………… 245
    23.6.1 习题 …………………………………………………………… 245
    23.6.2 习题答案 ……………………………………………………… 245

附录　课程实验

实验 1　网络设备基本操作 ·· 249

    1.1　实验内容与目标 ·· 249
    1.2　实验组网图 ·· 249
    1.3　实验设备与版本 ·· 249
    1.4　实验过程 ··· 250
        实验任务 1　通过 console 登录 ·· 250
        实验任务 2　使用系统操作及文件操作的基本命令 ··· 250
        实验任务 3　通过 Telnet 登录 ··· 253
        实验任务 4　使用 FTP 上传下载系统文件 ··· 254
        实验任务 5　使用 TFTP 上传下载系统文件 ··· 254
    1.5　实验中的命令列表 ·· 255
    1.6　思考题 ··· 255

实验 2　网络设备基本调试 ·· 257

    2.1　实验内容与目标 ·· 257
    2.2　实验组网图 ·· 257
    2.3　实验设备与版本 ·· 257
    2.4　实验过程 ··· 258
        实验任务 1　搭建基本连接环境 ··· 258
        实验任务 2　检查连通性 ·· 258
        实验任务 3　检查数据包转发路径 ·· 258
        实验任务 4　练习使用查看调试信息 ·· 259
    2.5　实验中的命令列表 ·· 259
    2.6　思考题 ··· 259

实验 3　以太网基础 ·· 260

    3.1　实验内容与目标 ·· 260
    3.2　实验组网图 ·· 260
    3.3　实验设备与版本 ·· 260
    3.4　实验过程 ··· 260
        实验任务 1　网线制作 ··· 260
        实验任务 2　配置以太网双工与速率 ·· 261
    3.5　实验中的命令列表 ·· 263
    3.6　思考题 ··· 263

实验 4　PPP ··· 264

    4.1　实验内容与目标 ·· 264

4.2 实验组网图 ··· 264
4.3 实验设备与版本 ·· 264
4.4 实验过程 ·· 264
　　实验任务 1　PPP 基本配置 ··· 265
　　实验任务 2　PPP PAP 认证配置 ······································· 265
　　实验任务 3　PPP CHAP 认证配置 ···································· 266
4.5 实验中的命令列表 ··· 267
4.6 思考题 ··· 268

实验 5　配置 PPPoE ·· 269
5.1 实验内容与目标 ·· 269
5.2 实验组网图 ··· 269
5.3 实验设备与版本 ·· 269
5.4 实验过程 ·· 270
　　实验任务 1　PPPoE server 配置 ······································· 270
　　实验任务 2　PPPoE client 配置 ······································· 271
5.5 实验中的命令列表 ··· 273

实验 6　IP 基础 ·· 274
6.1 实验内容与目标 ·· 274
6.2 实验组网图 ··· 274
6.3 实验设备与版本 ·· 274
6.4 实验过程 ·· 274
　　实验任务　基本的 IP 网段内通信 ···································· 274
6.5 实验中的命令列表 ··· 276
6.6 思考题 ··· 276

实验 7　ARP ··· 277
7.1 实验内容与目标 ·· 277
7.2 实验组网图 ··· 277
7.3 实验设备与版本 ·· 277
7.4 实验过程 ·· 277
　　实验任务 1　ARP 表项观察 ·· 277
　　实验任务 2　ARP 代理配置 ·· 279
7.5 实验中的命令列表 ··· 281
7.6 思考题 ··· 281

实验 8　DHCP ··· 282
8.1 实验内容与目标 ·· 282
8.2 实验组网图 ··· 282

  8.3 实验设备与版本 ………………………………………………………………… 282

  8.4 实验过程 ………………………………………………………………………… 282

    实验任务 1 PCA 直接通过 RTA 获得 IP 地址 ………………………………… 282

    实验任务 2 PCA 通过 DHCP 中继方式获得 IP 地址 ……………………… 284

  8.5 实验中的命令列表 ……………………………………………………………… 285

  8.6 思考题 …………………………………………………………………………… 286

实验 9 IPv6 基础 ……………………………………………………………………… 287

  9.1 实验内容与目标 ………………………………………………………………… 287

  9.2 实验组网图 ……………………………………………………………………… 287

  9.3 实验设备与版本 ………………………………………………………………… 287

  9.4 实验过程 ………………………………………………………………………… 287

    实验任务 IPv6 地址配置及查看 ………………………………………………… 287

  9.5 实验中的命令列表 ……………………………………………………………… 289

  9.6 思考题 …………………………………………………………………………… 289

实验 10 FTP/TFTP …………………………………………………………………… 290

  10.1 实验内容与目标 ………………………………………………………………… 290

  10.2 实验组网图 ……………………………………………………………………… 290

  10.3 实验设备与版本 ………………………………………………………………… 290

  10.4 实验过程 ………………………………………………………………………… 290

    实验任务 1 FTP 操作与分析 …………………………………………………… 290

    实验任务 2 TFTP 操作与分析实验 …………………………………………… 292

  10.5 实验中的命令列表 ……………………………………………………………… 294

  10.6 思考题 …………………………………………………………………………… 295

参考文献 ……………………………………………………………………………………… 296

第 1 篇 计算机网络基础

第1章 计算机网络概述

第2章 OSI参考模型与TCP/IP模型

第3章 网络设备及其操作系统介绍

第4章 网络设备操作基础

第5章 网络设备文件管理

第6章 网络设备基本调试

第1章

计算机网络概述

计算机网络已经广泛应用在我们的身边,正改变着人们工作和生活的方式。

网络给社会带来的革新是深远的。传统各行各业之间信息的分隔局面,正在被信息化所革新,使得行业之间信息的共享、业务平台互通成为可能。另外,计算机软件已不再局限于过去的单机运行,形形色色的网络应用——如办公自动化系统、远程教学、应用于各行各业的管理软件等,无不与计算机网络发生着紧密的联系。

计算机网络的迅速普及和企业的 IT 化发展导致了社会对网络工程师的大量需求。企业越来越需要大量的专业人才为他们设计、架构、管理,并充分发挥计算机互联网络的作用。

对于初学者而言,首先建立对计算机网络的初步、轮廓性的认识是非常必要的。本章将会为学习后续章节的知识打下良好的基础;对于已经学习过相关知识的学员,通读本章,将能够对网络的基础知识进行快速的回顾。

1.1 本章目标

学习完本章,应该能够达到以下目标。
(1) 掌握计算机网络的基本定义和基本功能。
(2) 了解计算机网络的演进过程。
(3) 掌握计算机网络中的基本概念。
(4) 掌握计算机网络的类型和衡量计算机网络的性能指标。
(5) 了解计算机网络的协议标准及标准化组织。

1.2 什么是计算机网络

1.2.1 计算机网络的定义

计算机网络,顾名思义是由计算机组成的网络系统,如图 1-1 所示。根据电气与电子工程师协会(Institute of Electrical and Electronics Engineers,IEEE)高级委员会坦尼鲍姆博士的定义:计算机网络是一组自治计算机互连的集合。自治是指每个计算机都有自主权,不受别人控制;互连则是指使用通信介质进行计算机连接,并达到相互通信的目的。这个定义过于专业化。通俗地讲,计算机网络就是把分布在不同地理区域的独立计算机和专门的外部设备利用通信线路连成一个规模大、功能强的网络系统,从而使众多的计算机可以方便地互相传递信息、共享信息资源。

由于 IT 业迅速发展,各种网络互连终端设备层出不穷,如计算机、打印机、无线应用协议(wireless application protocol,WAP)手机、PDA(personal digital assistant)网络电话等。在未来,也许一切设备都会连接到 Internet。

图 1-1 计算机网络

1.2.2 计算机网络的基本功能

归纳来说,计算机网络能为人们带来以下显而易见的益处。

1. 资源共享

资源分为软件资源和硬件资源。软件资源包括形式多种多样的数据,如数字信息、消息、声音、图像等;硬件资源包括各种设备,如打印机、fax、modem 等。网络的出现使资源共享变得简单,交流的双方可以跨越时空的障碍,随时随地传递信息、共享资源。

2. 分布式处理(distributed processing)与负载均衡(load balancing)

通过计算机网络,海量的处理任务可以分配到分散在全球各地的计算机上。例如,一个大型 ICP(internet content provider)网络访问量相当之大,为了支持更多的用户访问其网站,在全世界多个地方部署了相同内容的万维网(world wide web,WWW)服务器;通过一定技术使不同地域的用户看到放置在离他最近的服务器上的相同页面,这样可以实现各服务器的负荷均衡,并使通信距离缩短。

3. 综合信息服务

网络发展的趋势是应用日益多元化,即在一套系统上提供集成的信息服务,如图像、语音、数据等。在多元化发展的趋势下,新形式的网络应用不断涌现,如电子邮件(E-mail)、IP 电话、视频点播(video on demand,VOD)、网上交易(E-marketing)、视频会议(video conferencing)等。

目前广泛使用的 IP 电话,就是利用 IP 作为传输协议,通过网络技术将语音集成到 IP 网络上,实现在基于 IP 的网络上进行语音通信,极大地节省了长途电话费用,丰富了语音业务类型。同样,视频信息也可以集成到 IP 网络上传输,实现可视电话和视频会议等应用。

1.3 计算机网络的发展

计算机网络是计算机技术与通信技术两个领域的结合,一直以来它们紧密结合,相互促进、相互影响,共同推进了计算机网络的发展。在现代化通信技术诞生前的千百年里,人们一直通过面对面的交流、烟雾信号、官府驿站、飞鸽传书等有限的手段来交流信息。在科技发达的今天,借助 E-mail 传送信件的轻松便利,已经是古人不可思议的事实。

1837 年,美国的 Samuel F. B. Morse 和英国的 Charles Wheatstone、William Cooke 率先发明了电报。它可以利用一根导线传送字符信息,通过将每个字母规定成长短不同的电脉冲信号,并可以在导线的另一端解读文字信息。

1876 年,Alexander Graham Bell 进一步实现了通过导线传送声音的功能,成功构造了第一个电话系统,通话质量非常出色,Bell 的助手可以清晰地听到消息:"Mr. Watson, come here."电话系统由此得到广泛的应用和发展。至今电话系统已经覆盖了全世界,电话通信成为人们日常生活的一部分。

1945 年,世界上第一台电子计算机 ENIAC(电子数字计算机)诞生了,这在当时是个伟大的创举。它共由 18000 个真空管组成,体积极其庞大,需要数个房间才能容纳它,计算机的发展也由此开始。

1946 年晶体管研制获得成功(该发明者即是由此而获得了 1956 年度的诺贝尔物理奖的三位科学家——贝尔实验室的 John Bardeen、Walter Brattain 和 William Shockley)。由于采用晶体管取代了真空管,计算机的体积和价格降了下来,同时它的性能和智能水平也在不断提高,这为后来的计算机快速而广泛地普及做了历史的铺垫。

自 1946 第一台电子计算机诞生后,由于它价格昂贵,有近十年左右的时间,它只是为少数的研究机构所拥有,进行科学计算工作,计算机与通信并没有发生太多联系。人们有计算的需要,就到计算机机房去使用计算机,这导致了计算机的长时间空置,昂贵的计算机资源被严重浪费。为了处理更多的运算,批量地处理任务,人们开始考虑通过借助传统的电话线路,使用终端(如电传打字机、收发器等)远程访问计算机,由此而发展出计算机网络的雏形——主机互联形式。

1.3.1 主机互联

这种产生于 20 世纪 60 年代初期,基于主机(host)之间的低速串行(serial)连接的联机系统是计算机网络的最初雏形。在这种早期的网络中,终端借助电话线路访问计算机,由于计算机发送/接收的为数字信号,电话线传输的是模拟信号,这就要求在终端和主机间加入调制解调器(modem,俗称"猫"),进行数/模间的转换。

在这种联机系统中,计算机是网络的中心,同时也是控制者。这是一种非常原始的计算机网络,它的主要任务是通过远程终端与计算机的连接,提供应用程序执行、远程打印和数据服务等功能。

如图 1-2 所示,每个终端都必须使用调制解调器通过电话网进行连接。后来,随着远程终端的数量不断增加,通信的费用随之增加。为了降低电话通信的连接费用,人们通过在终端与调制解调器之间加一个集中器(concentrator),减少直接占用电话网连接线路的数量,所有的终端使用低速线路直接连到集中器,集中器再通过调制解调器与计算机相连,节省了占用通信线路的费用和连接每个终端的调制解调器的数量。

图 1-2　计算机与远程终端连接

在 20 世纪 60 年代，这种面向终端的计算机通信网络获得了很大的发展。IBM 的系统网络体系结构(systems network architecture, SNA)就是这种网络的典型例子。在这种网络中，SNA 网关提供终端到大型计算机的访问。SNA 是与 OSI 参考模型并行的一套网络总体架构。一直发展至今，目前我国的很多银行网络采用的就是 SNA 结构。

但是，电话通信网络并不适合于传送计算机或终端的数据。首先，用户所支付的通信线路费用是按占用线路的时间计算的，而在整个计费时间里，计算机的数据是突发式地和间歇性地出现在传输线路上。其次，由于计算机和各种终端的传送速率很不一样，在采用电话网进行数据的传输交换时，不同类型、不同规格、不同速率的终端很难互相进行通信。

因此应该采用一些措施来适应这种情况。例如，不是使终端与计算机直接相连，而是使数据经过一些缓冲器暂存一下，经适当变换处理后再进行发送或接收。此外，计算机通信还要求非常可靠和准确无误地传送每一个比特。这就需要采取有效的差错控制技术。由此可见，必须寻找出新的适合于计算机通信的技术。

1.3.2 局域网

20 世纪 70 年代，随着计算机体积、价格的下降，出现了以个人计算机为主的商业计算模式。商业计算的复杂性要求大量终端设备的资源共享和协同操作，导致了对本地大量计算机设备进行网络化连接的需求，局域网(local area network, LAN)由此产生了。

当今主流局域网技术——以太网(Ethernet)就是在此时期产生的。1973 年，Xerox 公司的 Robert Metcalfe 博士(以太网之父)提出并实现了最初的以太网。后来 DEC、Intel 和 Xerox 合作制定了一个产品标准，该标准最初以这三家公司名称的首字母命名，称作 DIX 以太网。其他流行的 LAN 技术还有 IBM 的令牌环技术等。

图 1-3 是一个局域网的简单示意图。局域网的出现，大大降低了商业用户高昂的成本。

图 1-3　局域网

1.3.3 互联网

由于单一的局域网无法满足对网络的多样性要求，20 世纪 70 年代后期，广域网技术逐渐发展起来，以便将分布在不同地域的局域网互相连接起来。1983 年，ARPANET 采纳传输控制协议(transmission control protocol, TCP)和互联网协议(internet protocol, IP)作为其主要的协议簇，使大范围的网络互联成为可能。彼此分离的局域网被连接起来，形成了互联网(internet)，如图 1-4 所示。

图 1-4　大范围网络互联

1.3.4　因特网

20世纪80—90年代是网络互联发展时期。在这一时期，ARPANET网络的规模不断扩大，将全球无数的公司、校园、互联网服务供应商(internet service provider，ISP)和个人用户互联，最终发展成今天延伸到全球每一个角落的因特网(Internet)。1990年ARPANET正式被因特网取代，退出了历史舞台。越来越多的机构、个人参与到因特网中，使因特网获得了高速发展，如图1-5所示。

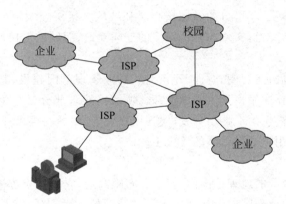

图 1-5　因特网

1.4　计算机网络中的基本概念

1.4.1　局域网、城域网和广域网

按计算机网络覆盖范围的大小，可以将计算机网络分为局域网(local area network，LAN)、城域网(metropolitan area network，MAN)、广域网(wide area network，WAN)。

1. 局域网

局域网通常指几千米范围以内的，可以通过某种介质互联的计算机、打印机、modem或其他设备的集合。局域网连接的是小范围内的计算机，系统覆盖半径从几米到几千米，覆盖范围局限在房间、大楼或园区内。一个局域网通常为一个组织所有，常用于连接公司办公室或企业内的个人计算机和工作站，以便共享资源(如打印机、数据库等)和交换信息。传统局域网的传输速度为10～100Mbps，传输延迟低(几十微秒)，出错率低。而目前常见的局域网传输速度可达1Gbps、2.5Gbps、10Gbps、25Gbps、40Gbps甚至超过100Gbps。局域网与其他网络的区别主要体现在以下3个方面。

（1）网络所覆盖的物理范围。

（2）网络的拓扑结构。

（3）网络所使用的传输技术。

由于局域网分布范围极小，一方面容易管理与配置，另一方面容易构成简洁规整的拓扑结构，加上网络延迟小（一般在几十微秒以下）、数据传输速率高、传输可靠、拓扑结构灵活的优点，使之得到广泛的应用，成为实现有限区域内信息交换与共享的典型有效途径。

2．城域网

城域网覆盖范围为中等规模，介于局域网和广域网之间，通常是在一个城市内的网络连接（距离为几十千米）。目前城域网建设主要采用IP/MPLS技术、SR/SRv6技术或Packet Over SDH技术，宽带IP城域网是根据业务发展和竞争的需要而建设的城市范围内（可能包括所辖的县区等）的宽带多媒体通信网络，是宽带骨干网络（如中国电信IP骨干网络）在城市范围内的延伸。城域网作为本地公共信息服务平台的组成部分，负责承载各种多媒体业务，为用户提供各种接入方式，满足政府部门、企事业单位、个人用户对基于IP的各种多媒体业务的需求，因此，宽带IP城域网必须是可管理、可扩展的电信运营网络。

城域网划分为"城域网城域部分"和"城域网接入部分"。城域网城域部分为运营商网络，由运营商统一规划与建设，又可分为城域核心层和城域汇接层。城域核心层主要完成城域网内部信息的高速传送与交换，实现与其他网络的互联互通，而城域汇接层主要完成信息的汇聚与分发。

城域网接入部分可由运营商、企业、建筑商及物业管理部门建设，其不仅提供传统意义上的接入功能，还可能需要向用户提供本地业务。城域网接入部分又分为接入汇接层和用户接入层，接入汇接层完成信息的汇接与分发，实现用户管理，城域网接入部分的业务提供、计费等功能，而用户接入层为用户提供具体的接入手段。

3．广域网

广域网在超过局域网的地理范围内运行，分布距离远，它通过光传输线路或者各种类型的串行连接以便在更大的地理区域内实现接入。广域网的发送介质主要是利用电话线或光纤，由ISP将企业间做连线，这些线是ISP业者预先埋在马路、湖底、海底的线路。通常企业网通过广域网线路接入当地ISP，广域网可以提供全部时间或部分时间的连接。广域网本身往往不具备规则的拓扑结构。由于速度慢、延迟大，入网站点无法参与网络管理，所以，它要包含复杂的互联设备（如交换机、路由器）处理其中的管理工作，互联设备通过通信线路连接，构成网状结构（通信子网）。其中入网站点只负责数据的收发工作；广域网中的互联设备负责数据包的路由等重要管理工作。

1.4.2 网络的拓扑结构

网络拓扑（network topology）指的是计算机网络的物理布局。简单地说，就是指将一组设备以什么样的结构连接起来，通常也称为拓扑结构。基本的网络拓扑模型主要有总线型拓扑、星型拓扑、树型拓扑、环型拓扑和网状拓扑，绝大部分网络都可以由这几种拓扑独立或混合构成，如图1-6所示。了解这些拓扑结构是设计网络和解决网络疑难问题的前提。

1．总线型拓扑

总线型（bus）拓扑结构是将各个节点的设备用一根总线连接起来，所有的节点间通信都通

图 1-6　网络拓扑结构

过统一的总线完成。在早期的局域网中,这是一种应用很广的拓扑结构。其突出的特点是结构简单、成本低、安装使用方便,消耗的电缆长度短、便于维护。但它也具有固有的致命缺点——存在单点故障。总线如果出现故障,整个总线型网络都会瘫痪。由于共享总线带宽,当网络负载过重时,会导致总线型网络性能下降。为了克服这些问题,随后产生了星型的拓扑结构。

2. 星型拓扑

星型(star)拓扑结构是一种以中央节点(如交换机)为中心,把若干个外围节点连接起来的辐射式互连结构,中央节点对各设备间的通信和信息交换进行集中控制和管理。它的主要特点是系统的可靠性较高,当某一线路发生故障时,不会影响网络中的其他主机;扩充或删除设备较容易,将设备直接连接到中央节点即可;中央节点可以方便地控制和管理网络,并及时发现和处理系统故障。其缺点是需要的连接线缆比总线型拓扑结构多;且一旦中央节点发生故障,网络将不能工作。星型拓扑结构是在当前的局域网中使用较为广泛的一种拓扑结构,它已基本代替了早期局域网采用的总线型拓扑结构。

3. 树型拓扑

树型(tree)拓扑从总线拓扑演变而来,形状像一棵倒置的树,顶端是树根,树根以下带分支,每个分支还可再带子分支,树根接收各站点发送的数据,然后广播发送到全网。我国电话网络即采用树形结构。它的主要特点是结构比较简单,成本低。在网络中,任意两个节点之间不产生回路,每个链路都支持双向传输。网络中节点扩充方便灵活,寻找链路路径比较方便。但是缺点也很明显,在这种网络系统中,除叶节点及其相连的链路外,任何一个节点或链路产生的故障都会影响整个网络。

4. 环型拓扑

环型(ring)拓扑结构是将各节点通过一条首尾相连的通信线路连接起来的一个封闭的环型网。每一台设备只能和它的一个或两个相邻节点直接通信,如果需要与其他节点通信,信息必须依次经过两者之间的每一个设备。环型网络既可以是单向的,也可以是双向的。单向是指所有的传输都是同方向的,此时每个设备只能直接与一个邻近节点通信;双向是指数据能在两个方向上进行传输,此时设备可以直接与两个邻近节点直接通信。

环型拓扑的结构简单,系统中各工作站地位相等;建网容易,增加或减少节点时仅需简单的连接操作;能实现数据传送的实时控制,可预知网络的性能。在单环型拓扑中,任何一节点发生故障,就会导致环中的所有节点无法正常通信,在实际应用中一般采用多环结构,这样在单点发生故障时可以形成新的环型,继续正常工作。环型拓扑的另一个缺点是当一个节点要往另一个节点发送数据时,它们之间的所有节点都得参与传输,这样,比起总线拓扑来,更多的时间被花在替别的节点转发数据上。

5. 网状拓扑

网状(mesh)拓扑可分为全网状(full mesh)和部分网状(partial mesh)。全网状拓扑是指参与通信的任意两个节点之间均通过传输线直接相互连接,所以这是一种极端安全可靠的方案。由于不再需要竞争公用线路,通信变得非常简单,任意两台设备可以直接通信,而不用涉及其他设备。然而,对 N 个节点构建全网状拓扑需要 $N(N-1)/2$ 个连接,这使得在大量节点之间建立全网状拓扑的费用变得极其昂贵。而且,如果两台设备间通信流量很小,那么它们之间的线路利用率就很低,几乎肯定有很多连接得不到充分利用。由于全网状拓扑实现起来费用高、代价大、结构复杂、不易管理和维护,在局域网中很少采用。实际应用中常常采用部分网状拓扑替代全网状拓扑,即在重要节点之间采用全网状拓扑,对相对非重要的节点则省略一些连接。

1.4.3 电路交换与分组交换

电路交换(circuit switching)和分组交换(packet switching)是通信中的一对重要概念。

1. 电路交换

交换的概念最早来自电话系统。电话交换机采用的就是电路交换技术。通信网络中的电路交换与拨打电话的原理类似,当端节点要求发送数据时,交换机就在发送节点和接收节点之间创建一条独占的数据传输通道。这条通道既可能是一条物理线路,也可能是经过多路复用得到的逻辑通道。这条通道具备固定的带宽,由通信双方独占,一直到通信结束。除非两个节点断开连接,否则传输信道便一直处于服务状态。

电路交换的优点是传输延迟小,由于一旦建立了线路,便不再需要交换,因此保证了较低的延迟;其次一旦线路建立,便不会发生资源的抢占和冲突;电路交换能实现数据的透明传输(即传输通路对用户数据不进行任何修正或解释)、信息传输的吞吐量大。

电路交换的缺点是所占带宽固定,网络资源利用率低。在电路交换系统中,物理线路的带宽是预先分配好的。对于已经预先分配好的线路,即使通信双方没有数据要交换,线路带宽也不能为其他用户所使用,从而造成带宽的浪费。此外,电路交换建立连接所需的时间比较长。电路交换本来是为打电话而设计的。每次需建立连接时,呼叫信号必须经过若干个交换机,得到各交换机的认可,并最终传到被呼叫方。在 PSTN 电话网中,这个过程常常需要 10s 甚至更长的时间(呼叫市内电话、国内长途和国际长途,需要的时间是不同的)。另外,比较重要的一点是,如果使用电路交换技术,网络中每台计算机都必须能建立到所有其他计算机的直接电路连接,而这在大规模网络中几乎是不可能实现的。

由于计算机通信具有频繁、快速、小量、流量峰谷差距大、同时对多点通信等特点,过长的电路建立时间和每个计算机固定电路带宽是不合适的,因此电路交换并不适用于大规模计算机网络中的终端直接通信。

2. 分组交换

分组交换技术将需要传输的信息划分为具有一定长度的分组(packet,也称为包),以分组为单位进行存储转发。每个分组都载有接收方地址和发送方地址的标识,便于在网络中寻址;网络中的传送设备则根据这些地址进行分组转发,使信息最终传递到目的节点。

由于采用动态复用的技术来传送各个分组,虽然任意时刻线路总是被某个分组独占,但线路的带宽在统计上得到复用,从而提高了线路的利用率。

分组交换能够保证任何用户都不能长时间独占某传输线路,因而它可以较充分地利用信道带宽,并且可以达到处理并行交互式通信的能力。IP 电话就是使用分组交换技术的一种新型电话,它的通话费远远低于传统电话,原因就在这里。

但是在分组交换中,数据要被分割成分组,而网络设备也需要逐一对分组实行转发,这使得分组交换引入了更大的端到端延迟。由于每个分组都要载有额外的地址信息,因此同样的有效数据实际上需要占用更多的带宽资源。另外,由于来自多对通信节点的数据复用同一个信道,突发的数据可能造成信道的拥塞。所有这些使得分组交换网络设备和协议需要具备处理寻址、转发、拥塞等的能力,这也加大了对分组交换网络设备处理能力和复杂程度的要求。

1.5 衡量计算机网络的主要指标

对于网络的性能,人们大多具有感性的认识,例如,通过 modem 拨号上网与通过宽带上网浏览网页的速度是不一样的。

影响网络性能的因素有很多,传输的距离、使用的线路、传输技术、带宽(bandwidth)、网络设备性能等都会对网络的性能产生影响。带宽和延迟(delay)是衡量网络性能的两个主要指标。

1.5.1 带宽

LAN 和 WAN 都使用带宽来描述在一定时间范围内能够从一个节点传送到另一个节点的数据量。带宽分为模拟带宽和数字带宽,本书所述的带宽指数字带宽。带宽的单位是 bps(bit per second,位每秒),代表每秒某条链路能发送的数据位数。

目前常见的网络带宽如下。

(1) 以太网技术的带宽可以为 10Mbps、100Mbps、1000Mbps、2.5Gbps、10Gbps 等。

(2) ADSL 在不影响正常电话通信的情况下可以提供最高 3.5Mbps 的上行速度和最高 24Mbps 的下行速度。

(3) E1/PRI 带宽为 2Mbps,E3 带宽为 34Mbps。

(4) OC-3 带宽为 155Mbps,OC-12 带宽为 622Mbps,OC-48 带宽为 2.5Gbps,OC-192 带宽为 10Gbps。

1.5.2 延迟

网络的延迟(delay)又称时延,定义了网络把数据从一个网络节点传送到另一个网络节点所需要的时间。例如,一个横贯大陆的网络可能有 24ms 的延迟,即将一个比特从一端传到另一端将花费 24ms 的时间。

网络延迟主要由传播延迟(propagation delay)、交换延迟(switching delay)、介质访问延迟(access delay)和队列延迟(queuing delay)等组成。总之,网络中产生延迟的因素很多,既受网络设备的影响,也受传输介质、网络协议标准的影响;既受硬件制约,也受软件制约。由于物理规律的限制,延迟是不可能完全消除的。

1.6 网络标准化组织

在计算机网络的发展过程中有许多国际标准化组织做出了重大的贡献,他们统一了网络的标准,使各个厂商生产的网络产品可以相互兼容。主要有以下这些组织。

(1) 国际标准化组织(International Organization for Standardization,ISO):世界上最著

名的国际标准组织之一,该组织负责制定大型网络的标准,包括与Internet相关的标准。ISO提出了OSI参考模型。OSI参考模型描述了网络的工作机理,为计算机网络构建了一个易于理解的、清晰的层次模型。

(2) 电气与电子工程师协会(IEEE):IEEE由计算机和工程学专业人士组成,是世界上最大的专业组织之一。主要提供了网络硬件的标准,使各厂商生产的硬件设备能相互连通。IEEE LAN标准是当今居于主导地位的LAN标准。它定义了IEEE 802.x协议族,其中比较著名的有IEEE 802.3以太网标准、IEEE 802.4令牌总线网(token bus)标准、IEEE 802.5令牌环网(token ring)标准、IEEE 802.11无线局域网(WLAN)标准等。

(3) 美国国家标准协会(American National Standards Institute,ANSI):是一个由公司、政府和其他组织成员组成的自愿组织。它有将近1000个会员,而且本身也是ISO的一个成员。著名的美国标准信息交换码(ASCII)就是被用来规范计算机内的信息存储的ANSI标准。它制定了光纤分布式数据接口(FDDI)在光缆上发送数字信号的协议标准。

(4) 国际电信联盟(International Telecomm Union,ITU):其前身是国际电报电话咨询委员会(CCITT)。ITU共分为3个主要部门,ITU-R负责无线电通信;ITU-D是发展部门;而ITU-T负责电信行业。ITU的成员包括各种各样的科研机构、工业组织、电信组织、电话通信方面的权威人士,还有ISO。它定义了很多作为广域连接的电信网络的标准,众所周知的有X.25、帧中继(frame relay)等。

(5) 因特网架构委员会(Internet Architecture Board,IAB):下设因特网工程任务组(IETF)、研究任务委员会(IRTF)、因特网编号分配机构(IANA)等,负责各种Internet标准的定义,是目前最具影响力的国际标准化组织。

(6) 电子工业协会(Electronic Industries Association,EIA):EIA的主要成员是电子产品公司和电信设备制造商。它也是ANSI的成员。EIA主要定义了大量设备间电气连接和数据物理传输的标准。其中最广为人知的标准是RS-232(或称EIA-232),它已成为大多数PC机与调制解调器或打印机等设备通信的规范。

(7) 因特网工程任务组(Internet Engineering Task Force,IETF):IETF是一个由互联网技术工程专家自发参与和管理的国际机构,其成员包括网络设计者、制造商、研究人员,以及所有对因特网的正常运转和持续发展感兴趣的个人或组织。它分为数百个工作组,分别处理因特网的应用、实施、管理、路由、安全和传输服务等不同方面的技术问题。这些工作组同时也承担着对各种规范加以改进发展,使其成为因特网标准的任务。它制定了因特网的很多重要协议标准。

注意:熟悉标准化组织及其协议标准、草案等有利于提高技术水平,掌握最前沿和最主流的网络技术。

1.7 本章总结

(1) 计算机网络可以实现资源共享、综合信息服务、负载均衡与分布式处理等基本功能。

(2) 计算机网络的类型可以按照地域、拓扑结构、数据交换的形式及网络组件等不同类型进行分类。

(3) 衡量计算机网络的性能指标有很多种,其中带宽和延迟最为重要。

1.8 习题和解答

1.8.1 习题

1. 在计算机局域网中,常用通信设备有( )。
   A. 集线器(hub)　　　　　　　　　　B. 交换机(switch)
   C. 调制解调器(modem)　　　　　　　D. 路由器(router)
2. 802协议族是由下面的( )组织定义的。
   A. OSI　　　　　B. EIA　　　　　C. IEEE　　　　　D. ANSI
3. 衡量网络性能的两个主要指标为( )。
   A. 带宽　　　　　B. 可信度　　　　C. 延迟　　　　　D. 距离
4. 有可能会产生单点故障的是( )网络。
   A. 总线型　　　　B. 环型　　　　　C. 网状结构　　　D. 星型
5. 数据交换技术包括( )。
   A. 电路交换(circuit switching)　　　B. 报文交换(message switching)
   C. 分组交换(packet switching)　　　D. 文件交换(file switching)

1.8.2 习题答案

1. ABD　　2. C　　3. AC　　4. ABD　　5. ABC

第2章

OSI参考模型与TCP/IP模型

在网络发展的早期时代,网络技术的发展变化速度非常快,计算机网络变得越来越复杂,新的协议和应用不断产生,而网络设备大部分都是按厂商自己的标准生产,不能兼容,很难相互间进行通信。

为了解决网络之间的兼容性问题,实现网络设备间的相互通信,国际标准化组织(international organization for standardization,ISO)于1984年提出了开放系统互联参考模型(open system interconnection reference model,OSI参考模型)。OSI参考模型很快成为计算机网络通信的基础模型。OSI参考模型是应用在局域网和广域网上的一套普遍适用的规范集合,它使得全球范围的计算机平台可进行开放式通信。OSI参考模型说明了网络的架构体系和标准,并描述了网络中信息是如何传输的。多年以来,OSI模型极大地促进了网络通信的发展,也充分体现了为网络软件和硬件实施标准化做出的努力。

由于种种原因,并没有一种完全忠实于OSI参考模型的协议族流行开来。相反,源于美国国防部预先研究计划局(defense advanced research project agency,DARPA)20世纪60年代开发的ARPANET的TCP/IP得到了广泛应用,成为Internet的事实标准。

2.1 本章目标

学习完本章,应该能够达到以下目标。
(1) 掌握OSI参考模型的分层结构。
(2) 理解两个系统如何通过OSI模型进行通信。
(3) 理解OSI模型的7层功能及其关系。
(4) 理解数据封装的过程。
(5) 掌握TCP/IP参考模型的分层结构。
(6) 理解TCP/IP模型各层的功能。

2.2 OSI参考模型

2.2.1 OSI参考模型的产生

如今,人们可以方便地使用不同厂家的设备构建计算机网络,而不需要过多考虑不同产品之间的兼容性问题。而在OSI模型出现(20世纪80年代)之前,实现不同设备间的互通并不容易。这是因为在计算机网络发展的初期阶段,许多研究机构、计算机厂商和公司都推出了自己的网络系统,例如IBM公司的SNA,Novell的IPX/SPX协议,Apple公司的AppleTalk协议,DEC公司的DECNET,以及广泛流行的TCP/IP等。同时,各大厂商针对自己的协议生产出了不同的硬件和软件。然而这些标准和设备之间互不兼容,没有一种统一标准存在,就意味着这些不同厂家的网络系统之间无法相互联接。

为了解决网络之间兼容性的问题,帮助各个厂商生产出可兼容的网络设备,国际标准化组织于 1984 年提出了 OSI 参考模型,它很快成为计算机网络通信的基础模型。

OSI 模型是对发生在网络设备间的信息传输过程的一种理论化描述,它仅仅是一种理论模型,并没有定义如何通过硬件和软件实现每一层功能,与实际使用的协议(如 TCP/IP 协议)是有一定区别的。虽然 OSI 仅是一种理论化的模型,但它是所有网络学习的基础,因此除了解各层的名称外,更应深入了解它们的功能及各层之间是如何工作的。

OSI 参考模型很重要的一个特性是其分层体系结构。分层设计方法可以将庞大而复杂的问题转化为若干较小且易于处理的子问题。将复杂的网络通信过程分解到各个功能层次,各个层次的设计和测试相对独立,并不依赖于操作系统或其他因素,层次间也无须了解其他层是如何实现的。

可以设想,在两台设备之间进行通信时,两台设备必须要高度地协调工作,这包括从物理的传输介质到应用程序的接口等方面,这种"协调"是相当复杂的。为了降低网络设计的复杂性,OSI 采用了层次化的结构模型,以实现网络的分层设计,从而将庞大而复杂的问题转化为若干较小且易于处理的子问题。这与编写程序的思想非常相似。在编写一个功能复杂的程序时,为了方便设计编写和代码调试,不可能在主程序里将所有代码一气呵成,而是将问题划分为若干个子功能,由不同的函数分别去完成,主程序通过调用函数实现整个程序功能,从而有效地简化了程序的设计和编写。一旦出现错误,也可以很容易将问题定位到相应的功能函数。

分层体系结构将复杂的网络通信过程分解到各个功能层次,各个层次的设计和测试相对独立,并不依赖于操作系统或其他因素,层次间也无须了解其他层是如何实现的,从而简化了设备间的互通性和互操作性。采用统一的标准的层次化模型后,各个设备生产厂商遵循标准进行产品的设计开发,有效地保证了产品间的兼容性。就像建造房屋的建筑商可以使用其他厂商提供的原材料,而不必自己从头开始制作一砖一瓦一样,一个厂商可以其他厂商提供的模块为基础,只专注于某一层软件或硬件的开发,使得开发周期大大缩短,费用大为降低。

总结起来,OSI 参考模型具有以下优点。

(1) 开放的标准化接口:通过规范各个层次之间的标准化接口,使各个厂商可以自由地生产出网络产品,这种开放给网络产业的发展注入了活力。

(2) 多厂商兼容性:采用统一的标准的层次化模型后,各个设备生产厂商遵循标准进行产品的设计开发,有效地保证了产品间的兼容性。

(3) 易于理解、学习和更新协议标准:由于各层次之间相对独立,使得讨论、制定和学习协议标准变得比较容易,某一层次协议标准的改变也不会影响其他层次的协议。

(4) 实现模块化工程,降低了开发实现的复杂度:每个厂商都可以专注于某一个层次或某一模块,独立开发自己的产品,这样的模块化开发降低了单一产品或模块的复杂度,提高了开发效率,降低了开发费用。

(5) 便于故障排除:一旦发生网络故障,可以比较容易地将故障定位于某一层次,进而快速找出故障根源。

2.2.2 OSI 参考模型的层次结构

OSI 参考模型自下而上分为 7 层,分别是:第 1 层物理层(physical layer)、第 2 层数据链路层(data link layer)、第 3 层网络层(network layer)、第 4 层传输层(transport layer)、第五层会话层(session layer)、第 6 层表示层(presentation layer)和第 7 层应用层(application layer),如图 2-1 所示。

图 2-1 OSI 参考模型

OSI 参考模型的每一层都负责完成某些特定的通信任务,并只与紧邻的上层和下层进行数据的交换。

物理层涉及在通信信道(channel)上传输的原始比特流,它定义了传输数据所需要的机械、电气、功能及规程的特性等,包括电压、电缆线、数据传输速率、接口的定义等。

数据链路层的主要任务是提供对物理层的控制,检测并纠正可能出现的错误,并且进行流量控制。数据链路层与物理地址、网络拓扑、线缆规划、错误校验和流量控制等有关。

网络层决定传输包的最佳路由,其关键问题是确定数据包从源端到目的端如何选择路由。网络层通过路由选择协议来计算路由。

传输层的基本功能是从会话层接收数据,并且在必要的时候把它分成较小的单元,传递给网络层,并确保到达对方的各段信息正确无误,传输层建立、维护虚电路、进行差错校验和流量控制。

会话层允许不同机器上的用户建立、管理和终止应用程序间的会话关系,在协调不同应用程序之间的通信时要涉及会话层,该层使每个应用程序知道其他应用程序的状态。同时,会话层也提供双工(duplex)协商、会话同步等。

表示层关注于所传输的信息的语法和语义,它把来自应用层与计算机有关的数据格式处理成与计算机无关的格式,以保证对端设备能够准确无误地理解发送端数据。同时,表示层也负责数据加密等。

应用层是 OSI 参考模型最接近用户的一层,负责为应用程序提供网络服务。这里的网络服务包括文件传输、文件管理和电子邮件的消息处理等。

2.2.3 OSI 参考模型层次间的关系以及数据封装

在数据通信网络领域中,协议数据单元(protocol data unit,PDU)泛指网络通信对等实体之间交换的信息单元,包括用户数据信息和协议控制信息等。

为了更准确地表示出当前讨论的是哪一层的数据,在 OSI 术语中,每一层传送的 PDU 均有其特定的称呼。应用层数据称为应用层协议数据单元(application protocol data unit,APDU),表示层数据称为表示层协议数据单元(presentation protocol data unit,PPDU),会话层数据称为会话层协议数据单元(session protocol data unit,SPDU);传输层数据称为段(segment),网络层数据称为数据包(packet),数据链路层数据称为帧(frame),物理层数据称为比特(bit)。

在 OSI 参考模型中,终端主机的每一层都与另一方的对等层次进行通信,但这种通信并非直接进行的,而是通过下一层为其提供的服务来间接与对端的对等层交换数据。下一层通过服务访问点(service access point,SAP)为上一层提供服务。例如,一个终端设备的传输层和另一个终端设备的传输层利用数据段进行通信。传输层的段成为网络层数据包的一部分,网络层数据包又成为数据链路层帧的一部分,最后转换成比特流传送到对端物理层,又依次到达对端数据链路层、网络层、传输层,实现了对等层之间的通信。

为了保证对等层之间能够准确无误地传递数据,对等层间应运行相同的网络协议。例如,应用层的 E-mail 程序不会与对端应用层 Telnet 程序通信,但可以与对端 E-mail 应用程序通信。

图 2-2 示意了两个设备之间是如何建立通信的。从图 2-2 可以看出,两个设备建立对等层的通信连接,即在各个对等层间建立逻辑信道,对等层使用功能相同的协议实现对话。如 hostA 的第二层不能和对方的第三层直接通信。同时,同一层之间的不同协议也不能通信,比如 hostA 的 E-mail 应用程序就不能和对方的 Telnet 应用程序通信。

图 2-2　对等通信

封装(encapsulation)是指网络节点将要传送的数据用特定的协议打包后传送。多数协议是通过在原有数据之前加上封装头(header)来实现封装的,一些协议还要在数据之后加上封装尾(trailer),而原有数据此时便成为载荷(payload)。在发送方,OSI 模型的每一层都对上层数据进行封装,以保证数据能够正确无误地到达目的地;而在接收方,每一层又对本层的封装数据进行解封装,并传送给上层,以便数据被上层所理解。

图 2-3 显示了 OSI 模型中数据的封装和解封装过程。首先,源主机的应用程序生成能够被对端应用程序识别的应用层数据;然后数据在表示层加上表示层头,协商数据格式,是否加

密,转化成对端能够理解的数据格式;数据在会话层又加上会话层头;以此类推,传输层加上传输层头形成段(segment),网络层加上网络层头形成包(packet),数据链路层加上数据链路层头形成帧(frame);在物理层数据转换为比特流,传送到网络上。比特流到达目的主机后,也会被逐层解封装。首先由比特流获得帧,然后剥去数据链路层帧头获得包,再剥去网络层包头获得段,以此类推,最终获得应用层数据提交给应用程序。

图 2-3　数据封装与解封装

2.2.4　物理层

物理层(physical layer)是 OSI 参考模型的最底层或称为第 1 层,其功能是在终端设备间传输比特流。

物理层并不是指物理设备或物理媒介,而是有关物理设备通过物理媒体进行互连的描述和规定。物理层协议定义了通信传输介质的物理特性。

(1) 机械特性:说明了接口所用接线器的形状和尺寸、引线数目和排列等,例如我们见到的各种规格的电源插头的尺寸都有严格的规定。

(2) 电气特性:说明在接口电缆的每根线上出现的电压、电流范围。

(3) 功能特性:说明某根线上出现的某一电平的电压表示何种意义。

(4) 规程特性:说明对不同功能的各种可能事件的出现顺序。

物理层以比特流的方式传送来自数据链路层的数据,而不理会数据的含义或格式。同样,它接收数据后直接传给数据链路层。也就是说,物理层只能看到 0 和 1,它不能理解所处理的比特流的具体意义。

常见的物理层传输介质主要有同轴电缆(coaxial cable)、双绞线(twisted pair)、光纤(fiber)、串行电缆(serial cable)和电磁波等。

双绞线是一种在局域网上最为常用的电缆线。每一对双绞线由一对直径约 1mm 的绝缘铜线缠绕而成,这样可以有效抗干扰。双绞线分为屏蔽双绞线(shielded twisted pair,STP)和非屏蔽双绞线(unshielded twisted pair,UTP)。屏蔽双绞线具有很强的抗电磁干扰和无线电干扰能力,但是价格相对昂贵;非屏蔽双绞线易于安装,价格便宜,但是抗干扰能力相对较弱,传输距离较短。

光纤是另外一种网络传输介质,不受电磁信号的干扰。光纤由玻璃纤维和屏蔽层组成,传输速率高,传输距离远。但是光纤比其他介质更昂贵。

Xerox公司制定的以太网和IEEE 802.3标准定义了以太网物理层常用的线缆标准。其中常用的接口线缆标准有10Base-T、100Base-TX/FX、1000Base-T、1000Base-SX/LX等。中继器、集线器都是典型的局域网物理层设备。

广域网物理层常用接口包括以下内容。

(1) POS(packet over SONET/SDH)端口支持光纤介质,它是一种高速广域网连接技术。在路由器上插入一块POS模块,路由器就可以提供POS接口。POS常用接口速率为155Mbps、622Mbps、2.4Gbps、10Gbps、40Gbps。POS端口采用PPP或HDLC的二层封装来承载IP报文。

(2) CPOS接口是指支持通道化的POS接口(channelized POS)。它充分利用SDH体制的特点,提供对带宽精细划分的能力,可减少组网中对路由器低速物理端口的数量要求,增强路由器的低速端口汇聚能力,并提高路由器的专线接入能力。对于CPOS接口,其本身的物理端口不再作为业务口使用,称为控制口,又称controller。而通道化成的E1/T1通道作为同步串口使用。

调制解调器(modem)就是一种常见的广域网物理层设备。

2.2.5 数据链路层

数据链路层的目的是负责在某一特定的介质或链路上传递数据。因此数据链路层协议与链路介质有较强的相关性,不同的传输介质需要不同的数据链路层协议给以支持。

数据链路层的主要功能包括以下内容。

(1) 帧同步:即编帧和识别帧。物理层只发送和接收比特流,而并不关心这些比特的次序、结构和含义;而在数据链路层,数据以帧(frame)为单位传送。因此发送方需要链路层将比特编成帧,接收方需要链路层能从接收到的比特流中明确地区分出数据帧起始与终止的地方。帧同步的方法包括字节计数法、使用字符或比特填充的首尾定界符法以及违法编码法等。

(2) 数据链路的建立、维持和释放:当网络中的设备要进行通信时,通信双方有时必须先建立一条数据链路,在建立链路时需要保证安全性,在传输过程中要维持数据链路,而在通信结束后要释放数据链路。

(3) 传输资源控制:在一些共享介质上,多个终端设备可能同时需要发送数据,此时必须由数据链路层协议对资源的分配加以裁决。

(4) 流量控制:为了确保正常地收发数据,防止发送数据过快,导致接收方的缓存空间溢出,网络出现拥塞,就必须及时控制发送方发送数据的速率。数据链路层控制的是相邻两节点之间数据链路上的流量。

(5) 差错控制:由于比特流传输时可能产生差错,而物理层无法辨别错误,所以数据链路层协议需要以帧为单位实施差错检测。最常用的差错检测方法是帧校验序列(frame check sequence,FCS)。发送方在发送一个帧时,根据其内容,通过诸如循环冗余校验(cyclic redundancy check,CRC)这样的算法计算出校验和(checksum),并将其加入此帧的FCS字段中发送给接收方。接收方通过对校验和进行检查,检测收到的帧在传输过程中是否发生差错。一旦发现差错,就丢弃此帧。

(6) 寻址：数据链路层协议应该能够标识介质上的所有节点，并且能寻找到目的节点，以便将数据发送到正确的目的。

(7) 标识上层数据：数据链路层采用透明传输的方法传送网络层包(packet)，它对网络层呈现为一条无错的线路。为了在同一链路上支持多种网络层协议，发送方必须在帧的控制信息中标识载荷（即包）所属的网络层协议，这样接收方才能将载荷提交给正确的上层协议来处理。

为了在对网络层协议提供统一的接口的同时对下层的各种介质进行管理控制，局域网的数据链路层又被划分为逻辑链路控制(logic link control，LLC)和介质访问控制(media access control，MAC)两个子层。

IEEE 的数据链路层标准是当今最为流行的 LAN 标准。这些标准统称为 IEEE 802 标准。

(1) IEEE 802.1 描述了基本的局域网需要解决的问题，如 IEEE 802.1d 描述了生成树协议。

(2) IEEE 802.2 小组负责 LLC 子层标准的制定。

(3) IEEE 802.3 小组负责 MAC 子层标准的制定，典型技术如带冲突检测的载波侦听多路访问(carrier sense multiple access with collision detection，CSMA/CD)。

(4) IEEE 802.4 小组负责令牌总线标准的制定。

(5) IEEE 802.5 小组负责令牌环网标准的制定，IBM 的令牌环小组和 IEEE 802.5 小组建立的标准是基本相同的。

(6) IEEE 802.11 小组负责无线局域网标准的制定。

目前，我国应用最为广泛的 LAN 标准是基于 IEEE 802.3 的以太网标准。以太网交换机就是一种典型的数据链路层设备。

广域网常见的数据链路层标准有高级数据链路控制(high-level data link control，HDLC)、点到点协议(point-to-point protocol，PPP)等。

HDLC 是 ISO 开发的一种面向位同步的数据链路层协议，它规定了使用帧字符和校验和的同步串行链路的数据封装方法。

PPP 由 RFC(request for comment)1661 描述。PPP 由链路控制协议(link control protocol，LCP)、网络控制协议(network control protocol，NCP)和 PPP 扩展协议族组成。LCP 规定了链路建立、维护以及拆除。PPP 支持同步和异步连接，支持多种网络层协议。

2.2.6 网络层

在网络层，数据的传送单位是包(packet，又称为分组或报文)。网络层的任务就是要选择合适的路径并转发数据包，使数据包能够正确无误地从发送方传递到接收方。

网络层的主要功能包括以下内容。

(1) 编址：网络层为每个节点分配标识，这就是网络层的地址(address)。地址的分配也为从源到目的的路径选择提供了基础。

(2) 路由选择：网络层的一个关键作用是要确定从源到目的的数据传递应该如何选择路由，网络层设备在计算路由之后，按照路由信息对数据包进行转发。执行网络层路由选择的设备称为路由器(router)。

(3) 拥塞控制：如果网络同时传送过多的数据包，可能会产生拥塞，导致数据丢失或延迟，网络层也负责对网络上的拥塞进行控制。

（4）异种网络互连：通信链路和介质类型是多种多样的，每一种链路都有其特殊的通信规定，网络层必须能够工作在多种多样的链路和介质类型上，以便能够跨越多个网段提供通信服务。

网络层处于传输层和数据链路层之间，它负责向传输层提供服务，同时负责将网络地址翻译成对应的物理地址。网络层协议还能协调发送、传输及接收设备的处理能力的不平衡性，如网络层可以对数据进行分段和重组，以使得数据包的长度能够满足该链路的数据链路层协议所支持的最大数据帧长度。

注意：由于早期对英文名词的中文翻译缺乏标准，在通信领域中，packet 一词被习惯性地翻译成"包""分组""报文"等多种形式。本书将根据特定场合不加区分地使用这些中文名称。

1．网络层地址

网络层地址如图 2-4 所示。

网络层地址存在于 OSI 参考模型的第 3 层，是对通信节点的标识，也是数据在网络中进行转发的依据。不同的网络层协议具有不同的地址格式。目前应用最广泛的 IP 地址由 4 个字节组成，通常用点分十进制数字表示。

	网络地址	主机地址
IP地址	10.	8.2.48

图 2-4　网络层地址

网络层地址通常具有层次化结构，以便将一个巨大的网络区分成若干小块，以便寻址和管理。一种常见的方法是将网络层地址分为"网络地址"和"主机地址"，这样在转发数据包时就可以先将其发送到网络地址所标识的网络，再由所在网络上的网关将其发给主机地址所标识的目的主机。

网络层地址通常是由管理员从逻辑上分配的，因此也称为逻辑地址。为了唯一的标识通信节点，任何一个网络层地址在网络中应该是唯一的。

2．路由协议与可路由协议

路由协议与可路由协议如图 2-5 所示。

图 2-5　路由协议与可路由协议

可路由协议（routed protocol）是定义数据包内各个字段的格式和用途的网络层封装协议，该网络层协议允许将数据包从一个网络设备转发到另外一个网络设备。目前最常见的可路由协议有 TCP/IP 协议族中的 IP。

路由协议（routing protocol）运行于路由器上，在路由器之间传递信息，计算用于转发的路由并形成路由表（routing table），以便为可路由协议提供路由选择服务。路由协议使路由信息能够在相邻路由器之间传递,确保所有路由器了解到达各个目的的路径。

对于一种可路由协议可以设计出多种路由协议为其服务。例如,对于 IP 而言,其常见的路由协议有路由信息协议(routing information protocol,RIP)、开放式最短路径优先(open shortest path first,OSPF)、IS-IS(intermediate system to intermediate system)等。

3. 面向连接和无连接服务

在计算机通信中,面向连接的服务(connect-oriented service)和无连接服务(connectionless service)是一对重要的概念。

使用面向连接的服务进行通信时,两个实体在通信前首先要建立连接,而在通信完成后释放连接。当被叫用户拒绝连接时,连接宣告失败。

在建立连接阶段,有关的服务原语以及协议数据单元中,必须给出源主机和目的主机的地址,建立虚链路连接;在数据传输阶段,可以使用一个连接标识符来表示上述这种连接关系。

通常面向连接的服务提供可靠的报文序列服务。接收方确认收到的每一份报文,使发送方确信它发送的报文已经到达目的地。确认过程增加了额外的开销和延迟,但如果报文丢失,发送方可以重新发送。在建立连接之后,每个用户可以发送可变长度(在某一限度之内)的报文,这些报文按顺序发送给远端的实体。在正常情况下,当两个报文发往同一目的地时,先发的先收到,但是先发的报文在途中有可能被延误,造成后发的报文反而先收到。接收方利用序列号判断接收的报文是否乱序,并对其按正确的顺序进行排列。面向连接的服务比较适用于在一定时间内向同一个目的地发送很多报文的情况,对于短报文数据的发送而言,面向连接的服务显得开销过大。

在无连接服务中,两个实体之间的通信不需要先建立好一个连接,因此其下层的有关资源不需要事先进行预定保留,这些资源是在数据传输时动态地进行分配的。无连接服务是以邮政系统为模型的,每个报文(信件)带有完整的目的地址,并且每一个报文都独立于其他报文,经由系统选定的路线传递。无连接服务提供尽力而为(best-effort)服务,即网络以当前拥有的资源尽力转发报文,但并不保证确切的服务质量。

无连接服务的特征是它不需要通信的两个实体同时处于激活状态,而只需要正在工作的实体处于激活状态。它的优点是灵活方便和比较迅速,但无连接服务不能防止报文的丢失、重复或失序。因此它比较适合传送少量的零星的报文。

并不是所有的应用程序都需要连接。对于某些应用而言,百分之百的可靠性没有必要;对另一些应用而言,其上层应用已经实现了可靠应答机制,所以其本身也不必再确保可靠性。

OSI 参考模型的网络层协议通常提供无连接的服务,不保证数据包的有序可靠传输。数据可靠传输功能通常在传输层实现。

4. 网络层协议操作

图 2-6 演示了数据从主机到服务器的发送过程。

当主机 hostA 上的应用程序需要发送数据到位于另一个网络的 hostB 时,首先将应用层信息转化为能够在网络中传播的数据;随后,在表示层给数据加上表示层报头,协商数据格式,是否加密,转化成对端能够理解的数据格式;然后,数据在会话层又加上会话层报头;以此类推,传输层加上传输层报头成为段(segment),网络层将段封装成包(packet),数据链路层加上数据链路层头封装为帧(frame),最终在物理层转换为比特流。hostA 将比特流发送给网络中距自己最近的网关(gateway)——路由器 RTA。

RTA 接收到比特流后,辨认出数据帧并检查该帧,确定被携带的网络层数据类型,然后去

图 2-6 网络层协议操作

掉链路层帧头,得到网络层包。网络层路由转发进程检查包头以决定目的地址所在网段,然后通过查找路由转发信息获取相应输出接口及下一跳的路由器 RTB。输出接口的链路层为该包加上链路层帧头,封装成数据帧并发送到 RTB。

在随后的转发过程中,包在每一跳路由器都经历这一过程,直至包到达路由器 RTC。RTC 在查找路由转发信息时发现目的主机 hostB 与自己处于同一链路上,随即将包封装成目的网络的链路层数据帧,发送给相应的目的主机。目的主机 hostB 接收到该包后,由下而上经过各层的处理,最终送达相应的应用程序。

2.2.7 传输层

传输层(transport layer)的功能是为会话层提供无差错的传送链路,保证两台设备间传递信息的正确无误。传输层传送的数据单位是段(segment)。

传输层从会话层接收数据,并传递给网络层,如果会话层数据过大,传输层将其切割成较小的数据单元——段进行传送。

传输层负责创建端到端的通信连接。通过这一层,通信双方主机上的应用程序之间通过对方的地址信息直接进行对话,而不用考虑其间的网络上有多少个中间节点。

传输层既可以为每个会话层请求建立一个单独的连接;也可以根据连接的使用情况为多个会话层请求建立一个单独的连接,这称为多路复用(multiplexing)。但无论如何,这种传输层服务对会话层都是透明的。

传输层的一个重要工作是差错校验和重传。包在网络传输中可能出现错误,也可能出现乱序、丢失等情况,传输层必须能检测并更正这些错误。一个数据流中的包在网络中传递时如果通过不同的路径到达目的,就可能造成到达顺序的改变。接收方的传输层应该可以识别出包的顺序,并且在将这些包的内容传递给会话层之前将它们恢复成发送时的顺序。接收方传输层不仅要对数据包重新排序,还需验证所有的包是否都已被收到。如果出现错误和丢失,接收方必须请求对方重新传送丢失的包。

为了避免发送速度超出网络或接收方的处理能力,传输层还负责执行流量控制(flow control),在资源不足时降低流量,而在资源充足时提高流量。

2.2.8 会话层、表示层和应用层

会话层(session layer)是利用传输层提供的端到端服务,向表示层或会话用户提供会话服务。就像它的名字一样,会话层建立会话关系,并保持会话过的畅通,决定通信是否被中断以及下次通信从何处重新开始发送。例如,某个用户登录到一个远程系统,并与之交换信息。会话层管理这一进程,控制哪一方有权发送信息,哪一方必须接收信息,这其实是一种同步机制。

会话层也处理差错恢复。例如,若一个用户正在网络上发送一个大文件的内容,而网络忽然发生故障,当网络恢复工作时,用户是否必须从该文件的起始处开始重传呢?回答是否定的,因为会话层允许用户在一个长的信息流中插入检查点,只需将最后一个检查点以后丢弃的数据重传。

如果传输在低层偶尔中断,会话层将努力重新建立通信。例如,当用户通过拨号向因特网服务提供商(ISP)请求连接到因特网时,ISP服务器上的会话层向用户的PC客户机上的会话层进行协商连接。若用户的电话线偶然从墙上插孔脱落,终端机上的会话层将检测到连接中断并重新发起连接。

表示层(presentation layer)负责将应用层的信息"表示"成一种格式,让对端设备能够正确识别,它主要关注传输信息的语义和语法。在表示层,数据将按照某种一致同意的方法对数据进行编码,以便使用相同表示层协议的计算机能互相识别数据。例如,一幅图像既可以表示为JPEG格式,也可以表示为BMP格式,如果对方程序不识别本方的表示方法,就无法正确显示这幅图片。

表示层还负责数据的加密和压缩。加密(encryption)是对数据编码进行一定的转换,让未授权的用户不能截取或阅读的过程。如有人未授权时就截取了数据,看到的将是加密过的数据。压缩(compression)是指在保持数据原意的基础上减少信息的比特数。如果传输很昂贵的话,压缩将显著地降低费用,并提高单位时间内发送的信息量。

应用层(application layer)是OSI的最高层,它直接与用户和应用程序打交道,负责对软件提供接口以使程序能使用网络服务。这里的网络服务包括文件传输、文件管理、电子邮件的消息处理等。必须强调的是应用层并不等同于一个应用程序。例如,在网络上发送电子邮件,你的请求就是通过应用层传输到网络的。

2.3 TCP/IP 模型

OSI参考模型的诞生为清晰地理解互联网络、开发网络产品和网络设计等带来了极大的方便。但是OSI过于复杂,难以完全实现;OSI各层功能具有一定的重复性,效率较低;再加上OSI参考模型提出时,TCP/IP已逐渐占据主导地位,因此OSI参考模型并没有流行开来,也从来没有存在一种完全遵守OSI参考模型的协议族。

TCP/IP起源于20世纪60年代末美国政府资助的一个分组交换网络研究项目,到20世纪90年代已发展为计算机之间最常用的网络协议。它是一个真正的开放系统,因为协议族的定义及其多种实现可以免费或花很少的钱获得。它已成为"全球互联网"或"因特网"(Internet)的基础协议族。

2.3.1　TCP/IP 模型的层次结构

TCP/IP 模型的层次结构如图 2-7 所示。

图 2-7　TCP/IP 模型的层次结构

与 OSI 参考模型一样,传输控制协议/互联网协议(transmission control protocol/internet protocol,TCP/IP)也采用层次化结构,每一层负责不同的通信功能。但是 TCP/IP 简化了层次设计,只分为 4 层——应用层、传输层、网络层和网络接口层。

2.3.2　应用层

TCP/IP 模型没有单独的会话层和表示层,其功能融合在 TCP/IP 应用层中。应用层它直接与用户和应用程序打交道,负责对软件提供接口以使程序能使用网络服务。这里的网络服务包括文件传输、文件管理、电子邮件的消息处理等。典型的应用层协议包括 Telnet、FTP、SMTP、SNMP 等。

Telnet(telecommunications network)的名字具有双重含义,既指这种应用也指协议自身。Telnet 给用户提供了一种通过联网的终端登录远程服务器的方式。

文件传输协议(file transfer protocol,FTP)是用于文件传输的 Internet 标准。FTP 支持文本文件(如 ASCII、二进制等)和面向字节流的文件结构。FTP 使用传输层协议 TCP 在支持 FTP 的终端系统间执行文件传输,因此,FTP 被认为提供了可靠的面向连接的文件传输能力,适合于远距离、可靠性较差的线路上的文件传输。

简单文件传输协议(trivial file transfer protocol,TFTP)也用于文件传输,但 TFTP 使用 UDP 提供服务,被认为是不可靠的、无连接的。TFTP 通常用于可靠的局域网内部的文件传输。

简单邮件传输协议(simple mail transfer protocol,SMTP)支持文本邮件的 Internet 传输。所有的操作系统具有使用 SMTP 收发电子邮件的客户端程序,绝大多数 Internet 服务提供者使用 SMTP 作为其输出邮件服务的协议。SMTP 被设计成在各种网络环境下进行电子邮件信息的传输,实际上,SMTP 真正关心的不是邮件如何被传送,而只关心邮件顺利到达目的地。SMTP 具有健壮的邮件处理特性,这种特性允许邮件依据一定标准自动路由。SMTP

具有当邮件地址不存在时立即通知用户的能力,并且具有把在一定时间内不可传输的邮件返回发送方的特点。

简单网络管理协议(simple network management protocol,SNMP)负责网络设备监控和维护,支持安全管理和性能管理等。

超文本传输协议(hypertext transfer protocol,HTTP)是万维网的基础,Internet 上的网页主要通过 HTTP 进行传输。

2.3.3 传输层

TCP/IP 的传输层位于应用层和网络层之间,主要负责为两台主机上的应用程序提供端到端的连接,使源、目的端主机上的对等实体可以进行会话。TCP/IP 的传输层协议主要包括传输控制协议(transmission control protocol,TCP)和用户数据报协议(user datagram protocol,UDP)。

TCP/IP 传输层协议的主要作用包括以下内容。

(1) 提供面向连接或无连接的服务:传输层协议定义了通信两端点之间是否需要建立可靠的连接关系。TCP 是面向连接的,而 UDP 是无连接的。

(2) 维护连接状态:TCP 在通信前建立连接关系,传输层协议必须在其数据库中记录这种连接关系,并且通过某种机制维护连接关系,及时发现连接故障等。

(3) 对应用层数据进行分段和封装:应用层数据往往是大块的或持续的数据流,而网络只能发送长度有限的数据包,传输层协议必须在传输应用层数据之前将其划分成适当尺寸的段(segment),再交给 IP 协议发送。

(4) 实现多路复用(multiplexing):一个 IP 地址可以标识一个主机,一对"源-目的"IP 地址可以标识一对主机的通信关系,而一个主机上却可能同时有多个程序访问网络,因此 TCP/UDP 采用端口号(port number)来标识这些上层的应用程序,从而使这些程序可以复用网络通道。

(5) 可靠地传输数据:数据在跨网络传输过程中可能出现错误、丢失、乱序等种种问题,传输层协议必须能够检测并更正这些问题。TCP 通过序列号和校验和等机制检查数据传输中发生的错误,并可以重新传递出错的数据。而 UDP 提供非可靠性数据传输,数据传输的可靠性由应用层保证。

(6) 执行流量控制(flow control):当发送方的发送速率超过接收方的接收速率时,或者当资源不足以支持数据的处理时,传输层负责将流量控制在合理的水平;反之,当资源允许时,传输层可以放开流量,使其增加到适当的水平。通过流量控制防止网络拥塞造成数据包的丢失。TCP 通过滑动窗口机制对端到端流量进行控制。

2.3.4 网络层

网络层是 TCP/IP 体系的关键部分。它的主要功能是使主机能够将信息发往任何网络并传送到正确的目标。

基于这些要求,网络层定义了包格式及其协议——互联网协议。网络层使用 IP 地址(IP address)标识网络节点;使用路由协议(routing protocol)生成路由信息,并且根据这些路由信息实现包的转发,使包能够准确地传送到目的地;使用 ICMP、IGMP 这样的协议协助管理网络。TCP/IP 网络层在功能上与 OSI 网络层极为相似。

互联网控制报文协议(internet control message protocol,ICMP)通常也被当作一个网络层协议。ICMP 通过一套预定义的消息在互联网上传递 IP 的相关信息,从而对 IP 网络提供管理控制功能。ICMP 的一个典型应用是探测 IP 网络的可达性。

2.3.5 网络接口层

TCP/IP 本身对网络层之下并没有严格的描述。但是 TCP/IP 主机必须使用某种下层协议连接到网络,以便进行通信。而且,TCP/IP 必须能运行在多种下层协议上,以便实现端到端、与链路无关的网络通信。TCP/IP 的网络接口层正是负责处理与传输介质相关的细节,为上层提供一致的网络接口。因此,TCP/IP 模型的网络接口层大体对应于 OSI 模型的数据链路层和物理层,通常包括计算机和网络设备的接口驱动程序和网络接口卡等。

TCP/IP 可以基于大部分局域网或广域网技术运行,这些协议便可以划分到网络接口层中。

典型的网络接口层技术包括常见的以太网、光纤分布式数据接口(fiber distributed data interface,FDDI)等局域网技术,用于串行连接的高级数据链路控制(high-level data link control,HDLC)和点到点协议(point-to-point protocol,PPP)等技术。

2.4 本章总结

(1) OSI 参考模型和 TCP/IP 的出现,为清晰地理解互联网络、开发网络产品和网络设计等带来了极大的方便,推动了计算机网络的飞速发展。

(2) OSI 参考模型分为 7 层结构,而 TCP/IP 模型分为 4 层结构。

2.5 习题和解答

2.5.1 习题

1. OSI 参考模型按顺序有(　　)。
   A. 应用层、传输层、网络层、物理层
   B. 应用层、表示层、会话层、网络层、传输层、数据链路层、物理层
   C. 应用层、表示层、会话层、传输层、网络层、数据链路层、物理层
   D. 应用层、会话层、传输层、物理层
2. 在 OSI 参考模型中,网络层的功能有(　　)。
   A. 确保数据的传送正确无误　　　　B. 确定数据包如何转发与路由
   C. 在信道上传送比特流　　　　　　D. 纠错与流控
3. 在 OSI 参考模型中,(　　)实现对数据的加密。
   A. 传输层　　　　B. 表示层　　　　C. 应用层　　　　D. 网络层
4. 网络层传输的数据称为(　　)。
   A. 比特　　　　　B. 包　　　　　　C. 段　　　　　　D. 帧
5. TCP/IP 协议栈中传输层的协议有(　　)。
   A. TCP　　　　　B. ICMP　　　　　C. UDP　　　　　D. IP

6. 数据从上到下封装的格式为(　　)。
   A. 比特　包　帧　段　数据　　　　B. 数据　段　包　帧　比特
   C. 比特　帧　包　段　数据　　　　D. 数据　包　段　帧　比特

2.5.2　习题答案

1. C　　2. B　　3. B　　4. B　　5. AC　　6. B

第3章

网络设备及其操作系统介绍

构建各种规模的企业网络的主要设备是路由器(router)和交换机(switch)。传统意义上，路由器是利用第三层 IP 地址信息进行报文转发的互联设备，交换机是利用第二层 MAC 地址信息进行数据帧交换的互联设备。本章将对路由器和交换机的上述区别和其他特点进行描述分析。（在本书中，如无特殊说明，"路由器"均指 IP 路由器，"交换机"均指以太网交换机）

H3C 公司提供全系列路由器、交换机及其他网络设备。本章在描述路由器和交换机的一般通用概念后，将向学员简单地介绍了 H3C 的路由器和交换机产品系列。

控制路由器和交换机工作的核心软件是网络设备的操作系统。H3C 网络设备使用的操作系统软件是 H3C Comware。本章将说明 H3C Comware 的概念、作用与特点。

3.1 本章目标

学习完本章，应该能够达到以下目标。
(1) 了解路由器、交换机的主要作用和特点。
(2) 了解路由器交换机的组成。
(3) 掌握 H3C 网络设备操作系统 Comware 的作用和特点。

3.2 路由器与交换机的作用与特点

3.2.1 路由器的作用与特点

作为网络互联的一种关键设备，路由器是伴随着 Internet 和网络行业发展起来的。正如其名字的寓意一样，这种设备最重要的功能是在网络中对 IP 报文寻找一条合适的路径进行"路由"，也就是向合适的方向转发。它的实质是完成了 TCP/IP 协议族中 IP 层提供的无连接、尽力而为的数据报传送服务。

如图 3-1 所示，PCA 和 PCB 分别处于两个网段当中，因此，PCA 和 PCB 的通信必须依靠路由器这类网络中转设备来进行。先来考察 PCA 向 PCB 发送报文时，沿途经过的路由器的作用。

图 3-1 路由器的作用

首先，PCA 会对 IP 报文的目的地址进行判断，对需要到达其他网段的报文，一律交给其默认网关进行转发，在本例中 PCA 的默认网关设置为 RTA。RTA 为了完成转发任务，会检查 IP 报文的目的地址，找到与自身维护的路由转发信息相匹配的项目，从而知道应该将报文从哪个接口转发给哪个下一跳路由器。在这个例子中，假设 RTA 通过路由转发将报文发送给了 RTB。类似地，RTB 经过路由查找将报文发送给 RTE。因为 RTE 通过 IP 报文的目的地址判断 PCB 处于其直连网络上，所以将报文直接发送给 PCB（以上是对路由器进行 IP 报文转发过程和原理的大致描述，在后续的模块中，我们还将进一步学习路由信息和转发过程的细节）。

在图 3-1 中，路由器之间的连接可以是同样的链路类型，也可以是完全不同的链路类型。比如，对于 RTD 来讲，它的一侧使用时分复用的串行链路，而另一侧使用共享介质同时与 RTE 和 PCB 连接。因此，路由器的第二个重要作用就是用来连接"异质"的网络。

最后，路由器进行报文转发依赖自身所拥有的路由转发信息，这些信息可以手工配置，但更常见的情况是路由器之间自动地进行路由信息的交换，以适应网络动态变化和扩展的要求，因此，路由器的另一个重要作用是交互路由等控制信息并进行最优路径的计算。

了解了路由器的作用，对路由器的特点就比较容易理解了。

（1）按照 ISO/OSI 参考模型，路由器主要工作在物理层、数据链路层和网络层。当然，为了实现一些管理功能，比如路由器本身也可以作为 FTP 的服务器端，因此路由器也要实现传输层和应用层的某些功能。但从作为网络互联设备的角度讲，提供物理层、数据链路层和网络层的功能是路由器的基本特点。

（2）路由器的接口类型比较丰富，因此可以用来连接不同介质的"异质"网络。比照第一个特点，也可以看出，路由器因此要支持较为丰富的物理层和链路层的协议和标准。

（3）如在上面的例子看到，路由器要依靠路由转发信息对 IP 报文进行转发。这是 IP 层也是路由器的核心功能。

（4）为了形成路由表和转发表，路由器要交互路由等协议控制信息。这种信息交互通过路由协议实现。因此路由器通常支持一种或多种路由协议。

3.2.2 交换机的作用与特点

从功能上看，交换机的主要作用是连接多个以太网物理段，隔离冲突域，利用桥接和交换提高局域网性能，扩展局域网范围。

如图 3-2 所示，PCA、PCB、PCC、PCD 和交换机 SWA、SWB 处于同一个局域网中，因此，SWA 和 SWB 的核心作用是利用桥接和交换将局域网进行扩展。

从数据转发机制上看，交换机是利用 MAC 地址信息进行转发的。

假设 PCB 要和 PCC 进行通信，由于两者处于同一个网络，PCB 首先要根据 PCC 的二层地址（即 MAC 地址）信息，将信息封装成以太网帧，并通过自身的网络接口发出，于是 SWA 将收到此帧。与路由器不同，SWA 不是依靠第三层 IP 目的地址，而是第二层的 MAC 地址来决定如何转发报文。SWA 在 MAC 地址

图 3-2　交换机的作用

表中查找与报文目的 MAC 地址匹配的表项,从而知道应该将报文从与 SWB 相连的端口转发出去;如果没有匹配的项目,报文将广播到除收到报文的入端口外的所有其他端口。SWB 也会执行同样的操作,直到把报文交给 PCC。

不难发现,在整个发送过程中,PCB 并不需要了解 SWA 的存在,而 SWA 同样不需要了解 SWB 的存在,因此这种交换过程是透明的。

至此,从交换机的作用和转发报文过程看,可以将传统以太网交换机的特点归纳如下。

(1) 它主要工作在 OSI 模型的物理层、数据链路层,不依靠三层地址和路由信息。

(2) 传统交换机提供以太局域网间的桥接和交换,而非连接不同种类的网络。

(3) 交换机上的数据交换依靠 MAC 地址映射表,这个表是交换机自行学习到的,而不需要相互交换目的地的位置信息。

3.2.3 交换机和路由器的发展趋势

路由器和交换机的发展趋势体现在两个融合上。

首先,路由器和交换机在功能上逐渐走向融合。路由主要体现在第三层(IP)互联的功能,而交换特指以太网数据链路层的交换。现在,越来越多的路由器开始提供二层以太网交换模块与功能;交换机也不仅仅提供二层交换的基本功能,而增加了路由等三层功能。如今,路由器和交换机依然是网络互联的主要和关键设备,交换和路由的融合扩展了这两种设备的应用范围,增加了设备使用的灵活性。

其次,网络设备逐渐融合多种业务功能。在网络应用的驱动下,安全、语音、无线等业务功能逐步被集成到路由器和交换机中。使得传统的路由交换设备不仅仅完成网络互联功能,还可以提供一定的增值业务功能。同时,这方面的特征还体现在设备厂商开放一定的接口,以促成厂商间在网络设备上实现一定程度的集成。

路由器和交换机有多种分类方法。可以根据设备的功能和性能分为高端、中端和低端路由器或交换机。也可以根据设备所在的网络位置,分为核心、汇聚、接入路由器或交换机。另外,其他的一些分类方法——如多业务路由器或交换机——则从另一个角度展示了路由器和交换机的用途和发展趋势。

3.3 H3C 路由器和交换机介绍

作为行业内的领先厂商,H3C 基于 IP 天然的标准化和开放性,利用自身丰富而全面的产品系列,提供包括网络、安全、多媒体、存储在内的端到端的整体 IT 解决方案。本节将对 H3C 主要的路由器和交换机产品加以介绍。

3.3.1 H3C 系列路由器

H3C CR16K 是 H3C 自主研发的核心路由器,采用业界先进的 CLOS 交换架构,整机交换容量高达 54.42TB,采用 Comware V7 网络操作系统,提供丰富的业务特性和强大的自愈功能,主要应用在运营商 IP 骨干网、数据中心骨干互联节点以及各种行业大型 IP 网络的核心和汇聚位置。

对于大型企业网络的核心和骨干层,H3C 提供 SR8800 系列路由器,该系列路由器采用了分布式的高性能网络处理器(NP)硬件转发技术和 crossbar 无阻塞交换技术,保障了高处理性能。作为核心路由器,SR8800 提供双路由交换主控板,可支持 12 个业务板插槽,可支持万兆

(10GB)业务板。SR8800同时融合了以太网交换机的特性,提供了常用二层功能,是典型的路由交换一体化设备,如图3-3所示。

图 3-3　H3C 路由器系列

SR6600系列产品是H3C基于高端路由器平台自主研发的业务承载路由器。采用了全业务分布式处理架构,业务全部内置无须另外购置业务板卡,同时具备弹性可扩展业务处理能力,并采用自主研发的集路由转发与业务处理于一体的Apollo硬件芯片内核,实现高性能业务线速转发。SR6600创新的以IRF2技术为基础,实现了广域网汇聚虚拟化,在降低运维、管理成本的同时,大幅提高网络可靠性。

多业务开放路由器(multiple services router,MSR)是H3C专门面向行业分支机构和大中型企业而推出的新一代网络产品。包括MSR56、MSR36和MSR26等系列。MSR在硬件设计上充分地考虑了业务综合集成的需要,采用了N-Bus多总线设计方案,也即语音、数据、交换、安全四大业务分别经由不同的总线,由专门的处理引擎并行完成处理,有利于消除总线和CPU的性能瓶颈。

MSR另外一个显著的特点是采用了开放应用体系架构(open application architecture,OAA),产品提供了一个公开软硬件接口及标准规范的开放平台,任何厂商与合作伙伴均可以基于此平台开发更为深层智能的网络应用功能。

此外,H3C还提供了ER系列模块化路由器,以作为大型网络的汇聚或接入路由器以及小型网络的核心设备。

图3-4显示了H3C MSR36-40路由器的直观图。MSR36-40是一种模块化的路由器,前

图 3-4　典型 H3C 路由器面板

面板主要包括配置口(console)和 CF 卡插槽以及多种类型的接口模块插槽。前面板还配置了系统指示灯、接口指示灯、CF 卡指示灯,以辅助用户对系统运行状态进行监控和判断。

MSR36-40 不仅支持多种可插拔的业务扩展模块,后面板上的电源模块也可以根据业务的需要进行灵活配置,并支持热插拔。

MSR36 系列路由器提供对通用模块 SIC(智能接口卡)和 HMIM(多功能接口模块)接口卡的支持,每个接口模块的大小、接口类型和数目也各不相同,用户可以根据实际情况进行灵活配置。

注意:不同型号路由器的体系结构、安装、操作和配置等均可能有所差别。本课程基于 MSR36 系列路由器进行讲解,并以其作为实验操作的练习设备。如果读者所采用的设备型号与本书不同,可参考所用设备的相关手册。

3.3.2 H3C 系列交换机

H3C 的 S12500 系列核心路由交换机,提供大容量、高性能的 L2/L3 转发服务,并集成了安全特性。H3C 高端交换机还包括 S10500、S9500E、S7500E 系列,如图 3-5 所示。

图 3-5 H3C 交换机系列

H3C 中低端交换机产品类型较多,包括 S5830、S5820、S5800V2、S5800、S5500-EI/SI、S5120-HI/EI/SI、S3600V2-EI/SI、S3100V2 系列等。

本课程选用的 S5820V2 交换机系列产品是 H3C 基于全新软硬件平台开发的支持 IPv4/IPv6 双栈的路由交换机设备。根据提供接口与类型的不同又可分为 S5820V2-52Q、S5820V2-52QF、S5820V2-54QS-GE 等。

图 3-6 所示为 H3C S5820V2 系列交换机。与路由器类似,交换机也提供 console 口进行设备参数的配置。

对各型号交换机的进一步命名主要根据交换机提供的以太端口数目、接口类型等。如 S5820V2-54QS-GE 交换机提供了 48 个 10M/100M/1000M 自适应以太端口、4 个 SPF 类型的 GE/10GE 以太端口,还提供了 2 个 QSFP 类型的 10GE/40GE 以太端口。

注意:不同型号交换机的体系结构、安装、操作和配置等均可能有所差别。本课程基于 S5820V2 交换机进行讲解,并以其作为实验操作的练习设备。如果读者所采用的设备型号与

图 3-6 典型 H3C 交换机面板

本书不同,可参考所用设备的相关手册。

3.4 H3C 网络设备操作系统 Comware

H3C 网络设备使用 Comware 操作系统,它经历了从多产品多平台向统一平台发展和变革的过程。Comware 是网络设备共用的核心软件平台。就像计算机的操作系统控制 PC 的作用一样,Comware 负责整个硬件和软件系统的正常运行,并为用户提供了管理设备的接口和界面。

类似于 OSI 和 TCP/IP 协议栈的分层思想,Comware 也是采用模块化的方法构建的。一方面,Comware 对硬件驱动和底层系统进行了封装,为上层各个模块提供了统一的编程接口;另一方面,Comware 集成了丰富的链路层、IP 转发、路由、安全等功能,可以适应复杂的网络环境和应用需求。

最后,Comware 也制定了内部软硬件接口标准和规范,对第三方厂商提供了开放平台与接口。

Comware 的特点可以归纳如下。

(1) 支持 IPv4 和 IPv6 双协议栈。IPv6 是下一代的 IP 标准及技术,可以解决 IPv4 地址缺乏等相关重要问题。

(2) 支持多核 CPU,增强网络设备的处理能力。

(3) 同时提供路由和交换功能。作为网络设备的操作系统平台,可以同时被路由器和交换机所共用。

(4) Comware 注重了系统的高可靠性和弹性扩展功能,提供了智能弹性架构(intelligent resilient framework,IRF)特性。

(5) Comware 采取组件化设计并提供开放接口,便于软件的灵活裁减和定制,因此具有良好的伸缩性和可移植性。

注意:不同版本的 Comware 软件的操作和命令等均可能有所差别。本课程基于 Comware V7 版本进行讲解。如果读者所采用的版本与本书不同,可参考所用版本的相关手册。

3.5 本章总结

(1) 路由器是利用三层 IP 地址信息进行报文转发的互联设备。

(2) 交换机是利用二层 MAC 信息进行数据帧交换的互联设备。

（3）路由器、交换机的运行依赖的软件核心是网络设备的操作系统。

（4）H3C Comware 软件平台是 H3C IP 网络设备的核心软件平台。

3.6 习题和解答

3.6.1 习题

1. 以下属于路由器特性的是（　　）。
   A. 逐跳转发数据包　　　　　　　　B. 维护路由表
   C. 执行路由查找　　　　　　　　　D. 接口类型丰富
2. 以下属于二层交换机特性的是（　　）。
   A. 利用 IP 包头中的信息进行转发　　B. 维护 MAC 地址表
   C. 隔离冲突域　　　　　　　　　　D. 寻找到目的以太网段的最佳路径
3. 以下关于 Comware 的描述，正确的有（　　）。
   A. Comware 是 H3C 网络设备共用的核心软件平台
   B. Comware 支持 IPv4 和 IPv6 双协议栈
   C. Comware 支持路由和交换功能
   D. 注重系统的高可靠性和弹性扩展功能
   E. 采取组件化设计并提供开放接口
4. 以下关于 H3C 产品的描述，正确的有（　　）。
   A. MSR 系列路由器主要应用于大型网络的骨干和核心
   B. MSR 系列路由器采用了先进的 OAA 架构
   C. ER 系列路由器主要应用于大型网络的骨干和核心
   D. H3C 中低端交换机都是二层交换机

3.6.2 习题答案

1. ABCD　　2. BC　　3. ABCDE　　4. B

第4章 网络设备操作基础

H3C Comware 采用命令行接口(command line interface, CLI)进行管理和操作。用户可以通过 console、AUX、Telnet 和 SSH 等多种方法连接到网络设备。为了提高网络配置的安全性和可管理性，H3C Comware 采用了配置权限的分级控制方法。H3C Comware 还提供了友好的操作界面和灵活而丰富的配置命令，以便用户更好地使用网络设备，本章将介绍一些常用的命令行特性和操作配置命令。

4.1 本章目标

学习完本章，应该能够达到以下目标。
(1) 了解配置网络设备的基本方法。
(2) 使用分级命令行。
(3) 使用网络设备的常用配置命令。

4.2 访问网络设备的命令行接口

4.2.1 连接到命令行接口的方法

为了通过命令行接口对设备进行管理和操作，必须使用基于字符的终端或远程登录方式连接到网络设备。H3C 网络设备提供了访问 CLI 的多种方法，包括以下内容。
(1) 通过 console 口本地访问。
(2) 通过 AUX 口远程访问。
(3) 通过 Telnet 访问。
(4) 通过 SSH 访问。
(5) 通过异步串口访问。

下面将详细介绍前 4 种访问方式。第 5 种方式并不常用，本书不做详细讲解。

4.2.2 通过 console 进行连接

用终端登录到网络设备的 console(控制台)端口就是一种最基本的连接方式。路由器和交换机都提供一个 console 口，端口类型为 EIA/TIA-232 DTE。如图 4-1 所示，用户需要把一台字符终端的串行接口通过专用的 console 线缆连接到网络设备的 console 口上，然后通过终端访问 CLI。

图 4-1 使用 console 口连接网络设备

console 线的一端为 RJ-45 接头,用于连接路由器或交换机的 console 口,另一端为 DB9 接头,用于与终端的串口相连。由于 console 线缆的长度和传输距离是有限的,这种方法只适用于本地操作。

目前终端上普遍没有串口,所以通常采用"USB 转串口线＋串口转 RJ-45 调试线"或者 USB 转 RJ-45 调试线通过终端的 USB 接口连接设备 console 口。

console 口连接是最基本的连接方式,也是对设备进行初始配置时最常用的方式。路由器和交换机的 console 口用户默认拥有最大权限,可以执行一切操作和配置。

在实际应用时,通常会用运行终端仿真程序的计算机替代终端。下面以使用终端仿真程序 PuTTy 为例讲解连接方法。

首先,需要在计算机上安装终端仿真软件 PuTTY,以便后续通过该软件登录设备,对设备进行配置,如图 4-2 所示。

图 4-2　PuTTY 操作界面

打开软件后,在连接方式 Connection type 处选择串口 Serial,串口线需根据实际连接情况选择,本例中使用串口 COM4。比特率使用默认的 9600 即可,如图 4-3 所示。

图 4-3　选择 Serial 串口

注意：大部分 H3C 网络设备的默认比特率为 9600，但有些设备可能采用其他的默认比特率，具体操作时可参考网络设备的相关手册。

设置好通信参数后，直接单击 Open 按钮，就可以进入如图 4-4 所示的设备命令行界面了。

图 4-4　设备命令行界面

4.2.3　通过 AUX 口进行连接

网络设备提供的辅助端口（auxiliary port，AUX 端口）通常用于对设备进行远程操作和配置，端口类型为 EIA/TIA-232 DTE。通过 AUX 端口连接网络设备的连接方式如图 4-5 所示，在这种配置环境中，用户字符终端通过 PSTN（公共交换电话网络）建立拨号连接，接入网络设备的 AUX 端口上。当然，为了建立这个连接，用户终端和网络设备双方都需要一台 modem（调制解调器）。其中网络设备的 AUX 端口通过 AUX 电缆连接到 modem，终端则用串口通过 modem 线缆连接到 modem。

图 4-5　通过 AUX 端口连接网络设备

在实际应用时，同样经常用运行终端仿真程序的计算机替代终端。

AUX 端口配置虽然不是一种常用的方法，但在 IP 网络中断时，可以满足远程操作设备的需求。本书对此不再进行详细介绍。

4.2.4 通过 Telnet 进行连接

Telnet 是基于 TCP 的用于主机或终端之间远程连接并进行数据交互的协议。它遵循客户机/服务器的模型，使用户的本地计算机能够与远程计算机连接，成为远程主机的一个终端，从而允许用户登录到远程主机系统进行操作。

网络设备可以作为 Telnet 服务器，为用户提供远程登录服务。在这种连接模式下，用户通过一台作为 Telnet 客户端的计算机直接对网络设备发起 Telnet 登录，登录成功后即可对设备进行操作配置，如图 4-6 所示。

图 4-6　通过 Telnet 连接网络设备

使用 Telnet 方式有一些先决条件。首先，客户端与作为服务器的网络设备之间必须具备 IP 可达性，这意味着网络设备和客户端必须配置了 IP 地址，并且其中间网络必须具备正确的路由。其次，出于安全性考虑，网络设备必须配置一定的 Telnet 验证信息，包括用户名、口令等；另外，中间网络还必须允许 TCP 和 Telnet 协议报文通过，而不能禁止。

当然，网络设备也可以作为 Telnet 客户端登录到其他网络设备上。

4.2.5 通过 SSH 进行连接

使用 Telnet 远程配置网络设备时，所有的信息都是以明文的方式在网络上传输的。为了提高交互数据的安全性，可以使用安全外壳（secure shell，SSH）终端进行配置。用户通过一个不能保证安全的网络环境远程登录到设备时，SSH 特性可以提供安全保障和强大的验证功能，以保护设备不受诸如 IP 地址欺诈、明文密码截取等攻击。

SSH 技术标准由传输协议、验证协议和连接协议三个部分组成，并且也是基于 TCP 实现的，使用 TCP 端口号 22。如同 Telnet，一台网络设备可以接受多个 SSH 客户端的连接。

网络设备还支持作为 SSH 客户端的功能，允许用户与支持 SSH 服务器的设备建立 SSH 连接，用户从而可以从本地设备通过 SSH 登录到远程设备上，如图 4-7 所示。

图 4-7　通过 SSH 连接网络设备

SSH 提供两种验证方法如下。

（1）password 验证：客户端向服务器发出 password 验证请求，将用户名和密码加密后发送给服务器；服务器将该信息解密后得到用户名和密码的明文，与设备上保存的用户名和密码进行比较，并返回验证成功或失败的消息。在这种方式下，传输的数据会被加密，但是客户端无法了解将要连接的服务器是否为真正的服务器。

（2）publickey 验证：用户需要创建一对密钥，并将公共密钥保存在服务器端。客户端发送 RSA 验证请求和自己的公钥模数给服务器端；服务器进行合法性检查，如果不合法，则直接发送失败消息，否则产生一个 32B 的随机数，按 MSB（most significant bit，最高位）优先排列成一个 MP（多精度）型整数，并用客户端的公钥加密后向客户端发起一个验证挑战；客户端收到挑战消息后用自己的私钥解密得到 MP 型整数,用它和会话 ID(密钥和算法协商阶段生成的中间产物)生成消息摘要 MD5 值,把这个 16B 的 MD5 值加密后发送给服务器;服务器接收后还原出 MD5 值并与它自己计算出的 MD5 值相比较,如果相同,验证成功,发送成功消息;否则失败,发送失败消息。

4.3 命令行使用入门

4.3.1 命令视图

命令视图是 Comware 命令行接口对用户的一种呈现方式。用户登录到命令行接口后总会处于某种视图之中。当用户处于某个视图中时,就只能执行该视图所允许的特定命令和操作,只能配置该视图限定范围内的特定参数,只能查看该视图限定范围内允许查看的数据。

命令行接口提供多种命令视图,比较常见的命令视图类型包括以下内容。

(1) 用户视图:网络设备启动后的默认视图,在该视图下可以查看启动后设备基本运行状态和统计信息。

(2) 系统视图:这是配置系统全局通用参数的视图,可以在用户视图下使用 system-view 命令进入该视图。

(3) 路由协议视图:在后续的章节中,我们会学习路由和路由协议,路由协议的大部分参数是在路由协议视图下进行配置的。比如 OSPF 协议视图、RIP 协议视图等。在系统视图下,使用路由协议启动命令可以进入相应的路由协议视图。

(4) 接口视图:配置接口参数的视图称为接口视图。在该视图下可以配置接口相关的物理属性、链路层特性及 IP 地址等重要参数。使用 interface 并指定接口类型及接口编号即可进入相应的接口视图。

(5) 用户线视图:用户线视图(line view)是系统提供的一种视图,主要用来管理工作在流方式下的异步接口。通过在用户界面视图下的各种操作,可以达到统一管理各种用户配置的目的。

与设备的配置方法相对应,用户界面视图分为以下 4 种。

(1) console 用户界面视图:此视图用于配置 console 用户界面相关参数。通过 console 口登录的用户使用 console 用户界面。

(2) AUX 用户界面视图:此视图用于配置 AUX 用户界面相关参数。通过 AUX 口登录的用户使用 AUX 用户界面。

(3) TTY(true type terminal,实体类型终端)用户界面视图:此视图用于配置 TTY 用户界面相关参数。以终端通过异步串口连接网络设备的登录用户使用 TTY 用户界面。这是一种不常用的登录方法,本书不做详细讲解。

(4) VTY(virtual type terminal,虚拟类型终端)用户界面视图:此视图用于配置 VTY 用户界面相关参数。通过 VTY 方式登录的用户使用此界面。VTY 是一种逻辑终端线,用于对设备进行 Telnet 或 SSH 访问。目前每台设备最多支持 5 个 VTY 用户同时访问。

每一个用户界面的特定参数配置,都在相应的用户界面视图下执行。例如要配置 console 用户线的验证方式,首先需要在系统视图下执行命令 line class console 进入用户线视图,然后在此视图下用 authentication-mode 命令进行配置。而如果要配置 Telnet 用户线的验证方式,则可以通过 line vty 0 63 命令一次性配置 64 个用户的验证方式。

如图 4-8 所示，视图具备层次化结构。要进入某个视图，可能必须首先进入另一个视图。例如，要进入接口视图，必须首先进入系统视图。退出时则按照相反的次序。例如，用 quit 命令退出接口视图后，随即回到系统视图。

图 4-8　各种视图之间的关系

要进入某个视图，需要使用相应的特定命令。而要从当前视图返回上一层视图，使用 quit 命令。如果要从任意的非用户视图立即返回到用户视图，可以执行 return 命令，也可以直接按组合键 Ctrl+Z。

图 4-9 显示了使用命令视图的一个实例。在该例中，按 Enter 键后，即进入用户视图，输入 system-view 命令后，进入了系统视图。在系统视图下，输入 interface GigabitEthernet 0/0 命令即进入 GigabitEthernet 0/0 的接口视图。在该接口下，用 description 命令对接口用途进行描述，用 ip address 命令为该接口配置了 IP 地址，然后用 quit 命令退回到系统视图。最后用 line vty 0 63 进入了 VTY 用户视图下，为 VTY 登录指定了验证方法。

```
****************************************************************
* Copyright (c) 2004-2014 Hangzhou H3C Tech. Co., Ltd. All rights reserved. *
* Without the owner's prior written consent,                    *
* no decompiling or reverse-engineering shall be allowed.       *
****************************************************************

Line aux0 is available.

Press ENTER to get started.
<H3C>%Oct 13 09:16:14:706 2013 H3C SHELL/5/SHELL_LOGIN: TTY logged in from aux0.

<H3C>system-view
System View: return to User View with Ctrl+Z.
[H3C]interface GigabitEthernet 0/0
[H3C-GigabitEthernet0/0]description to_MyPC
[H3C-GigabitEthernet0/0]ip add 192.168.0.1 255.255.255.0
[H3C-GigabitEthernet0/0]quit
[H3C]user-interface vty 0 63
[H3C-line-vty0-63]authentication-mode scheme
```

图 4-9　使用命令视图

4.3.2　命令行类型

Comware 系统的命令行是控制用户权限的最小单元。根据命令作用的不同，将命令分为以下 3 类。

（1）读类型：用于显示系统配置信息和维护信息，如显示命令 display、显示文件信息的命令 dir。

（2）写类型：用于对系统进行配置，如使能信息中心功能的命令 info-center enable、配置调试信息开关的命令 debugging。

（3）执行类型：用于执行特定的功能，如 ping 命令、与 FTP 服务器建立连接的命令 ftp。

如表 4-1 所示，系统预定义了多种用户角色，部分角色拥有默认的用户权限。如果系统预定义的用户角色无法满足权限管理的需求，管理员还可以自定义已有用户角色或是创建新的角色，来实现更精细化的权限控制。

表 4-1　用户级别

用户角色	用户权限
network-admin	可操作系统所有的功能和资源
network-operator	可执行系统所有的功能和资源相关的 display 命令（display history-command all 除外）
level-n（n＝0～15）	level-0 ～ level-14 可以由管理员为其配置权限 其中 level-0、level-1 和 level-9 有默认用户权限，具体权限请查看官网配置手册 level-15 的用户权限和 network-admin 相同，管理员无法对其进行配置

4.3.3　命令行帮助特性

命令行接口提供方便易用的在线帮助手段，便于用户使用。

（1）键入 "?" 获取该视图下所有的命令及其简单描述，如图 4-10 所示。

（2）命令后接以空格分隔的 "?"，如果该位置为关键字，则列出全部关键字及其简单描述；如果该位置为参数，则列出有关的参数描述，如图 4-10 所示。

```
<H3C>?
User view commands:
  archive           Archive configuration
  backup            Backup the startup configuration file to a TFTP server
  boot-loader       Software image file management
  bootrom           Update/read/backup/restore bootrom
  cd                Change current directory
  clock             Specify the system clock
  copy              Copy a file
  debugging         Enable system debugging functions
  delete            Delete a file
  diagnostic-logfile  Diagnostic log file configuration
  dialer            Specify Dial-on-Demand Routing(DDR) configuration
                    information
  dir               Display files and directories on the storage media
  display           Display current system information
  exception         Exception information configuration
  firmware          Firmware update
  fixdisk           Check and repair a storage medium
  format            Format a storage medium
 ---- More ----

[H3C]interface Vlan-interface ?
  <1-4094>  Vlan-interface interface number
[H3C]interface Vlan-interface 1 ?
  <cr>
```

图 4-10　使用命令行帮助特性(1)

(3) 字符串后紧接"?",列出以该字符串开头的所有命令,如图 4-11 所示。

(4) 命令后接一字符串紧接"?",列出命令以该字符串开头的所有关键字,如图 4-11 所示。

```
<H3C>di?
  diagnostic-logfile
  dialer
  dir
  display

<H3C>dis?
  display

<H3C>dis
<H3C>display v?
  version
  version-update-record
  vlan
  vlan-group
  voice
  vrrp

<H3C>display ver?
  version
  version-update-record
```

此处按Tab键可以补全命令

图 4-11 使用命令行帮助特性(2)

(5) 键入命令的某个关键字的前几个字母,按 Tab 键,如果以输入字母开头的关键字唯一,则可以显示出完整的关键字;如果不唯一,反复按 Tab 键,则可以循环显示所有以输入字母开头的关键字。

4.3.4 错误提示信息

用户键入的命令如果通过语法检查则正确执行,否则向用户报告错误信息。常见错误提示信息如表 4-2 所示。

表 4-2 常见错误提示信息

英文错误提示信息	错 误 原 因
Unrecognized command	没有查找到命令
	没有查找到关键字
	参数类型错误
	参数值越界
Incomplete command	输入命令不完整
Ambiguous command found at '^' position	以输入的字母开头的命令不唯一,无法识别
Too many parameters	输入参数过多
Wrong parameter	输入参数错误

4.3.5 命令行历史记录功能

命令行接口将用户最近使用过的历史命令自动保存在历史命令缓冲区中,用户可以通过 display history-command 显示这些命令,也可以随时查看或调用保存的历史命令,并编辑或执行。默认情况下,每个用户的历史命令缓冲区的容量都是 10,即命令行接口为每个用户保存 10 条历史命令,可以在用户界面视图下通过 history-command max-size 命令来设置用户界面历史命令缓冲区的容量。

用户可以调出历史命令重新执行或进行编辑。用上光标键↑或 Ctrl+P 组合键,如果缓冲区中还有比当前命令更早的历史命令,则取出;用下光标键↓或 Ctrl+N 组合键,如果缓冲区中还有比当前命令更晚的历史命令,则取出。

4.3.6 命令行编辑功能

命令行接口提供了基本的命令编辑功能,每条命令的最大长度为 256 个字符。主要的编辑键及其功能如表 4-3 所示。更多的编辑功能和快捷键定义,请参照相关操作手册和命令手册。

表 4-3 命令行编辑功能键

按 键	功 能
普通字符键	若编辑缓冲区未满,则插入当前光标位置,并向右移动光标
Backspace	删除光标位置的前一个字符,光标前移
← 或 Ctrl+B	光标向左移动一个字符位置
→ 或 Ctrl+F	光标向右移动一个字符位置
Ctrl+A	将光标移动到当前行的开头
Ctrl+E	将光标移动到当前行的末尾
Ctrl+D	删除当前光标所在位置的字符
Ctrl+W	删除光标左侧连续字符串内的所有字符
Esc+D	删除光标所在位置及其右侧连续字符串内的所有字符
Esc+B	将光标移动到左侧连续字符串的首字符处
Esc+F	将光标向右移到下一个连续字符串之前
Ctrl+X	删除光标左侧所有的字符
Ctrl+Y	删除光标右侧所有的字符

4.3.7 分页显示

命令行接口提供了分页显示特性。在一次显示信息超过一屏时,会暂时停止继续显示,这时用户可以有以下 3 种选择。

(1) 按 Space 组合键:继续显示下一屏信息。

(2) 按 Enter 组合键:继续显示下一行信息。

(3) 按 Ctrl+C 组合键:停止显示和命令执行。

4.4 常用命令

4.4.1 常用设备管理命令

设备的名称对应于命令行接口的提示符,如果设备的名称为 RTA,则用户视图的提示符为 RTA。用户可以在系统视图下使用 sysname 命令用来设置设备的名称。

sysname *sysname*

为了保证与其他设备协调工作,用户可以用 display clock 命令查看当前系统时间,在用户视图下用 clock datetime 命令设置系统时间。

clock datetime *time date*

欢迎信息是用户在连接到设备、进行登录验证以及开始交互配置时系统显示的一段提示信息。管理员可以根据需要,通过 header 命令设置相应的提示信息。系统支持的欢迎信息包括以下内容。

(1) shell 欢迎信息,也称 session 条幅。进入控制台会话时显示。

(2) 用户接口欢迎信息,也称 incoming 条幅。主要用于 TTY modem 激活用户接口时显示。

(3) 登录欢迎信息,也称 login 条幅。主要用于配置密码验证和 scheme 验证时显示。

(4) motd 欢迎信息。在启动验证前显示,该特性的支持情况与设备的型号有关,请以设备的实际情况为准。

(5) 授权欢迎信息,也称 legal 条幅。系统在用户登录前会给出一些版权或者授权信息,然后显示 legal 条幅,并等待用户确认是否继续进行验证或者登录。如果用户输入 Y 或者直接按 Enter 键,则进入验证或登录过程;如果输入 N,则退出验证或登录过程。Y 和 N 不区分大小写。

4.4.2 常用信息查看命令

系统提供了丰富的信息查看命令,以便用户查看系统运行和配置参数、状态等信息。本节介绍了一些基本的信息查看命令。

通过 display version 命令可以查看网络设备使用的操作系统版本号等信息。通过 display current-configuration 命令可以查看设备当前运行的配置。

为了查看设备的接口信息,可以使用 display interface 命令。该命令将显示设备所有接口的类型、编号、物理层状态、数据链路层协议、IP 地址、接口报文收发统计等全面信息。如果只想查看接口 IP 状态等简要信息,也可以使用 display ip interface brief 命令。

因为各个功能模块都有其对应的信息显示命令,所以一般情况下,要查看各个功能模块的运行信息,用户需要逐条运行相应的 display 命令。为便于一次性收集更多信息,方便日常维护或问题定位,用户可以在任意视图下执行 display diagnostic-information 命令,显示系统当前各个主要功能模块运行的统计信息。

4.5 配置远程登录

在对服务器端路由器进行远程登录前,必须要对设备进行配置。第一次对设备做配置时,必须通过 Console 口进行本地配置。本节讲解 Telnet 和 SSH 远程登录路由器的基本配置。

交换机的相关配置非常近似,细节请参照相关操作手册和命令手册。

4.5.1 通过 Telnet 登录路由器的配置

在网络设备上配置 Telnet 服务器的步骤如下。

第1步：配置至少一个 IP 地址,以便提供 IP 连通性。

[H3C-ethernet0/0]**ip address** *ip-address* { *mask* | *mask-length* }

第2步：启动 Telnet 服务器。

[H3C]**telnet server enable**

第3步：进入 VTY 用户界面视图。

[H3C]**line vty** *first-num2* [*last-num2*]

VTY 的编号为 0～63,第一个登录的远程用户为 VTY 0,第二个为 VTY 1,以此类推。此处可以选择要配置的 VTY 编号。

第4步：为 VTY 用户界面视图配置验证方式。

[H3C-line-vty0]**authentication-mode** { **none** | **password** | **scheme** }

这里有三种方式可以选择。关键字 none 表示不验证；password 表示使用单纯的密码验证方法,登录时只需要输入密码；scheme 表示使用用户名/密码验证方法,登录时须输入用户名及其密码。

第5步：为 Telnet 用户配置验证信息。

如果选择了 password 验证方法,则须配置一个验证密码。

[H3C-line-vty0]**set authentication password** { **hash** | **simple** } *password*

并可以在用户界面视图下配置通过本用户界面登录后的用户角色：

[H3C-line-vty0]**user-role** *role-name*

如果选择了 scheme 验证方法,则系统默认采用本地用户数据库中的用户信息进行验证,因此须配置本地用户名、密码、用户角色等信息,用户服务类型选择为 telnet,供远程登录验证使用。

[H3C]**local-user** *username*
[H3C-luser-manage-xxx]**password** { **hash** | **simple** } *password*
[H3C-luser-manage-xxx]**service-type telnet**
[H3C-luser-manage-xxx]**authorization-attribute user-role** *role-name*

注意：当本地用户的用户角色与其登录时所用用户线中的用户角色不同时,系统优先采用前者作为登录后的实际用户角色。更改当前用户的角色后,需要退出并重新登录,修改后的级别才会生效。

一个客户端通过 Telnet 连接路由器的配置示例如图 4-12 所示。本例假设客户端主机 PCA 与路由器 RTA 直接通过以太网相连,用户级别要求设置为 2 级。按图示命令配置好路由器 RTA,并对 PCA 配置 IP 地址和子网掩码,启动 Telnet 客户端,即可登录 RTA 的命令行。

在 PCA 的 Telnet 终端软件上键入路由器的 IP 地址,与路由器建立连接,在提示输入密码时,正确输入事先配置好的密码 123456,即可通过验证,并出现命令行提示符＜H3C＞。随

图 4-12　Telnet 配置示例

后就可以对路由器进行操作了。

如果登录过程中提示 All user interfaces are used，please try later!，说明系统允许登录的 Telnet 用户数已经达到上限，请待其他用户断开以后再连接。

注意：Telnet 连接依赖于 IP 可达性。如果客户端与服务器端不处于同一网段，还需要正确地配置 IP 路由。IP 路由的配置超出本章内容，请参考本书相关章节。

4.5.2　通过 SSH 登录路由器的配置

采用密码验证方案时，在网络设备上配置 SSH 服务器的配置过程如下。

第 1 步：配置至少一个 IP 地址，以便提供 IP 连通性。

第 2 步：启动 SSH 服务器。

[H3C] **ssh server enable**

第 3 步：配置用户界面使用 scheme 验证方法，使其支持 SSH 远程登录协议。

[H3C-line-vty0-4] **authentication-mode scheme**
[H3C-line-vty0-4] **protocol inbound ssh**

配置结果将在下次登录请求时生效。

第 4 步：为服务器配置 SSH 本地用户，供 SSH 远程登录验证使用。

[H3C] **local-user** username
[H3C-luser-manage-xxx] **password { hash | simple }** password
[H3C-luser-manage-xxx] **service-type ssh**
[H3C-luser-manage-xxx] **authorization-attribute user-role** role-name

为了完成 SSH 验证和会话，需要利用主机密钥对等参数，生成会话密钥和会话 ID。要生成主机密钥对，使用 public-key local create rsa 命令。服务器密钥和主机密钥的最小长度为 512 位，最大长度为 2048 位。在 SSH2 中，有的客户端要求服务器端生成的密钥长度必须大于或等于 768 位。生成密钥对时，如果已经有了 RSA 密钥对，系统会提示是否替换原有密钥。

对于已经生成的 RSA 密钥对，可以根据指定格式在屏幕上显示 RSA 主机公钥或用命令 public-key local export rsa ssh2 导出 RSA 主机公钥到指定文件，从而为在远端配置 RSA 主机公钥作准备；也可以用命令 public-key local destroy rsa 命令手工销毁当前的密钥对。

注意：SSH 连接依赖于 IP 可达性。如果客户端与服务器端不处于同一网段，还需要正确地配置 IP 路由。IP 路由的配置非本章内容，请参考本书相关章节。

图 4-13 为一个典型的 SSH 配置示例。

图 4-13　SSH 配置示例——配置 SSH 服务器

配置完 SSH 服务器之后，为了完成 SSH 登录，还必须启动并配置 SSH 客户端软件，并连接到作为 SSH 服务器的网络设备。SSH 客户端软件有很多，本节以客户端软件 PuTTY 为例，说明 SSH 客户端的配置方法。

SSH 客户端要与服务器建立连接，需要做如下基本配置。

（1）指定服务器 IP 地址。

（2）选择远程连接协议为 SSH。通常客户端可以支持多种远程连接协议，如 telnet、rlogin、SSH 等。要建立 SSH 连接，必须选择远程连接协议为 SSH。

（3）选择 SSH 版本。由于设备目前支持的版本是 SSH 服务器 2.0 版本，客户端可以选择 2.0 或 2.0 以下版本。

如图 4-14 所示，配置好终端参数后，单击 Open 按钮，可发起与服务器端（网络设备）的连接，并弹出如图 4-15 所示的命令行界面。

图 4-14　SSH 配置示例——配置 PuTTY 客户端

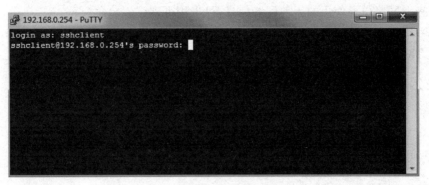

图 4-15　SSH 登录网络设备

输入预先设置的用户名和密码，即可进入命令行界面，如图 4-16 所示。

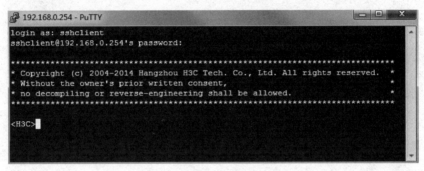

图 4-16　SSH 登录网络设备

4.6　本章总结

（1）支持 console 口本地配置、AUX 口本地或远程配置、Telnet 或 SSH 本地或远程配置。
（2）命令行提供多种命令视图。
（3）系统命令行采用分级保护方式，命令行划分为读类型、写类型、执行类型 3 种类型。

4.7　习题和解答

4.7.1　习题

1. 要远程连接到某路由器执行配置，可使用（　　）连接方式。
   A．console　　　　B．AUX　　　　C．Telnet　　　　D．SSH
2. 要为一个接口配置 IP 地址，应在（　　）下进行配置。
   A．用户视图　　　B．系统视图　　C．用户接口视图　D．接口视图
3. 要为交换机配置主机名 SWA，可采用下列（　　）命令。
   A．sysname SWA　　　　　　　　　B．hostname SWA
   C．SYSNAME SWA　　　　　　　　D．system-name SWA
4. 要查看网络设备使用的操作系统版本等信息，可采用下列（　　）命令。
   A．display version　　　　　　　　B．display current-configuration
   C．display system　　　　　　　　D．show system

5. 要查看网络设备使用的当前配置信息,可采用下列(　　)命令。
   A. show current-configuration　　　　B. display current-configuration
   C. show configuration　　　　　　　　D. display configuration

4.7.2 习题答案

1. CD　　2. D　　3. AC　　4. A　　5. B

第 5 章

网络设备文件管理

设备以文件系统的方式对保存在设备存储介质中的文件(如操作系统文件、配置文件等)进行管理。本章将介绍 H3C 网络设备文件系统的操作命令。

配置文件是用来保存用户对设备所进行的配置,记录用户的配置信息的文本格式文件。本章介绍了如何对配置文件进行管理维护。

同时本章将介绍 bootROM 和操作系统软件的升级方法及使用 FTP 和 TFTP 加载系统文件的操作。

5.1 本章目标

学习完本章,应该能够达到以下目标。
(1) 了解 H3C 网络设备文件系统的作用与操作方法。
(2) 掌握配置文件保存、擦除、备份与恢复的操作方法。
(3) 掌握网络设备软件的升级等操作方法。
(4) 掌握用 FTP 和 TFTP 传输系统文件的方法。

5.2 网络设备文件系统介绍

5.2.1 什么是网络设备文件系统

网络设备启动时需要一些基本的程序和数据,运行中也会产生一些重要数据,这些数据都以文件的方式保存在存储器中,以便调用和管理。

网络设备通过文件系统对这些文件进行管理和控制,并为用户提供了操作和管理文件系统的工具。

在文件系统中保存的文件类型主要包括以下内容。

(1) 应用程序文件:Comware 操作系统用于引导设备启动的程序文件,设备必须具有 boot 包和 system 包才能正常运行。启动软件包有 BIN 文件和 IPE 文件两种发布形式。

(2) 配置文件:系统将用户对设备的所有配置以命令的方式保存成文本文件,称为配置文件,这种文件的扩展名为 .cfg。

(3) 日志文件:系统在运行中产生的文本日志可以存储在文本格式的日志文件中,称为日志文件。

5.2.2 网络设备的存储方式

网络设备的存储方式如图 5-1 所示。
网络设备通常有以下 3 种存储介质。

图 5-1 网络设备的存储方式

（1）只读存储器(read-only memory,ROM)：用于存储 bootROM 程序。bootROM 程序是一个微缩的引导程序，主要任务是查找应用程序文件并引导到操作系统，在应用程序文件或配置文件出现故障时提供一种恢复手段。

（2）flash 存储器(快闪存储器)：用于存储应用程序文件、保存的配置文件和运行中产生的日志文件等。默认情况下，网络设备从 flash 存储器读取应用程序文件和配置文件进行引导。Flash 存储器的形式是多样的，根据设备型号的不同，可能是 CF(compact flash)卡、内置 Flash 存储器等。

（3）随机访问存储器(random-access memory,RAM)：只用于系统运行中的随机存储，例如存储当前运行的 Comware 系统程序和运行中的当前配置等。系统关闭或重启后其信息会丢失。

5.2.3 文件系统的操作

文件系统的功能主要包括目录的创建和删除、文件的复制和显示等。

默认情况下，对于有可能导致数据丢失的命令（如删除文件、覆盖文件等命令），文件系统将提示用户进行确认。

根据操作对象的不同，可以把文件系统操作分为以下几类。

1. 目录操作

目录操作包括创建/删除目录、显示当前工作目录以及显示指定目录下的文件或目录的信息等。可以在用户视图下使用如表 5-1 所示的命令来进行相应的目录操作。

表 5-1 目录操作命令

操 作	命 令	说 明
创建目录	**mkdir** *directory*	可选
删除目录	**rmdir** *directory*	可选
显示当前的工作路径	**pwd**	可选
显示目录或文件信息	**dir** [*/all*] [*file-url*]	可选
改变当前目录	**cd** *directory*	可选

2. 文件操作

文件操作包括删除文件、恢复删除的文件、彻底删除文件、显示文件的内容、重命名文件、拷贝文件、移动文件、显示指定的文件的信息等。可以使用如表 5-2 所示的命令来进行相应的文件操作。

表 5-2 文件操作命令

操　　作	命　　令	说　　明
删除文件	delete [/unreserved] *file-url*	可选
恢复删除文件	undelete *file-url*	可选
彻底删除回收站中的文件	reset recycle-bin [*file-url*] [/force]	可选
显示文件的内容	more *file-url*	可选 目前只支持显示文本文件
重命名文件	rename *fileurl-source fileurl-dest*	可选
复制文件	copy *fileurl-source fileurl-dest*	可选
移动文件	move *fileurl-source fileurl-dest*	可选
显示目录或文件信息	dir [/all] [*file-url*]	可选
执行批处理文件	execute *filename*	可选

3. 存储设备操作

由于异常操作等原因,存储设备的某些空间可能不可用。用户可以通过 fixdisk 命令来恢复存储设备的空间。也可以通过 format 命令来格式化指定的存储设备。存储设备操作命令如表 5-3 所示。

表 5-3 存储设备操作命令

操　　作	命　　令	说　　明
恢复存储设备的空间	fixdisk *device*	可选
格式化存储设备	format *device*	可选
挂载存储设备	mount *device-name*	可选 默认情况下,存储设备插入时已经处于连接状态,不需要再挂载
卸载存储设备	umount *device-name*	可选

注意：格式化操作将导致存储设备上的所有文件丢失,并且不可恢复；尤其需要注意的是,格式化 Flash,将丢失全部应用程序文件和配置文件。

对于可支持热插拔的存储设备(如 CF 卡、USB 存储器等),可以在用户视图下用 mount 和 umount 命令挂载和卸载该存储设备。卸载存储设备是逻辑上让存储设备处于非连接状态,此时用户可以安全地拔出存储设备；挂载存储设备是让卸载的存储设备重新处于连接状态。

注意：在拔出处于挂载状态的存储设备前,请先执行卸载操作,以免损坏存储设备。

在执行挂载或卸载操作过程中,禁止对单板或存储设备进行插拔或倒换操作；在进行文件操作过程中也禁止对存储设备进行插拔或倒换操作。否则,可能会引起文件系统的损坏。

4. 设置文件系统操作的提示方式

用户可以通过命令修改当前文件系统的提示方式。文件系统支持 alert 和 quiet 两种提示方式。在 alert 方式下,当用户对文件进行有危险性的操作时,系统会跟用户进行交互确认。在 quiet 方式下,用户对文件进行任何操作,系统均不作提示。该方式可能会导致一些因粗心而发生的、不可恢复的、对系统造成破坏的操作发生。文件系统操作的提示方式设置命令如

表 5-4 所示。

表 5-4 文件系统操作的提示方式设置命令

操　作	命　令	说　明
设置文件系统的提示方式	file prompt { alert │ quiet }	可选 默认情况下,文件系统的提示方式为 alert

5.3 文件的管理

5.3.1 配置文件介绍

配置文件是指以文本格式保存设备配置命令的文件。配置文件记录用户的配置信息,通过配置文件,用户可以非常方便地了解这些配置信息。

设备启动时根据读取的配置文件进行初始化工作,该配置称为起始配置(saved-configuration)。如果设备中没有配置文件,则系统在启动过程中使用默认参数进行初始化。与起始配置相对应,系统运行时采用的配置称为当前配置(current-configuration)。当前配置实际上是启动时的起始配置和启动后用户对设备执行的增量配置的叠加。用户对设备执行当前配置存放在设备的临时存储器中,设备重启之后会丢失。

配置文件为一个文本文件,其中以文本格式保存了非默认的配置命令。配置文件中的命令组织以命令视图为基本框架,同一命令视图的命令组织在一起,形成一节,节与节之间通常用空行或注释行隔开(以♯开始的为注释行,空行或注释行可以是一行或多行)。整个文件以 return 结束。

网络设备可以保存多个配置文件。系统启动时,如果用户指定了启动配置文件,且配置文件存在,则系统以启动配置文件进行初始化;如果用户没有指定任何启动配置文件,或用户指定的启动配置文件不存在,则以空配置进行初始化。

注意:大部分 H3C 网络设备支持配置文件的 main/backup 属性,使得设备上可以同时存在主用、备用两种属性的配置文件。当主用配置文件损坏或丢失时,可以用备用配置文件来启动或配置设备。该特性的细节超出本书范围,读者可参考相关手册。

5.3.2 配置文件的管理

用户通过命令行可以修改设备的当前配置,而且这些配置是暂存于 RAM 中的,设备一旦重启或断电就立即丢失。如果要使当前配置在系统下次重启时继续生效,在重启设备前,应在用户视图下用 save 命令将当前配置保存到配置文件中。

用户通过命令可以在用户视图下用 reset saved-configuration 命令擦除设备中的配置文件。配置文件被擦除后,设备下次上电时,系统将采用默认的配置参数进行初始化。

要设置下次启动采用的配置文件,使用以下命令:

<H3C> **startup saved - configuration** *filename*

在任意视图下执行 display saved-configuration 命令可显示起始配置的内容;用 display current-configuration 命令可显示当前配置信息;用 display startup 可显示系统当前和下次启动时使用的配置文件;另外,在任意视图下执行 display this 命令,可显示当前视图下生效的

配置信息。

backup/restore 特性主要实现通过命令行对设备下次启动配置文件进行备份和恢复的功能。设备与服务器之间使用 TFTP 进行数据的传输,其中 backup 特性用于将设备下次启动配置文件备份至 TFTP 服务器上;而 restore 特性用于将 TFTP 服务器上保存的配置文件下载到设备并设置为下次启动配置文件。在后续的章节中将进一步学习如何使用 TFTP 服务。可使用下列命令备份/恢复下次启动配置文件。

<H3C> **backup startup-configuration to** dest-addr [filename]
<H3C> **restore startup-configuration from** src-addr filename

5.3.3 使用 FTP 传输文件

可以用文件传输协议(file transfer protocol,FTP)来进行网络设备文件的传输,如图 5-2 所示。

网络设备的 FTP 实现支持两种方式。

(1) 设备作为 FTP 客户端:用户在设备的命令行终端上执行 ftp 命令,建立设备与远程 FTP 服务器的连接,下载远程 FTP 服务器上的文件,或上传本地文件。

图 5-2 用 FTP 传输文件的工作方式

(2) 设备作为 FTP 服务器:用户在其他主机上运行 FTP 客户端程序,登录到设备上进行文件上传和下载操作。在用户登录前,网络管理员需要事先在网络设备上配置好 FTP 服务器的相关参数。

以网络设备作为 FTP 服务器时,需要进行如表 5-5 所示配置。

表 5-5 以网络设备为 FTP 服务器的配置内容

设备	操作	说明
网络设备(FTP 服务器)	启动 FTP 服务器功能	默认情况下,系统关闭 FTP 服务器功能 可以通过 display ftp-server 命令查看设备上 FTP 服务器功能的配置信息
	配置 FTP 服务器的验证和授权	配置 FTP 用户的用户名、密码、授权的工作目录
	配置 FTP 服务器的运行参数	配置 FTP 连接的超时时间
主机(FTP 客户端)	使用 FTP 客户端程序登录设备	—

主要配置命令包括以下几方面。

(1) 使能 FTP 服务器端功能。

[H3C]**ftp server enable**

(2) 创建用户。

[H3C]**local-user** username

(3) 设置用户的服务类型及登录密码。

[H3C-luser-xxx]**service-type ftp**
[H3C-luser-xxx]**password { hash | simple }** password

在网络设备上配置好相应 FTP 服务后,就可以在 FTP 客户端主机上登录网络设备。验证通过后,即可执行文件的上传和下载操作。

图 5-3 显示了在 PC 机上执行 FTP 命令向作为 FTP 服务器的路由器上载配置文件的实例。在本例中,PC 机从路由器下载了启动软件包 msr36-cmw710-security-r0105p06.bin。这是一种常用的设备配置和维护手段。

图 5-3 FTP 操作示例

5.3.4 使用 TFTP 传输文件

用 TFTP 传输文件的工作方式如图 5-4 所示。

简单文件传输协议(trivial file transfer protocol,TFTP)也是用于在远端服务器和本地主机之间传输文件的协议。相对于 FTP,TFTP 没有复杂的交互存取接口和认证控制,适用于客户端和服务器之间不需要复杂交互的环境。TFTP 的运行基于 UDP,因此只适用于相对可靠的网络介质上。

图 5-4 用 TFTP 传输文件的工作方式

TFTP 传输是由客户端发起的。当需要下载文件时,由客户端向 TFTP 服务器发送读请求包,然后从服务器接收数据,并向服务器发送确认;当需要上传文件时,由客户端向 TFTP 服务器发送写请求包,然后向服务器发送数据,并接收服务器的确认。TFTP 传输文件有两种模式:一种是二进制模式,用于传输程序文件;另一种是 ASCII 码模式,用于传输文本文件。

网络设备可以作为 TFTP 客户端,从 TFTP 服务器上传或下载文件。设备作为 TFTP 客户端时,需要进行如表 5-6 所示配置。

表 5-6 以网络设备为 TFTP 客户端的配置内容

设 备	操 作	说 明
网络设备(TFTP 客户端)	(1) 配置设备接口的 IP 地址,使其和 TFTP 服务器的 IP 地址在同一网段 (2) 可以直接使用 TFTP 命令登录远端的 TFTP 服务器上传或下载文件	TFTP 适用于客户端和服务器之间不需要复杂交互的环境。请保证设备和 TFTP 服务器之间路由可达
主机(TFTP 服务器)	启动 TFTP 服务器,并做了 TFTP 工作目录的配置	—

这些配置和功能都通过 tftp 命令实现。

tftp *server-address* **{ get | put | sget }** *source-filename* **[** *destination-filename* **]**
[source { interface *interface-type interface-number* **| ip** *source-ip-address* **}]**

在执行上传/下载操作时，到 TFTP 服务器的可达路由可能有多条，用户可以配置客户端 TFTP 报文的源地址。

当设备作为 TFTP 客户端时，可以使用 put 关键字把本设备的文件上传到 TFTP 服务器，还可以使用 get 关键字从 TFTP 服务器下载文件到本地设备。

tftp sget 命令用来在安全模式下，将文件从 TFTP 服务器的指定文件下载并保存到本地设备。在这种方式下，设备将获取的远端文件先保存到内存中，等用户文件全部接收完毕，才将它写到 flash 中。这样如果系统文件下载失败，原有的系统文件不会被覆盖，设备仍能启动。这种方法安全系数较高，但需要较大的内存空间。

图 5-5 显示了在网络设备上执行 TFTP 命令从 TFTP 服务器上下载配置文件的实例。在本例中，网络设备从 TFTP 服务器上下载了配置文件 config.cfg。这也是一种常用的设备配置和维护手段。

```
<H3C>tftp 192.168.0.10 get config.cfg
config.txt already exists. Overwrite it? [Y/N]:y
Press CTRL+C to abort.
    % Total    % Received % Xferd  Average Speed   Time    Time     Time  Current
                                   Dload  Upload   Total   Spent    Left  Speed
100  3124  100  3124    0     0    65729      0 --:--:-- --:--:-- --:--:--  254k
```

图 5-5　TFTP 操作示例

5.3.5　指定启动文件

启动文件是设备启动时选用的应用程序文件。当存储介质中有多个应用程序文件时，用户可以通过 boot-loader 命令，指定设备下次启动时所采用的启动文件。

<H3C> **boot-loader file** *file-url*

这实际上为系统进行操作系统软件升级提供了一个便利的途径，也就是说，若需要进行操作系统升级时，只需要将新的应用程序文件上载到设备中，并将其指定为启动文件，重新启动设备，即可由系统自行完成操作系统的升级。因为旧的应用程序文件仍然存在，所以能很容易地恢复到此前的系统版本。

通过 display boot-loader 命令可以查看系统当前和下次启动使用的启动文件。

5.3.6　重启设备

当指定了新的启动文件操作系统软件或者执行了 BootROM 升级之后，需要重启设备完成系统软件的升级。

用户可以用 reboot 命令使设备立即重启；也可以通过 schedule 命令设置一个时刻，让设备定时自动重启，或设置一个时延，让设备经过指定时间后自动重启。

<H3C> **schedule reboot at** *hh:mm* **[** *date* **]**
<H3C> **schedule reboot delay { ** *hh:mm* **|** *mm* **}**

可以用 display schedule reboot 命令查看设备的重启时间。

5.4 网络设备软件维护基础

5.4.1 网络设备的一般引导过程

虽然网络设备的启动过程根据设备型号、软件版本等各自有所不同,但基本上都要经历硬件自检、BootROM 软件引导、Comware 系统初始化等几个阶段,之后,操作系统将接管设备的控制,完成大部分业务功能。

如图 5-6 所示,路由器加电后,首先进行硬件的自检。紧接着是 BootROM 的启动过程。BootROM 是存放在主板 ROM 中的一段程序,可以将它类比为个人计算机 CMOS 中的基本输入/输出系统(BIOS),在设备的操作系统真正运行前负责系统的引导,并维护系统的一些底层参数。接下来,在 BootROM 程序的引导下,设备开始查找 Comware 应用程序文件,找到后即将其解压缩并加载运行。随后,Comware 将读取并复原设备的配置文件。整个系统启动后,用户就可进入命令行界面进行相关操作了。

图 5-6 网络设备的一般引导过程

如果 BootROM 程序无法找到 Comware 应用程序文件,或 Comware 应用程序文件发生损坏,则系统进入 BootROM 模式,管理员可根据 BootROM 菜单进行修复操作。管理员也可以强制中断启动过程,进入 BootROM 模式。

网络设备可以保存多个配置文件。系统启动时优先选择用户指定的启动配置文件,如果没有指定任何启动配置文件,则以空配置启动。

注意:正如支持多配置文件一样,出于安全考虑,网络设备也支持多映像功能。系统可以同时保存多个应用程序文件,应用程序文件可以分为主程序文件、备份程序文件和安全程序文件,系统也将以此顺序选择这三个文件来启动路由器。

此功能的细节超出本书范围,读者可自行参考相关手册。

图 5-7 显示了路由器的典型启动信息输出。在本例子中,BootROM 的版本为 1.42。在 BootROM 启动末段,根据提示按 Ctrl+B 组合键,系统将中断引导,进入 BootROM 模式;否则,系统将进入程序解压过程。

注意:必须在出现 Press Ctrl+B to access EXTENDED-BOOTWARE MENU... 提示的 6s 之内按 Ctrl+B 组合键,系统方能进入 BootROM 菜单,否则系统将进入程序解压过程。若

```
<H3C>
System is starting...
Press Ctrl+D to access BASIC-BOOTWARE MENU...
Press Ctrl+T to start heavy memory test
Do you want to check SDRAM? [Y/N]

Booting Normal Extended BootWare
The Extended BootWare is self-decompressing....Done.

****************************************************************
*                                                              *
*               H3C MSR36-20 BootWare, Version 1.42             *
*                                                              *
****************************************************************
Copyright (c) 2004-2014 Hangzhou H3C Technologies Co., Ltd.

Compiled Date         : Apr  1 2014
CPU ID                : 0x2

BootWare Validating...
Press Ctrl+B to access EXTENDED-BOOTWARE MENU...
Loading the main image files...
Loading file cfa0:/msr36-cmw710-system-r0106l10.bin.........................
.......................Done.
Loading file cfa0:/msr36-cmw710-security-r0106l10.bin....Done.
Loading file cfa0:/msr36-cmw710-data-r0106l10.bin......Done.
Loading file cfa0:/msr36-cmw710-boot-r0106l10.bin............Done.

Image file cfa0:/msr36-cmw710-boot-r0106l10.bin is self-decompressing.......
.........Done.
System image is starting...
Line aux0 is available.

Press ENTER to get started.
```

系统启动

BootROM启动

应用程序文件解压缩和加载

图 5-7　路由器系统引导过程示例

程序进入解压过程后再希望进入 BootROM 菜单，则需要重新启动路由器。

交换机的启动过程与路由器启动过程大体一致，本书不再讲解。

5.4.2　网络设备的一般性软件维护方法

H3C 网络设备提供了丰富而灵活的软件维护方法。

（1）在命令行模式中采用 TFTP/FTP 来上传/下载应用程序或配置文件，实现应用程序升级或配置管理。

（2）在 BootROM 模式中通过以太口采用 TFTP/FTP 完成应用程序软件升级。

（3）在 BootROM 模式中通过 console 口采用 Xmodem 协议完成 BootROM 及应用程序的升级。

在常规情况下，设备可以正常引导到命令行模式，而管理员希望对操作系统软件进行升级或备份，或者希望快速导入导出配置文件。此时可以直接在命令行模式中采用 TFTP/FTP 方式进行文件的上传/下载，这是比较方便的一种方式。

在某些情况下，设备无法引导到命令行模式，只能进入 BootROM 模式，而管理员希望对操作系统软件进行恢复或升级。此时可以在 BootROM 模式中利用 BootROM 菜单提供的操作功能，采用 TFTP/FTP 方式上传应用程序文件，使设备能够正常启动并引导到命令行模式。在这种模式下，必须将 TFTP/FTP 服务器连接到设备的特定以太端口上。

在上述情况下，如果无法实现 TFTP/FTP 服务器与设备的网络连接（如端口损坏或无服务器软件），则可以在 BootROM 模式中通过 console 口采用 Xmodem 协议完成 BootROM 及应用程序的升级，使设备能够正常启动并引导到命令行模式。

注意：错误的 BootROM、配置文件或应用程序文件管理操作可能导致设备无法启动。只有理解了 BootROM 相关选项或参数作用，并且在确有必要的情况下才可进行相关操作。

5.5 本章总结

（1）设备对存储介质中的文件以文件系统的方式管理。
（2）文件系统操作包括目录操作、文件操作、介质操作等。
（3）配置文件包括起始配置和当前配置。
（4）通过指定启动文件可以进行操作系统软件升级。
（5）可用 FTP 和 TFTP 远程加载配置文件、操作系统软件和 BootROM 等系统文件。

5.6 习题和解答

5.6.1 习题

1. 在交换机上保存配置时，系统配置被存入（　　）存储器。
   A．RAM　　　　　　B．ROM　　　　　　C．flash　　　　　　D．寄存器
2. 管理员对某路由器执行了多次配置、保存操作，在某次配置时突然断电，重启后将使用下列（　　）工作。
   A．当前配置　　　　B．默认配置　　　　C．空配置　　　　　D．起始配置
3. 可以（　　）更新路由器的配置。
   A．通过 FTP 上传配置文件　　　　　　B．通过 TFTP 下载配置文件
   C．通过命令行输入命令　　　　　　　D．格式化存储器
4. 要将当前配置保存下来，应使用命令（　　）。
   A．save current-configuration　　　　B．save
   C．write　　　　　　　　　　　　　　D．write saved-configuration
5. 在 MSR 的引导过程中，下列（　　）最先执行。
   A．加载 BootROM 程序　　　　　　　B．加载启动配置
   C．查找应用程序文件　　　　　　　　D．进入 BootROM 模式

5.6.2 习题答案

1. C　　2. D　　3. ABC　　4. B　　5. A

第6章

网络设备基本调试

网络按照初始目标组建配置完成后,首要的任务是检查网络的连通性。网络的连通性是指一台主机或设备上的一个 IP 地址到另一台主机或设备上的一个 IP 地址的可达性。本章将介绍检测网络连通性的常用命令。

为了达到网络连通性,单个网络设备及网络设备之间同时还运行各种协议或交互相关控制信息。有时,为了定位这些协议或模块是否正常运行,需要使用调试工具。本章对如何使用调试工具,以及如何控制调试信息的输出和显示也进行了介绍。

6.1 本章目标

学习完本章,应该能够达到以下目标。
(1)用 ping 命令检查网络连通性。
(2)用 tracert 命令探查网络路径。
(3)使用 debug 等命令进行网络系统基本调试。

6.2 网络连通性测试

6.2.1 使用 ping 测试网络连通性

ping 实际上是基于 ICMP 开发的应用程序,它是在计算机的各种操作系统或网络设备上广泛使用的检测网络连通性的常用工具。通过使用 ping 命令,用户可以检查指定地址的主机或设备是否可达,测试网络连接是否出现故障。

ICMP 定义了多种类型的协议报文,ping 主要使用了其中回波请求(echo request)和回波响应(echo reply)两种报文。源主机向目的主机发送 ICMP echo request 报文探测其可达性,收到此报文的目的主机则向源主机回应 ICMP echo request 报文,声明自己可达。源主机收到目的主机回应的 ICMP echo request 报文后即可判断目的主机可达,反之则可判断其不可达。

ping 命令提供了丰富的可选参数。

ping [*ip*] [*-a source-ip* | *-c count* | *-f* | *-h ttl* | *-i interface-type interface-number* | *-m interval* | *-n* | *-p pad* | *-q* | *-r* | *-s packet-size* | *-t timeout* | *-tos tos* | *-v*] * *remote-system*

其中主要参数说明如下。
(1)-a *source-ip*:指定 ICMP echo request 报文中的源 IP 地址。
(2)-c *count*:指定发送 ICMP echo request 报文的数目,取值范围为 1~4294967295,默认值为 5。

(3) -f：将长度大于接口 MTU 的报文直接丢弃，即不允许对发送的 ICMP echo request 报文进行分片。

(4) -h *ttl*：指定 ICMP echo request 报文中的 TTL 值，取值范围为 1～255，默认值为 255。

(5) -i *interface-type interface-number*：指定发送报文的接口的类型和编号。

(6) -m *interval*：指定发送 ICMP echo request 报文的时间间隔，取值范围为 1～65535，单位为毫秒(ms)，默认值为 200ms。如果在 timeout 时间内收到目的主机的响应报文，则下次 ICMP echo request 报文的发送时间间隔为报文的实际响应时间与 interval 之和；如果在 timeout 时间内没有收到目的主机的响应报文，则下次 ICMP echo request 报文的发送时间间隔为 timeout 与 interval 之和。

(7) -n：不进行域名解析。默认情况下，系统将对 hostname 进行域名解析。

(8) -p *pad*：指定 ICMP echo request 报文 data 字段的填充字节，格式为十六进制。比如，若将 *pad* 设置为 ff，则 data 字段将被全部填充为 ff。默认情况下，填充的字节从 0x01 开始，逐渐递增，直到 0x09，然后又从 0x01 开始循环填充。

(9) -q：除统计数字外，不显示其他详细信息。默认情况下，系统将显示包括统计信息在内的全部信息。

(10) -r：记录路由。默认情况下，系统不记录路由。

(11) -s *packet-size*：指定发送的 ICMP echo request 报文的长度(不包括 IP 和 ICMP 报文头)，取值范围为 20～8100，单位为字节(B)，默认值为 56B。

(12) -t *timeout*：指定 ICMP echo reply 报文的超时时间，取值范围为 1～65535，单位为毫秒(ms)，默认值为 2000ms。

(13) -tos *tos*：指定 ICMP echo request 报文中的服务类型(type of service，ToS)域的值，取值范围为 0～255，默认值为 0。

(14) -v：显示接收到的非 echo reply 的 ICMP 报文。默认情况下，系统不显示非 echo reply 的 ICMP 报文。

图 6-1 演示了一个 ping 命令的实际输出结果示例。在本例中，用户在 RTA 上 ping 地址为 192.168.3.1 的目的主机 RTC。RTA 在超时时间内收到了目的设备 RTC 对每个 ICMP echo request 报文的响应，因此 RTA 上输出了响应报文的字节数、报文序号、存活时间(time to live，TTL)、响应时间。在最后的几行中输出了 ping 过程报文的统计信息，主要包括发送报文个数、接收到响应报文个数、未响应报文数百分比、响应时间的最小值、平均值和最大值。

```
[RTA]ping 192.168.3.1
Ping 192.168.3.1 (192.168.3.1): 56 data bytes, press CTRL_C to break
56 bytes from 192.168.3.1: icmp_seq=0 ttl=64 time=1.824 ms
56 bytes from 192.168.3.1: icmp_seq=1 ttl=64 time=1.591 ms
56 bytes from 192.168.3.1: icmp_seq=2 ttl=64 time=1.204 ms
56 bytes from 192.168.3.1: icmp_seq=3 ttl=64 time=1.402 ms
56 bytes from 192.168.3.1: icmp_seq=4 ttl=64 time=0.919 ms

--- Ping statistics for 192.168.3.1 ---
5 packets transmitted, 5 packets received, 0.0% packet loss
round-trip min/avg/max/std-dev = 0.919/1.388/1.824/0.312 ms
[RTA]%Oct 17 07:45:09:111 2013 RTA PING/6/PING_STATISTICS: Ping
statistics for 192.168.3.1: 5 packets transmitted, 5 packets received,
0.0% packet loss, round-trip min/avg/max/std-dev =
0.919/1.388/1.824/0.312 ms.
```

图 6-1 ping 命令输出示例

通过这些信息不但可以确定本机到目的主机 192.168.3.1 是可达的，而且可以粗略评估两台设备之间的网络性能状况。

6.2.2 使用 tracert 检测网络连通性

通过使用 tracert 命令，用户可以查看报文从源设备传送到目的设备所经过的路由器。当网络出现故障时，用户可以使用该命令分析出现故障的网络节点。

tracert 命令提供了丰富的参数选项。

tracert [**-a** *source-ip* | **-f** *first-ttl* | **-m** *max-ttl* | **-p** *port* | **-q** *packet-number* | **-w** *timeout*] * *remote-system*

主要的参数和选项含义如下。

（1）-a *source-ip*：指明 tracert 报文的源 IP 地址。

（2）-f *first-ttl*：指定一个初始 TTL，即第一个报文所允许的跳数。取值范围为 1～255，且小于最大 TTL，默认值为 1。

（3）-m *max-ttl*：指定一个最大 TTL，即一个报文所允许的最大跳数。取值范围为 1～255，且大于初始 TTL，默认值为 30。

（4）-p *port*：指明目的设备的 UDP 端口号，取值范围为 1～65535，默认值为 33434。用户一般不需要更改此选项。

（5）-q *packet-num*：指明每次发送的探测报文个数，取值范围为 1～65535，默认值为 3。

（6）-w *timeout*：指定等待探测报文响应的报文的超时时间，取值范围是 1～65535，单位为毫秒(ms)，默认值为 5000ms。

（7）*remote-system*：目的设备的 IP 地址或主机名（主机名是长度为 1～20 的字符串）。

图 6-2 的上半部分显示了 RTA 执行 tracert 命令后的输出，对于每个 TTL 递增的报文，RTA 都要重复发三次，因此输出结果中显示了每一跳接收响应的时延。最后一跳是跟踪的目的地。

```
[RTA]tracert 192.168.3.1
traceroute to 192.168.3.1 (192.168.3.1), 30 hops at most, 52 bytes each packet,
press CTRL_C to break
 1 192.168.1.2 (192.168.1.2)   0.691 ms  0.497 ms  0.491 ms
 2 192.168.3.1 (192.168.3.1)   0.996 ms  0.896 ms  0.902 ms
```

```
*Oct 17 09:17:11:996 2013 RTA IPFW/7/IPFW_PACKET:
Sending, interface = GigabitEthernet0/0, version = 4, headlen = 20, tos = 0,
pktlen = 52, pktid = 33516, offset = 0, ttl = 1, protocol = 17,
checksum = 45434, s = 192.168.1.1, d = 192.168.3.1
prompt: Sending the packet from local at GigabitEthernet0/0.

*Oct 17 09:17:11:996 2013 RTA IPFW/7/IPFW_PACKET:
Receiving, interface = GigabitEthernet0/0, version = 4, headlen = 20, tos = 0,
pktlen = 80, pktid = 32, offset = 0, ttl = 255, protocol = 1,
checksum = 14393, s = 192.168.1.2, d = 192.168.1.1
prompt: Receiving IP packet.

*Oct 17 09:17:11:997 2013 RTA SOCKET/7/ICMP:
Time(s):1382001431   ICMP Input:
 ICMP Packet: src = 192.168.1.2, dst = 192.168.1.1
              type = 11, code = 0 (ttl-exceeded)
 Original IP: src = 192.168.1.1, dst = 192.168.3.1
              proto = 17, first 8 bytes = 82EC829A 00200000
```

图 6-2　tracert 命令输出示例

图 6-2 的下半部分显示了 RTA 执行 tracert 命令后的调试信息(后面的小节中将详细讲解如何获得调试信息),调试信息显示了中间跳路由器和最后目的跳路由器对 RTA 的不同响应方法。

6.3 系统调试

6.3.1 系统调试概述

对于设备所支持的各种协议和特性,系统基本上都提供了相应的调试功能,帮助用户对错误进行诊断和定位。

调试信息的输出可以由两个开关控制。

(1)协议调试开关:又称为模块调试开关,控制是否输出某协议模块的调试信息。

(2)屏幕输出开关:控制是否在某个用户屏幕上显示调试信息。

协议调试开关和屏幕输出开关的关系如图 6-3 所示。用户只有将两个开关都打开,调试信息才会在终端显示出来。

图 6-3 调试信息输出开关

6.3.2 系统调试操作

要打开调试信息的屏幕输出开关,使用 terminal debugging 命令,控制是否在某个用户的命令行终端界面上显示调试信息。

要打开协议调试开关,使用 debugging 命令。该命令后面要指定相关的协议模块名称,如 ATM、ARP 等。当然模块名称可能不止一个参数,比如,关心 IP 层如何处理报文时,可以使用 debugging ip packet 命令。

terminal monitor 命令用于开启控制台对系统信息的监视功能。调试信息属于系统信息的一种,因此,这是一个更高一级的开关命令。只不过该命令在需要观察调试信息时候是可选的,因为默认情况下,控制台的监视功能就处于开启状态。

最后,通过 display debugging 命令可以查看系统当前哪些协议调试信息开关是打开的。

6.3.3 调试信息输出示例

图 6-4 是一个为了观察 ping 命令执行过程，打开 debug ip packet 协议调试开关的例子。该例显示了当 RTA 发出一个 ICMP echo request 报文和收到一个 ICMP echo reply 报文时，IP 层处理的详细过程。

```
<RTA>ping -c 1 192.168.1.2
Ping 192.168.1.2 (192.168.1.2): 56 data bytes, press CTRL_C to break
56 bytes from 192.168.1.2: icmp_seq=0 ttl=64 time=1.802 ms

--- Ping statistics for 192.168.1.2 ---
1 packets transmitted, 1 packets received, 0.0% packet loss
round-trip min/avg/max/std-dev = 1.802/1.802/1.802/0.000 ms

<RTA>*Oct 17 08:28:50:880 2013 RTA IPFW/7/IPFW_PACKET:
Sending, interface = GigabitEthernet0/0, version = 4, headlen = 20, tos = 0,
pktlen = 84, pktid = 79, offset = 0, ttl = 255, protocol = 1,
checksum = 14342, s = 192.168.1.1, d = 192.168.1.2
prompt: Sending the packet from local at GigabitEthernet0/0.

*Oct 17 08:28:50:882 2013 RTA IPFW/7/IPFW_PACKET:
Receiving, interface = GigabitEthernet0/0, version = 4, headlen = 20, tos = 0,
pktlen = 84, pktid = 3446, offset = 0, ttl = 64, protocol = 1,
checksum = 59871, s = 192.168.1.2, d = 192.168.1.1
prompt: Receiving IP packet.

*Oct 17 08:28:50:882 2013 RTA IPFW/7/IPFW_PACKET:
Delivering, interface = GigabitEthernet0/0, version = 4, headlen = 20, tos = 0,
pktlen = 84, pktid = 3446, offset = 0, ttl = 64, protocol = 1,
checksum = 59871, s = 192.168.1.2, d = 192.168.1.1
prompt: IP packet is delivering up.

%Oct 17 08:28:50:886 2013 RTA PING/6/PING_STATISTICS: Ping statistics for
192.168.1.2: 1 packets transmitted, 1 packets received, 0.0% packet loss, round-
trip min/avg/max/std-dev = 1.802/1.802/1.802/0.000 ms.
```

图 6-4 调试 ping 命令执行过程

该例中，执行 ping 命令时使用了-c 参数，因此只发出一个 ICMP 请求回应报文。＊Oct 17 08:28:50:880 2013 RTA IPFW/7/IPFW_PACKET：为屏幕打出的系统信息，提示以下将是调试信息的输出，并且说明了调试信息的输出时间及相关的模块名 IPFW-IP 转发模块。

调试信息分为三个段落。第一段说明了承载该 ICMP 报文的 IP 报头实际内容，包括报文长度、报文 ID、偏移量、协议号、源地址和目的地址等。经过查找路由表/转发表，该 ICMP 报文将从本地的 GigabitEthernet0/0 转发出去。第二段说明 RTA 从 GigabitEthernet0/0 收到了一个报文，和第一段类似，RTA 打印出了该报文 IP 头的相关内容。可以看出，这个报文就是对刚刚发出的 ICMP 回声请求报文的应答。第三段与第二段描述的是同一个报文，由于 RTA 就是此报文的目的地，它要被递交给本地 IP 转发层的上层进行处理。

在图中最后的几列中显示了 ping 过程报文的统计信息，主要包括以下几个方面。

(1) 发送了一个报文，接收到一个响应报文。

(2) 由于没有未响应报文，因此丢包率是 0%。

(3) 此次 ping 响应时间的最小值、平均值和最大值都是 1.802ms（因为只进行了一次 ICMP 请求和应答）。

6.4 本章总结

(1) ping 用于检测网络连通性。

(2) tracert 使用 TTL 超时机制检测网络连通性。

(3) 调试信息的输出由协议开关和屏幕开关两个开关控制。

6.5 习题和解答

6.5.1 习题

1. 下列关于 ping 命令的描述正确的是(　　)。
   A. ping 命令基于 IGMP 实现
   B. ping 命令可用于探测 IP 可达性
   C. 使用-a 参数可以指定 ping 命令发送探测包的源地址
   D. 使用-c 参数可以指定 ping 命令发送探测包的数量

2. 下列关于 tracert 命令的描述正确的是(　　)。
   A. tracert 命令基于 IGMP 实现
   B. tracert 命令可用于探测 IP 包转发路径
   C. 使用-a 参数可以指定 tracert 命令发送探测包的源地址
   D. 使用-c 参数可以指定 tracert 命令发送探测包的数量

3. 要打开调试信息的屏幕输出开关,使用(　　)命令。
   A. display debugging　　　　　　B. debugging display
   C. debugging terminal　　　　　　D. terminal debugging

4. 要打开协议调试开关,使用(　　)命令。
   A. debugging　　　　　　　　　　B. display debugging
   C. terminal debugging　　　　　　D. terminal monitor

6.5.2 习题答案

1. BCD　　2. BC　　3. D　　4. A

第 2 篇
局域网技术基础

第7章　局域网技术概述

第8章　以太网技术

第9章　WLAN基础

第7章 局域网技术概述

局域网从20世纪70年代诞生,迄今为止已经发展了50多年,大体历经4个发展阶段——20世纪70年代的多种技术出现,20世纪80年代的众多标准形成,20世纪90年代的技术优胜劣汰,以及进入21世纪以后高速而全面的技术更新。

关于局域网最重要的标准是IEEE 802系列标准。从IEEE 802标准制定以来,局域网技术领域获得了长足的发展。经过20世纪90年代市场的竞争,在众多的局域网技术中,以太网和无线局域网技术不断发展壮大,成为主流的局域网技术。交换技术在局域网中的出现与局域网交换机的应用,也引发了局域网领域的重大技术变革。

本章介绍局域网的技术标准,并简介几种常见局域网的类型,为详细的局域网技术讨论做铺垫。

7.1 本章目标

学习完本章,应该能够达到以下目标。
(1) 了解局域网的主要相关标准。
(2) 了解局域网与OSI模型的对应关系。
(3) 了解主要的局域网标准。
(4) 了解主要局域网的类型及其典型拓扑。

7.2 局域网与OSI参考模型

局域网最主要的功能是在一个较小的物理范围内为计算机提供资源共享和通信服务。局域网内的大量资源共享需求决定了局域网应该是速度较高的,而局域网范围内的众多计算机数量决定了局域网应该是多路访问(multiple-access)的。

局域网技术主要对应于OSI参考模型的物理层和数据链路层,即TCP/IP模型的网络接口层,如图7-1所示。

常见的局域网物理层标准有以下几方面。
(1) 用于早期以太网10Base-5、10Base-2中的同轴电缆。
(2) 用于10Base-T、100Base-TX和1000Base-T的双绞线和RJ-45接头。
(3) 用于各种以太网传输的光纤。
(4) 用于无线局域网(wireless LAN,WLAN)的特定频段的无线电波。

而常见的局域网数据链路层标准则是IEEE 802系列标准,包括IEEE 802.2、IEEE 802.3、IEEE 802.4、IEEE 802.5、IEEE 802.11等。

图 7-1　局域网与 OSI 参考模型

7.3　局域网与 IEEE 802 标准

7.3.1　主要的 IEEE 802 标准

为了规划网络通信的基本标准，1980 年 2 月 IEEE 成立了 802 工作组，制定了一系列的局域网和城域网标准，即通常所称 IEEE 802 系列标准。IEEE 802 系列标准的讨论范围限于可变长分组传输网络，其定义的协议、服务和功能等对应于 OSI 参考模型的物理层和数据链路层，即对应于 TCP/IP 模型的网络接口层。

IEEE 802 系列标准由很多标准文档组成，随着技术的发展和更新，这些标准有的已经不再使用，有的被撤销，有的还在不断扩充和完善当中。以下列出了其中一些主要标准文档。

(1) IEEE 802.1 高层局域网协议(higher layer LAN protocols)：包含局域网(local area network，LAN)、城域网(metropolitan area network，MAN)和个人域网(personal area network，PAN)体系结构、网络管理、链路安全与广域网的互联等方面。

(2) IEEE 802.2 逻辑链路控制：它定义了数据链路层的 LLC 子层。

(3) IEEE 802.3 以太网：它定义了带冲突检测的载波侦听多路访问(carrier sense multiple access with collision detection，CSMA/CD)媒体接入控制方式及相关物理层规范。随着技术的发展，IEEE 802.3 又衍生出多个标准，如快速以太网的 IEEE 802.3u、千兆以太网的 IEEE 802.3ab 和 IEEE 802.3z 等。

(4) IEEE 802.4 令牌总线(token bus)：它定义了使用令牌传递机制的总线网络的媒体接入控制方式和相关物理层规范。

(5) IEEE 802.5 令牌环(token ring)：它定义了令牌环网的媒体接入控制方式和相关物理层的规范。

(6) IEEE 802.6 城域网：它定义了以采用 1310nm 光波、最高覆盖 160km 范围、速率达 150Mbps 的分布队列双重总线(distributed queue dual bus，DQDB)构建城域网的标准。

(7) IEEE 802.8 光纤(optical fiber)：定义了光纤分布式数据接口(fiber distributed data interface，FDDI)这种使用光纤介质的传递令牌的局域网标准。

(8) IEEE 802.11 无线局域网和网状网(wireless LAN & mesh)：定义了采用 2.4GHz/3.6GHz/5GHz 频段的 WLAN 网络的一组协议标准。

(9) IEEE 802.15 无线个人域网(wireless PAN)：这是一组关于小范围无线连接的标准。

(10) IEEE 802.16 宽带无线接入(broadband wireless access)：这是一套无线城域网(wireless metropolitan area networks, wireless MAN)的标准，该标准还有一个商业化名称——威迈 WiMAX(worldwide interoperability for microwave access, 微波接入的世界范围互操作)。

(11) IEEE 802.17 弹性分组环(resilient packet ring, RPR)：这是一个旨在优化光纤环网上的数据传输的标准，它可以为基于分组交换网络提供 SONET/SDH 网络的快速弹性功能，从而可以大大增强以太网和 IP 通信的效率和可靠性。

(12) IEEE 802.20 移动宽带无线接入(mobile broadband wireless access, MBWA)：这是一个允许世界范围多厂商兼容的移动宽带无线接入网络标准，旨在提供低代价而永远在线的移动宽带无线网络。

(13) IEEE 802.21 介质独立转接(media independent handoff, MIH)：这是一个允许在包括 IEEE 802.11、IEEE 802.16、WiFi、3G、GPRS 等介质上进行漫游转接的标准。

(14) IEEE 802.22 无线区域网(wireless regional area network, WRAN)：这是一个使用闲置电视广播频段为偏远、人口稀少地区提供宽带无线接入的标准。

IEEE 802 标准系列定义了局域网和城域网的物理层及数据链路层规范，而并不局限于局域网领域。

7.3.2 数据链路层的两个子层

IEEE 将局域网的数据链路层划分为逻辑链路控制和介质访问控制两个子层。图 7-2 描述了局域网数据链路层结构。上面的 LLC 子层实现数据链路层与硬件无关的功能，如流量控制、差错恢复等；较低的 MAC 层提供 LLC 和物理层之间的接口。不同局域网的 MAC 层不同，LLC 层相同。

图 7-2 数据链路层的 MAC 子层和 LLC 子层

子层的划分将硬件与软件的实现有效地分离。硬件制造商一方面可以设计制造各种各样的网络接口卡，以支持各种不同的局域网，另一方面则可以提供接口相同的驱动程序以方便应用程序使用这些网络接口卡。而软件设计商则无须考虑具体的局域网技术，只需利用标准的驱动程序接口即可。

7.3.3 LLC 子层

数据链路层的主要功能之一是封装和标识上层数据,在局域网中这个功能由 LLC 子层实现。IEEE 802.2 定义了 LLC 子层,为 IEEE 802 系列标准共用。

LLC 子层对网络层数据添加 IEEE 802.2 LLC 头进行封装。为了区别网络层数据类型,实现多种协议复用链路,LLC 用服务访问点标识上层协议。LLC 标准包括两个服务访问点——源服务访问点(source service access point,SSAP)和目的服务访问点(destination service access point,DSAP),用于分别标识发送方和接收方的网络层协议。SAP 长度为 1B,且仅保留其中 6 位用于标识上层协议,因此其能够标识的协议数不超过 32 种。为保证在 IEEE 802.2 LLC 上支持更多的上层协议,IEEE 发布了 IEEE 802.2 子网接入协议(subnetwork access protocol,SNAP)标准。IEEE 802.2SNAP 也用 LLC 头封装上层数据,但其扩展了 LLC 属性,将 SAP 的值置为 AA,而新添加了一个 2B 长的协议类型(type)字段,从而可以标识更多的上层协议。

7.3.4 MAC 子层

数据链路层的另一个主要功能是适应种类多样的传输介质,并且在任何一种特定的介质上处理信道的占用、站点的标识和寻址问题。在局域网中这个功能由 MAC 子层实现。由于 MAC 子层因物理层介质不同而不同,因此它由多个标准分别定义。例如,IEEE 802.3 定义了以太网的 MAC 子层,IEEE 802.4 定义了令牌总线网的 MAC 子层,而 IEEE 802.5 定义了令牌环网的 MAC 子层,IEEE 802.11 定义了无线局域网(wireless LAN,WLAN)。此外,MAC 层还负责对入站数据帧进行完整性校验。

MAC 子层使用 MAC 地址(又称为物理地址)标识每一节点。通常发送方的 MAC 子层将目的计算机的 MAC 地址添加到数据帧上,当此数据帧传递到接收方的 MAC 子层后,它检查该帧的目的地址是否与自己的地址相匹配。如果目的地址与自己的地址不匹配,就将这一帧抛弃;如果相匹配,就将它发送到上一层中。

7.4 主要局域网技术简介

曾经和目前常见的局域网技术包括以太网、令牌环、FDDI 等。它们在拓扑结构、传输介质、传输速率、数据格式、控制机制等各方面都有许多不同。

随着以太网带宽的不断提高和可靠性的不断提升,令牌环和 FDDI 的优势已不复存在,渐渐淡出了局域网领域。由于其开放、简单、易于实现、易于部署的特性,以太网被广泛应用,迅速成为局域网中占统治地位的技术。另外,无线局域网技术的发展也非常迅速,已经进入大规模安装和普及阶段。

7.4.1 以太网

以太网最早由 Xerox 公司开发,在 Xerox、DEC 和 Intel 公司的推动下形成了 DIX(DEC/Intel/Xerox)标准。1985 年,IEEE 802 委员会吸收以太网为 IEEE 802.3 标准,并对其进行了修改。以太网标准和 IEEE 802.3 标准的主要区别是:以太网标准只描述了使用 50Ω 同轴电缆、数据传输速率为 10Mbps 的总线局域网,而且以太网标准包括 ISO 数据链路层和物理层的全部内容;IEEE 802.3 标准则描述了运行在各种介质上的、数据传输率为 1~10Mbps 的所有采用 CSMA/CD 的局域网,而且 IEEE 802.3 标准只定义了 ISO 参考模型中的数据链路层的 MAC 子层和物理层,而数据链路层的 LLC 子层由 IEEE 802.2 描述。

如图 7-3 所示,以太网最初被设计为使多台计算机通过一根共享的同轴电缆进行通信的局域网技术。随后又逐渐扩展到包括双绞线的多种共享介质上。由于任意时刻只有一台计算机能发送数据,共享通信介质的多台计算机之间必须使用某种共同的冲突避免机制,以协调介质的使用。以太网通常采用 CSMA/CD 机制检测冲突。

图 7-3 总线型以太网

最初的以太网使用同轴电缆形成总线拓扑,随即又出现了用集线器(hub)实现的星型结构,以及用桥接器(bridge)实现的桥接式以太网和用以太网交换机(switch)实现的交换式以太网。

当今的以太网已形成一系列标准。从早期 10Mbps 的标准以太网,100Mbps 的快速以太网,1Gbps 千兆以太网,10Gbps 的万兆以太网,一直到 100Gbps、400Gbps 的超高带宽以太网,以太网技术不断发展,成为局域网技术的主流。

以太网标准开放,技术简单,实现方便,且其速率和可靠性不断提高,成本不断降低,管理和故障排除不断简化,这些都促使其获得越来越广泛的应用,也是以太网能从众多局域网技术中脱颖而出的原因所在。

7.4.2 令牌环网

令牌环最早由 IBM 公司设计开发,最终被 IEEE 接纳,形成了 IEEE 802.5 标准。

令牌环网在物理上采用了星型拓扑结构。所有工作站通过 IBM 数据连接器(IBM data connector)和 IBM 第一类屏蔽双绞线(type-1 shielded twisted pair)连接到令牌环集线器上。但在逻辑上,所有工作站形成一个环形拓扑结构。

图 7-4 令牌环网结构图

一个节点要想发送数据,首先必须获取令牌。令牌是一种特殊的 MAC 控制帧,令牌环帧中有一位标志令牌的"忙/闲"。令牌总是沿着环单向逐站传送,传送顺序与节点在环中排列顺序相同。图 7-4 是令牌环网的工作示意图。

如果某节点有数据帧要发送,它必须等待空闲令牌的到来。令牌在工作中有"闲"和"忙"两种状态。"闲"表示令牌没有被占用,即网中没有计算机在传送信息;"忙"表示令牌已被占用,即有信息正在传送。希望传送数据的计算机必须首先检测到"闲"令牌,将它置为"忙"的状态,然后在该令牌后面传送数据。当所传数据被目的节点计算机接收后,数据被从网中除去,令牌被重新置为"闲"。

老式令牌环网的数据传输速度为 4Mbps 或 16Mbps,新型的快速令牌环网速度可达到 1000Mbps。

令牌环网在理论上具有强于以太网的诸多优势。令牌环网对带宽资源的分配更为均衡合理,避免了无序的争抢,避免了工作站之间发生的介质占用冲突,降低了传输错误的发生概率,提高了资源使用效率。

令牌环网的缺点是机制比较复杂。网络中的节点需要维护令牌,一旦失去令牌就无法工作,需要选择专门的节点监视和管理令牌。令牌环技术的保守,设备的昂贵,技术本身的难以理解和实现,都影响了令牌环网的普及。令牌环网的使用率不断下降,其技术的发展和更新也陷于停滞。

7.4.3 FDDI

FDDI 也是一种利用了环形拓扑的局域网技术。其主要特点包括以下内容。

(1) 使用基于 IEEE 802.4 的令牌总线介质访问控制协议。
(2) 使用 IEEE 802.2 协议,与符合 IEEE 802 标准的局域网兼容。
(3) 数据传输速率为 100Mbps,联网节点数最大为 1000,环路长度可达 100km。
(4) 可以使用双环结构,具有容错能力。
(5) 可以使用多模或单模光纤。
(6) 具有动态分配带宽的能力,能支持同步和异步数据传输。

由于 FDDI 在早期局域网环境中具有带宽和可靠性优势,其主要应用于核心机房、办公室或建筑物群的主干网、校园主干网等。图 7-5 描述了 FDDI 网络的结构。

图 7-5　FDDI 网络结构

随着以太网带宽和可靠性的不断提升,以及成本的不断下降,FDDI 的优势已不复存在。FDDI 的应用日渐减少,主要存在于一些早期建设的网络中。

7.4.4 无线局域网

传统局域网技术都要求用户通过特定的电缆和接头接入网络,无法满足日益增长的灵活性、移动性接入需求。无线局域网(wireless local area network,WLAN)使计算机与计算机、计算机与网络之间可以在一个特定范围内进行快速的无线通信,因而在与便携式设备的互相促进中获得快速发展,得到了广泛应用。

WLAN 通过射频(radio frequency,RF)技术来实现数据传输。WLAN 设备通过诸如展频(spread spectrum)或正交频分复用(orthogonal frequency-division multiplexing,OFDM)这样的技术将数据信号调制在特定频率的电磁波中进行传送。

如图 7-6 所示,在 WLAN 网络中,工作站使用自带的 WLAN 网卡,通过电磁波连接到无线局域网接入点(access point,AP),形成类似于星型的拓扑结构。AP 的作用类似于以太网的集线器,或移动电话网的基站。AP 之间可以进行级联以扩大 WLAN 的工作范围。

图 7-6　典型 WLAN 拓扑

IEEE 802.11 系列文档提供了 WLAN 标准。最初的 IEEE 802.11 WLAN 工作于 2.4GHz，提供 2Mbps 带宽，后来又逐渐发展出工作于 2.4GHz 的 11Mbps 的 IEEE 802.11b 和工作于 5GHz 的 54Mbps 的 IEEE 802.11a，以及允许提供 54Mbps 带宽的工作于 2.4GHz 的 IEEE 802.11g。WALN 的标准不断发展，日渐丰富和完善。目前 IEEE 802.11ax 的理论传输速率可达 9.6Gbps。

WLAN 具有使用方便、便于终端移动、部署迅速、成本低、规模易于扩展、提高工作效率等种种优点，因而应用相当普及。

然而 WLAN 也具备一些固有的缺点，包括安全性差、稳定性低、连接范围受限、带宽低、电磁辐射潜在地威胁健康等问题。这些方面也是 WLAN 技术发展的热点方向。

7.5 本章总结

（1）局域网技术主要对应于 OSI 参考模型的物理层和数据链路层，即 TCP/IP 模型的网络接口层。

（2）关于局域网最重要的标准是 IEEE 802 标准。

（3）局域网的数据链路层划分为 LLC 和 MAC 两个子层。

（4）主要的局域网类型有以太网、令牌环网、FDDI、WLAN 等。

7.6 习题和解答

7.6.1 习题

1. 物理层定义了物理接口的特性是（　　）。
   A. 机械特性　　　　B. 电气特性　　　　C. 功能特性　　　　D. 接口特性
2. 局域网对应 OSI 参考模型的物理层和数据链路层（　　）。
   A. True　　　　　　B. False
3. 数据链路层的功能有（　　）。
   A. 帧同步　　　　　B. 差错控制　　　　C. 流量控制　　　　D. 链路管理
4. 局域网的主要技术有（　　）。
   A. 令牌环网　　　　B. 以太网　　　　　C. FDDI　　　　　　D. 无线局域网

7.6.2 习题答案

1. ABCD　　2. A　　3. ABCD　　4. ABCD

第8章

以太网技术

随着 IP 技术的飞速发展,以太网作为 IP 的承载网络已经成为局域网用户必须选择的技术之一。并且随着以太网技术自身的不断发展,它已经超出了局域网的范畴而进入城域网甚至广域网的领域,如现今城域网中广泛采用的 10GE 技术就是最好的见证。

以太网技术的发展经历了从 10Mbps 到 100Mbps,到 1000Mbps,再到 10Gbps,甚至到目前的 40Gbps/100Gbps/400Gbps 传输带宽的阶段,每一个阶段的发展,都出现了不同而向前兼容的技术标准。同时随着交换机在以太网中的应用,以太网的拓扑结构,从早期简单的总线型结构发展到现在的层次性结构;运行模式从早期的半双工模式发展到现在的全双工模式,极大地提高了以太网的服务能力。

本章首先介绍以太网的发展历程和标准演进,然后介绍为满足带宽需求而发展的各种以太网技术的基本原理和实现,主要包括标准以太网、快速以太网、千兆以太网和万兆以太网。

8.1 本章目标

学习完本章,应该能够达到以下目标。
(1) 了解以太网的发展历程和相关技术标准。
(2) 掌握各种以太网技术的基本原理。
(3) 描述以太网帧格式。
(4) 理解线缆的规范和连接方式。

8.2 发展历程

从 1973 年诞生以来,以太网技术经历了标准以太网(10Mbps)、快速以太网(100Mbps)、千兆以太网(1000Mbps)、万兆以太网(10Gbps)和 40Gbps/100Gbps/400Gbps 以太网的发展。但无论如何变化,它们都遵循相同的实现机制和基本结构,在链路层采用逻辑链路控制子层(logic link control sublayer,LLC 子层)和介质访问控制子层(MAC 子层)的结构,而在物理层则采用物理编码子层(physical code sublayer,PCS)、物理介质附属子层(physical media attachment sublayer,PMA)和物理介质相关子层(physical media dependent,PMD)的层次结构,如图 8-1 所示。

图 8-1 为我们展现了以太网的层次结构。由此可知,仅在早期的标准以太网和 1Mbps 速率的以太网中,物理层上的实现存在细小的层次结构差别。以太网技术发展的具体历程如下。

(1) 1973 年,以太网之父罗伯梅特卡夫博士(Dr. Robert Metcalfe)在施乐(Xerox)公司的巴罗阿尔托研究中心推出了以太网技术。

(2) 1985 年,IEEE 正式推出标准以太网 802.3 10Base-5 的标准。

图 8-1 以太网层次结构

(3) 1988 年,IEEE 正式推出标准以太网 802.3a 10Base-2 的标准。

(4) 1990 年,IEEE 正式推出标准以太网 802.3i 10Base-T 的标准。

(5) 1993 年,IEEE 正式推出标准以太网 802.3j 10Base-F 的标准。

(6) 1995 年,IEEE 正式推出快速以太网 802.3u 100Base-T 的标准。

(7) 1998 年,IEEE 正式推出千兆以太网 802.3z 1000Base-X 的标准。

(8) 1999 年,IEEE 正式推出千兆以太网 802.3ab 1000Base-T 的标准。

(9) 2002 年,IEEE 正式推出万兆以太网 802.3ae 标准,包含了 10GBase-R、10GBase-W 和 10GBase-X。

(10) 2004 年,IEEE 正式推出万兆以太网 802.3ak 10GBase-CX4 的标准。

(11) 2004 年,IEEE 正式推出以太接入网 802.3ah EFM 的标准。

(12) 2005 年,IEEE 正式推出以太网 802.3—2005 基本标准。

(13) 2006 年,IEEE 正式推出万兆以太网 802.3an 10GBase-T 的标准,同年还推出了万兆以太网 802.3aq 10GBase-LRM 的标准。

(14) 2007 年,IEEE 正式推出背板以太网 802.3ap 标准。

(15) 2008 年,IEEE 正式推出以太网 802.3—2008 基本标准。

(16) 2010 年,IEEE 正式推出以太网 802.3ba 基本标准,包括 40Gbps 以太网和 100Gbps 以太网。

(17) 2017 年,IEEE 正式推出以太网 802.3bs 基本标准,包括 200Gbps 以太网和 400Gbps 以太网。

在了解以太网技术发展历程的基础之上,让我们进一步深入地了解这些技术地实现机制。

注意:IEEE 802.3 标准协议族包含了很多的补充协议,分别描述了各种以太网技术的实现基础及以太网技术的一些辅助功能,如 IEEE 802.3x 就专门描述了以太网上的流控实现。但实际上这些补充协议往往又需要对前面已经存在的协议标准进行适当的修改。所以本书以后不再具体描述到某个补充协议,而只概要地描述成为 IEEE 802.3 标准。另外,上述的补充协议绝大部分也已经被并入 IEEE 802.3—2008 基本标准中。

8.3 标准以太网

标准以太网作为最早的以太网标准,在以太网技术的发展和应用中起到了举足轻重的作用。它包括使用同轴电缆、双绞线及光纤等不同介质传输的以太网技术。由于同轴电缆建设和使用不便,已经被新的以太网技术所替代,在现今的以太网技术应用中,双绞线和光纤成为经久不衰的主力军。

标准以太网由于采用不同的传输介质进行数据传输,所以出现了不同的标准。它们主要是 10Base-5、10Base-2、10Base-T 和 10Base-F,分别采用粗同轴电缆、细同轴电缆、双绞线和光纤作为传输介质。

8.3.1 以太网帧

1. IEEE 802.3 的 MAC 层帧格式

IEEE 802.3 帧是变长的,其长度从 64~1518B 不等,帧格式如图 8-2 所示。IEEE 802.3 的帧由 7 个部分组成:前导符、起始符、目的地址、源地址、类型/长度、数据/填充和帧校验序号。其发送顺序是从前导符开始发送,每个字节从最低比特开始发送。前导符是 7 个 10101010 的字节。

图 8-2 IEEE 802.3 帧格式

(1) 前导符(preamble):用于接收方的接收时钟与发送方的发送时钟进行同步。

(2) 起始符(start of frame delimiter):为 10101011,标志着一帧的开始。

(3) 目的地址(destination MAC address):共 48 位,由 IEEE 分配。第一个字节的第八位为"0"时表示唯一地址或单播地址(unicast address),第一个字节的第八位为"1"时表示组地址或组播地址(multicast address);MAC 地址所有位全为"1"时为广播地址(broadcast address)。目的 MAC 地址为单播地址、组播地址、广播地址的数据帧分别为单播帧、组播帧、广播帧。

(4) 源地址(source MAC address):格式等同目的 MAC 地址。

(5) 类型/长度:类型表示以太帧封装的消息协议类型;长度表示数据段中的字节数,其值可为 0~1500。

(6) 数据/填充:用于数据填充。当用户数据不足 46B 时,要求将用户数据凑足 46B,以保证 IEEE 802.3 的帧长度不小于 64B(14B 帧头+46B 数据+4B CRC)。IEEE 802.3 的最大帧长度是 1518B(14B 帧头+1500B 数据+4B CRC)。为应用方便,一般不限制最大帧长度。将用户报文一次性发送完,既可节省软件开销,又可提高网络利用率。特别是像 IEEE 802.3 这样的竞争型网络,帧越短,为发送一次数据所需的竞争次数越多,冲突碎片所占用的网络带宽也就越大。理论分析与实际测量结果都表明,数据帧越长,网络的有效利用率就越高。然而帧长度还受另外两个因素限制：一是网络平均响应时间,帧越长,一次占用信道的时间越长,其他节点等待发送所需要的时间也就越长；二是缓冲区的限制,考虑到典型环境下报文长度多在 500~2000B,故 IEEE 802.3 标准选取最大帧长度为 1518B(其中 1500B 为用户数据)。

(7) 帧校验序列：使用 32 位循环冗余校验 CRC 码的错误检验。CRC 码的校验内容范围为：目的地址、源地址、长度、数据和填充字段。CRC 码由高位到低位顺序发送。

2. MAC 地址

以太网上的计算机用介质访问控制地址(medium access control address,MAC 地址)作为自己的唯一标识。MAC 地址为二进制 48 位,常用 12 位十六进制数表示,如图 8-3 所示。

图 8-3　MAC 地址

MAC 地址分为 24 位的组织唯一标识符(organizationally unique identifier,OUI)和 24 位的扩展唯一标识符(extended unique identifier,EUI)两部分。IEEE RA(Registration Authority)是 MAC 地址的法定管理机构,负责分配 OUI；组织自行分配其 EUI。

MAC 地址固化在网卡的只读存储器(read only memory,ROM)中,每次启动时由计算机读取出来,因此又称为硬件地址(hardware address)。每块网卡的 MAC 地址是全球唯一的,也即全网唯一的。一台计算机可能有多个网卡,因此也可能同时具有多个 MAC 地址。

3. 以太网单播、广播和组播

以太帧中包含两个 MAC 地址,一个是发送者的 MAC 地址,称为源 MAC 地址,另一个是帧接收者的地址,称为目的 MAC 地址。目的为单一站点的发送称为单播(unicast)；目的为全部站点的发送称为广播(broadcast)；目的为某一组特定站点的发送称为组播(multicast)。

发送单播时,帧的目的 MAC 地址填写为目的站点的 MAC 地址；发送广播时,目的 MAC 地址填写为以太网广播地址 FFFF.FFFF.FFFF,表示发送给全体站点；发送组播时,目的 MAC 地址填写为某一相应的组播 MAC 地址。

以太网卡具有过滤(filtering)功能。网卡只将发送给自己的帧接收、解封装并提交给上层协议处理；对于不是发送给自己的帧则一律丢弃。为了实现这个功能,网卡维护一个接收地址表,表中存储有自己的 MAC 地址、广播地址及自己所属的组播组 MAC 地址。收到一个帧时,网卡首先将其目的地址与此接收地址表中的地址加以比较,若发现匹配则说明此帧是发给自己的。因此,虽然每个帧的物理信号能到达所有的站点,但只有正确的站点才能收到,如图 8-4 所示。

图 8-4 单播与广播

不过,还有一些网卡可以工作于混杂模式(promiscuous mode),即可以接收任意帧,而不考虑这些帧是否发送给自己。这类网卡通常用于 wireshark 等网络协议分析工具中。

8.3.2 冲突检测和处理

以太网采用总线型拓扑结构,由于连接到一个以太网的所有站点使用了公共的电缆系统,共享信道传输,所以某一时刻只允许一个站点发送数据,其他站点接收该数据并检查其是否为发送给自己的数据。当同一时刻有多个站点传输数据时就会产生数据冲突。

在一个以太网中所有相互之间可能发生冲突的站点的集合称为一个冲突域。例如,对于用同轴电缆互连的以太网,其所有站点就属于一个冲突域,如图 8-5 中椭圆形区域。

图 8-5 冲突的产生及冲突域

当一个冲突域中的站点数目过多时,冲突就会很频繁。因此,在以太网中站点数目过多将会严重影响网络性能。为了避免数据传输的冲突,以太网采用带冲突检测的载波侦听多路访问(carrier sense multiple access/collision detection,CSMA/CD)机制规范站点对于共享信道的使用。

1. CSMA/CD

CSMA/CD 网络使用了一些规则来避免站点同时传输的情况。如果站点需要传输数据帧,则检测是否因发生冲突而需要重新发送。CSMA/CD 协议与电话会议比较类似,许多人可以在线路上进行对话,但如果大家都同时讲话,则将听到一片混乱;如果每个人等别人讲完后再讲,则可以听清楚各人所说的话。站点在 CSMA/CD 网络上进行传输时,必须按下列 5 个步骤来进行。

（1）传输前侦听：各站点不断地监视电缆段上的载波。"载波"是指电缆上的信号,通常由表明电缆正在使用的电信号来识别。如果站点没有监听到载波,则它假定电缆空闲并开始传输。

（2）如果电缆忙则等待：为了避免冲突,如果站点监听到电缆忙则必须等待。类似于电话会议,如果你听到有人在说话,则你应一直等到那人讲完才开始讲话。延迟时间是站点试图重传前必须等到线路变成空闲的时间。

（3）传输并检测冲突：当监听到电缆空闲时,站点就可以传输数据。如果与此同时同一电缆段上的其他站点也传输一个包,则数据包在电缆上将产生冲突。在电缆上发生冲突的数据包变得不可以识别(如果你在电话会议中与他人同时讲话,你们俩讲话将冲突,结果大家都听不清楚)。因此,在传输过程中,站点也应该在电缆段上检测冲突。冲突由电缆上的信号来识别,当电缆上的信号大于或等于由两个或两个以上的收发器同时传输所产生的信号时,则认为冲突产生。如果冲突产生,而其他工作站没有发现冲突信息,则它们可能进行传输。这些站点将产生另一次的冲突。为了避免这种情况,发生冲突的站点将发出一个"冲突信号",确保在电缆上的所有站点都能够知道发生了冲突,并停止传输。

（4）如果冲突发生,重传前等待：如果两个或多个站点在冲突后都立即重传,则它们第二次传输也将产生冲突。因此站点在重传前必须随机地等待一段时间。为了选择何时进行重传,站点实现了一个算法,此算法提供了站点可以进行重传的时间集,称为"退避算法"。站点随机地从时间集中选择一个退避时间,等待后重传。例如,在电话会议中,若两人同时开始讲话,则话音变得混乱,两人将停止讲话,然后其中一人再次说话,而另一人等待。

（5）重传或夭折：重传的最大允许次数为 15 次。如果重传的次数为 n,则每次重传的退避时间可能为 $1,2,\cdots,2^n-1$ 中的任意一个数乘以 512bit 时间,这样不同站点选择的退避时间就很少相等,从而降低了两个或多个站点同时重传的概率。若 $n>15$ 时,停止重传。

理解了电缆段上的传输处理过程之后,再来看一下接收方的情况。在电缆段上活动的工作站实现下列 4 个步骤。

（1）检查收到的帧并且校验其是否成为碎片。在以太网局域网上,帧长度最小为 64B,如果低于 64B,则可能是由冲突引起的碎片。

（2）检验目标地址。接收站在判明已不是碎片之后,下一步是校验帧的目标地址,看它是否要在本地处理。如果帧的地址是本地工作站地址,或是广播地址,或是被认可的多播地址,工作站将校验包的完整性。

（3）如果目标是本地工作站,则校验帧的完整性。在这一步,接收站已知道帧不是碎片,并且地址是自身或认可的地址,但并不知道包是否具有正确的格式。在电缆段上畸变了的帧,或传输站发出的格式不正确的帧仍然可以被接收。为了避免处理畸变了的帧,接收站必须校验帧的几个特性。第一个必须校验的特性是长度,如果帧的长度大于 1518B,则认为此帧为超长帧。超长帧可能是由错误的 LAN 驱动程序所引起。如果帧没有超长,接收站将对包进行校验,检查其内容是否与传输时的内容相同,以太网中使用的是一种循环冗余校验(CRC)。如果 CRC 校验出错,接收站则核实帧定界是否正确。错误定界的帧不是以 8 位为边界。所有的包都含有固定的字节数,并且在被定义的字节数后必须结束。没有以字节边界结束的帧校验将失败。例如,帧长度不能是 72B 加 3 位,它必须是 72B 或是 73B。如果帧 CRC 校验没有通过,但以 8 位为边界结束(合适的帧定界),则认为 CRC 错误。到目前为止,已经对数据帧进行了多种校验,看包是否成了碎片,帧是否太长,是否包含 CRC 校验错,是否有合适的帧定位界。所有这些校验确保了在接收站开始进行处理前,帧长度及内容都是有效的。如果数据帧在上述的任何校验中出现错误,则接收站不再将此帧传递到高层协议进行处理。

（4）处理帧。如果数据帧已通过了所有的校验,则认为数据帧是有效的,其格式正确、长度合法。如果工作站仍然有通信问题,则必须进一步通过查看数据帧来寻找问题。也许是工作站使用了错误的帧类型或其他原因。在 CSMA/CD 网络上,工作站为了处理一个帧,必须完成显示在图 8-6 和图 8-7 中所定义的所有步骤。

图 8-6　CSMA/CD 数据传输全流程图

CSMA/CD 是一种简单而容易实现的机制,并且在以太网上节点不多的情况下工作得很好。但是,如果随着一个冲突域内的节点数量的增加,冲突发生的概率也会急剧增加,各个节点会一次又一次地发生冲突和执行退避,这样会严重影响以太网的信道使用效率。因此,一个以太网冲突域内的主机数量通常不建议超过 50 台。

2. 全/半双工

IEEE 802.3 提供了两种运行模式:半双工模式和全双工模式。在半双工模式下,站点使用 CSMA/CD 机制竞争对物理介质的使用。CSMA/CD 协议仅适用于半双工模式工作的共享式以太网,这种以太网又称为传统以太网或者 CSMA/CD 网络,如 10Base-5。

以太网交换机的出现,为以太网全双工模式运行提供了支持,从而产生了全双工以太网。在全双工的网段上,物理介质必须支持同时发送与接收而不产生干扰。在这个网段上只能有

图 8-7　CSMA/CD 数据接收全流程图

两个站点,站点之间是全双工点到点的链路。因为不存在多站点争用共享介质,所以传输时没有冲突,不需要 CSMA/CD 机制或者其他多点访问算法。当然,站点必须支持全双工模式,并且配置工作模式为全双工。

早期的全双工模式运行在以太网交换机之间,随着网络技术的发展,现在不仅交换机具有全双工端口,服务器和 PC 机都配备了全双工端口。全双工的运行模式使以太网的性能得到成倍的提升。

8.3.3　流量控制技术

在数据传输过程当中,如果发送方发送速率高于接收方接收速率时,就会加剧出现丢帧的情况,这时就需要采取流量控制措施,如图 8-8 所示。

在半双工以太网上利用背压式(back pressure)方法进行流量控制。当接收方来不及处理数据时,可以向线路上发送一个电压信号,强行制造冲突,使得发送方暂时退避,从而允许接收方去处理积聚在其缓冲区中的数据。

IEEE 802.3 还规定了在全双工环境中用 PAUSE 操作控制流量的方法。在全双工环境中,当接收方来不及处理数据时,可以向保留组播地址 0180.C200.0001 发送 64B 的 PAUSE 帧,告知发送方暂停发送。

图 8-8 以太网流量控制

8.3.4 标准以太网数据编码

标准以太网采用了最常用的曼彻斯特（Manchester）编码。曼彻斯特编码使用一个时钟周期来表示一个比特。如图 8-9 所示，在时钟周期的中间使用一次电平转换，如果电平转换是由高位到低位则表示为 0，如果电平转换由低位到高位则表示为 1。

图 8-9 曼彻斯特编码波形图

8.3.5 10Base-5

10Base-5 是一种总线型结构的以太网。它使用 50Ω 的粗同轴粗缆（thick cable）作为传输介质，每隔一段可以设置一个收发器（transceiver），网内的主机通过收发器电缆（transceiver cable）与收发器相连，接入以太网。粗缆的抗干扰性较强，一根粗缆能够传输 500m 远的距离。但粗缆的连接和布设比较烦琐，不便于使用。

1. 物理介质——同轴电缆

20 世纪 80 年代，DEC、Intel 和 Xerox 公司合作推出了以太网。最初设计以太网时，终端设备共享通信带宽，通过物理介质连接形成总线型拓扑网络。同轴线缆就是在当时普遍采用的传输介质。也就是说总线型拓扑结构与同轴线缆主要是应用在早期的以太网中。现在以太网通常采用星型拓扑结构与双绞线。

图 8-10 中描绘了一种典型的同轴电缆。它由 4 层组成：一根中央铜导线、包围铜线的绝缘层、一个网状金属屏蔽层及一个塑料保护外皮。它的内部共有两层导体排列在同一轴上，所以称为"同轴"。其中，铜线传输电磁信号，它的粗细直接决定其衰减程度和传输距离；绝缘材料将铜线与金属屏蔽物隔开；网状金属屏蔽层一方面可以屏蔽噪声，另一方面可以

图 8-10 同轴电缆

作为信号地，能够很好地隔离外来的电信号，因为网状金属屏蔽层在各个方向上围绕着导线，因此屏蔽是十分有效的。由于具有出色的屏蔽性、中心铜线的芯也比较粗，所以同轴电缆的频率特性较好，拥有较好的固有带宽，能进行高速率的传输。事实上，大多数同轴电缆固有的带宽远远超过最好的双绞线。

同轴电缆有粗缆和细缆两种类型。粗、细是通过同轴电缆中导体的直径大小来区分的。通常，中心导体的芯越粗，信号传输距离就越远。铜线的直径为 0.25in(1in＝25.4mm)的细缆传输距离为 185m(10Base-2)，直径 0.5in 的粗缆传输距离为 500m(10Base-5)。在粗缆和细缆

的两端都采用 50Ω 的终端电阻(终结器),吸收发送完毕的信号,以便于新信号的接收,如图 8-11 所示。

图 8-11 细缆和粗缆

粗缆适用于比较大型的 LAN,它的线缆很硬,不容易弯曲,安装难度大,总体造价也高。由于有了更好的产品如光纤电缆等来取代它,现在粗同轴电缆已经不经常使用。细同轴电缆的直径与粗同轴电缆相比要小一些,用于小型 LAN 内的设备互连,安装相对容易、造价低。图 8-12 描绘了一种典型使用同轴电缆的总线型 LAN。

图 8-12 典型同轴电缆的总线型 LAN

随着结构化布线日益发展的需求,人们需要稳定的布线结构来支持 LAN 高速通信,对 LAN 安装、维护管理的要求也越来越高。虽然同轴电缆的电路特性比较好,然而在基于同轴电缆连接的总线拓扑结构以太网中,网络管理麻烦,任何增加或减少布线点的变动都需要重新布线,网络配置需要在各个布线点操作,并对电缆进行相关改动,同时也会影响网络上的其他用户。而且,当一个节点发生故障时,故障会串联影响到整根缆线上的所有机器,故障的诊断和修复都很麻烦。这种布线方式难以符合现在结构化布线系统的需求,因此,应用于其中的同轴电缆也逐渐退出舞台,被非屏蔽双绞线和光缆所取代。

2. 连接器

计算机与粗缆连接采用的是收发器(transceiver)。每台计算机需要一个收发器和网络相连。收发器连接在以太网上,计算机再利用一根电缆连接到收发器上,这根电缆称为连接单元接口(attachment unit interface,AUI)电缆。计算机网络接口卡和收发器上的连接器件则被称为 AUI 连接器。常用的连接器有 N 型连接器和同轴活栓连接器。其中同轴活栓连接器如图 8-13 所示。

3. 设备

10Base-5 以太网和 10Base-2 以太网使用的主要设备有网卡、中继器等。

1) 网络接口卡

网络接口卡(network interface card,NIC)负责将设备所要传递的数据转换为网络上其他设备能够识别的格式,通过网络介质传输数据。它的主要技术参数为带宽、总线方式、电气接口方式等,如图 8-14 所示。

图 8-13　同轴活栓连接器　　　　　　　图 8-14　网络接口卡

每个网络接口卡都有一个物理地址(MAC 地址)。这个 MAC 地址在它出厂时,由网络接口卡制造商把 MAC 地址写入网络接口卡的 ROM 芯片中。假如将网络接口卡插在计算机的主板中,这台计算机就具有了 MAC 地址。

2) 中继器

中继器(repeater)只能简单地重复并放大电信号,因此可以认为中继器属于物理层设备。

4. 拓扑结构及扩展

对于 10Base-5 和 10Base-2 而言,拓扑结构都为总线型。当单一线缆段(cable segment)距离不足的时候,可以用中继器扩展连接距离。而由中继器连接起来的多个线缆段共同形成一个物理段(physical segment),如图 8-15 所示。

图 8-15　总线型以太网拓扑扩展

随着范围的扩展,一个物理段内发生冲突的概率和冲突检测的困难也不断增加,因而这种扩展是有限的。10Base-5 和 10Base-2 最多只能串联 4 个中继器,扩展到 5 个线缆段的距离,其中只有 3 个线缆段能连接主机,其余 2 个仅作为延长段。但不论扩展多远,一个物理段内的所有线缆段全部属于同一个冲突域。

8.3.6　10Base-2

10Base-5 以太网的传输距离尽管可以达到 500m,但是由于这种粗同轴电缆安装的弱可操作性给网络建设带来了很大的不便,同时建设成本也相对较高,所以在此基础之上,对传输介质进行了进一步的优化设计,将粗同轴电缆更换为细同轴电缆来提高网络建设的可操作性并降低成本。这种使用细同轴电缆的以太网就是人们熟知的 10Base-2 以太网,其传输距离为 185m。而且在连接器方面也做了进一步的改进,它使用了连接更加可靠方便的 BNC T 型连接器。BNC 直接连接在计算机的网络接口卡上，不需要粗缆中的中间连接设备。BNC 连接器有 3 个接口。T 型底部连接到计算机的网络接口卡上，另外两边连接细缆，以便允许信号进出网络接口卡，如图 8-16 所示。

图 8-16　BNC T 型连接器

8.3.7　10Base-T

10Base-T 以太网技术从物理介质和连接器方面进行了根本性的变革设计，并由此使得以太网物理拓扑结构从原来的总线型拓扑结构改为星型拓扑结构。它使用了无论是在制造还是安装上都大大降低了难度的双绞线进行物理信号的传输，并且连接器采用了强可操作性的 RJ-45 连接器。起初它采用集线器作为网络的核心，所有的主机都通过双绞线连接到集线器，双绞线的两端都采用 RJ-45 标准接头。在采用第 3 类非屏蔽双绞线（category 3 unshielded twisted pair, 3 类 UTP）时一根双绞线的最大距离为 100m；采用 5 类 UTP 时可达 150m。由于部署方便，容易排除故障等原因，10Base-T 逐渐成为流行的以太网标准。

10Base-T 以太网采用双绞线作为物理传输介质，当使用交换机作为网络的核心时，在计算机与交换机之间，使用两对铜质双绞线，一对专门用于数据的发送，另一对专门用于数据的接收，很容易地实现了数据的同时收发功能，即全双工状态。

1．物理介质—双绞线

双绞线（twisted pair, TP）由两根具有绝缘保护层的铜导线组成。每根铜导线都包覆有绝缘材料（如塑料），然后两根线再按一定密度相互绞在一起，就可改变导线的电气特性，可以降低信号干扰的程度，因为两条导线分别携带的信号的相位相差 180°，外界电磁干扰给两个电流带来的影响将相互抵消，从而使信号不至于迅速衰退。其次，每一根导线在传输中辐射出来的电波会被另一根线上发出的电波抵消，限制了电磁能量的发射，有助于防止双绞线中的电流发射能量干扰其他导线。

把一对或多对双绞线放在一个绝缘套管中便成了双绞线电缆。双绞线电缆比较柔软，便于在墙角等不规则地方施工。它主要用来传输模拟声音信息，也可用于数字信号的传输。在传输期间，信号的衰减（attenuate）比较大，并且容易使波形畸变。这意味着双绞线的传输距离有一定的限制，在大多数应用下，双绞线的最大布线长度为 100m。双绞线的典型带宽是 250kHz；根据距离长短，数据传输速率一般可达到 10～100Mbps。然而，新技术允许在有限的范围内使双绞线达到 1000Mbps 的数据传输速率甚至更高。

双绞线的电路特性并没有同轴电缆好，但是由于它价格低廉和施工方便等优势，它拥有了更强的生命力。目前，双绞线已经成为一种非常流行的通信介质，而且传输能力也有较大提升。

双绞线分为两种类型：屏蔽双绞线和非屏蔽双绞线。屏蔽双绞线的价格相对要高一些，安装比非屏蔽双绞线电缆难,类似于同轴电缆,配有屏蔽功能。非屏蔽电缆没有屏蔽功能,它成本低,应用十分普及,在大多数中小企业内部LAN、网吧LAN等均使用这种网线。

1) 屏蔽双绞线

屏蔽双绞线(shielded twisted pair,STP)由一根被屏蔽层所围绕的双绞线所组成。将一对电线缠绕在一起也有助于提高抗噪性,但是在一定程度上不如屏蔽的效果好。屏蔽层形成一个防止电磁辐射进入或逸出的屏障。图8-17描绘了一根STP电缆。

更强的屏蔽能力使得带屏蔽的双绞线或同轴电缆经常用于周围有产生强电磁场设备的强干扰源场合(如大型空调等)。

2) 非屏蔽双绞线

非屏蔽双绞线(unshielded twisted pair,UTP)的知识是需要重点了解的。非屏蔽双绞线(UTP)电缆包括一对或多对由塑料封套包裹的绝缘电线对。UTP没有用来屏蔽双绞线的额外的屏蔽层。因此,UTP比STP更便宜,但抗噪性也相对较低。图8-18描述了一根典型的UTP电缆。

屏蔽层

图8-17 有两对双绞线的STP电缆

外皮

图8-18 UTP电缆

UTP中的10Base-T电缆,"10Base-T"这种命名规范由IEEE制定,意思是,其最大传输速率为10Mbps,使用的是基带通信,为双绞线类型。其中"10"代表最大数据传输速度为10Mbps,"Base"代表采用基带传输方法传输信号,"T"代表UTP。这种UTP又称为category 3(Cat 3)电缆,表8-1列出了EIA/TIA协会制定的双绞线电缆标准。为灵活运用网络电缆组网,需要熟悉用于现代网络的一些标准,特别是增强5类UTP。

表8-1 UTP双绞线分类

双绞线类型	描 述
1类线(Cat 1)	一种包括两个电线对的UTP形式。主要用于传输语音(1类标准主要用于20世纪80年代初之前的电话线缆),不用于数据传输
2类线(Cat 2)	一种包括4个电线对的UTP形式。传输频率为1MHz,用于语音传输和最高传输速率4Mbps的数据传输,常见于使用4Mbps规范令牌传递协议的旧的令牌环
3类线(Cat 3)	一种包括四个电线对的UTP形式。指目前在ANSI和EIA/TIA-568标准中指定的电缆。该电缆的传输频率为16MHz,用于语音传输及最高传输速率为10Mbps的数据传输,主要用于10Base-T。3类线一般用于10Mbps的以太网或4Mbps的令牌环。虽然3类比5类便宜,但为了获得更高的吞吐量,5类线已经替代了3类线
4类线(Cat 4)	一种包括4个电线对的UTP形式。该类电缆的传输频率为20MHz,用于语音传输和最高传输速率16Mbps的数据传输,主要用于基于令牌的局域网和10Base-T/100Base-T。与Cat 1,Cat 2或Cat 3相比,它能提供更多的保护以防止串扰和衰减
5类线(Cat 5)	用于新安装及更新到快速以太网的最流行的UTP形式。Cat 5包括4个电线对,该类电缆增加了绕线密度,外套一种高质量的绝缘材料,支持100Mbps吞吐量和100Mbps信号速率。除100Mbps以太网之外,Cat 5电缆还支持其他的快速联网技术,如异步传输模式(ATM)

续表

双绞线类型	描 述
增强 Cat 5	Cat 5 电缆的更高级别的版本。它包括高质量的铜线,能提供一个高的缠绕率,并使用先进的方法以减少串扰。增强 Cat 5 能支持高达 200MHz 的信号速率,是常规 Cat 5 容量的 2 倍,主要用于 100Mbps 和 1000Mbps 以太网
6 类线(Cat 6)	包括 4 对电线对的双绞线电缆。每对电线被箔绝缘体包裹,另一层箔绝缘体包裹在所有电线对的外面,同时一层防火塑料封套包裹在第二层箔层外面。箔绝缘体对串扰提供了较好的阻抗,从而使 Cat 6 能支持的吞吐量是常规 Cat 5 吞吐量的 6 倍,由于 Cat 6 是一种新技术且大部分网络技术不能利用它的最高容量,Cat 6 很少用于当今的网络中
增强 Cat 6	6 类线用于 1000Mbps 以太网比较浪费,用于 10Gbps 以太网又不能满足需要,经过改进,制定出增强 Cat 6 标准,完全满足了 10Gbps 以太网铜缆接口需要
7 类线	分为 RJ 型和非 RJ 型,部分标准仍在研究中。最低传输带宽 600MHz,非 RJ 型可达 1.2GHz

2. 连接器

连接 UTP 与 STP 采用的是 RJ-45 连接器(俗称水晶头),它类似于电话所使用的连接器。连接器的一端可以连接在计算机的网络接口卡上,另一端可以连接集线器、交换机、路由器等网络设备,如图 8-19 所示。

3. 网络设备

10Base-T 以太网的主要设备有网卡、集线器、交换机等。

1) 网卡

网卡又称为网络适配器(network adapter)或网络接口卡

图 8-19　RJ-45 连接器

(network interface card,NIC)。网卡是工作在链路层的网络组件,是局域网中连接计算机和传输介质的接口。网卡不仅能实现与局域网传输介质之间的物理连接和电信号匹配,还涉及帧的发送与接收、帧的封装与拆封、介质访问控制、数据的编码与解码,以及数据缓存的功能等。

网卡上面装有处理器和存储器(包括 RAM 和 ROM)。网卡和局域网之间的通信是通过电缆或双绞线以串行传输方式进行的。而网卡和计算机之间的通信则是通过计算机主板上的 I/O 总线以并行传输方式进行。由于网络上的数据率和计算机总线上的数据率并不相同,因此在网卡中必须装有对数据进行缓存的存储芯片。

在安装网卡时必须将管理网卡的设备驱动程序安装在计算机的操作系统中。这个驱动程序就会告诉网卡,如何对局域网传送过来的数据块进行存储,如何对数据进行编解码等。

网卡还要能够实现以太网协议,能够实现介质访问和数据帧的封装与拆封。当网卡收到一个有差错的帧时,它就将这个帧丢弃而不必通知它所插入的计算机。当网卡收到一个正确的帧时,它就使用中断来通知该计算机并交付给协议栈中的网络层来处理。当计算机要发送一个 IP 数据包时,它就由协议栈向下交给网卡组装成帧后发送到局域网。

2) 集线器

10Base-T 的核心是以太网集线器。集线器是单一总线共享式设备,提供很多网络接口,负责将网络中多个计算机连在一起。所谓共享是指集线器所有用户(端口)共用一条数据总线,它们共享集线器的带宽进行彼此之间的通信。集线器只是简单地将输入的信号重复发给连接在它端口上的所有设备。因此平均每用户(端口)传递的数据量、速率等受活动用户(端口)总数量的限制。集线器在 LAN 中扮演着中心连接点的角色,如图 8-20 所示。

虽然 10Base-T 在物理上呈星型拓扑结构,但集线器的内部结构和工作原理仍然与总线型相同。在任意时刻,全部端口中只有一个能接收进入的信号,而这个信号将传递到其他全部的端口上。也就是说,任意时刻,在集线器连接的所有主机中,只有一台主机能发送数据,而这些数据信号将传送到所有其他主机处。因此,集线器的所有端

图 8-20　集线器

口都只能工作在半双工模式下。由于集线器只负责传输电信号,因此可以认为其工作在物理层。

3) 交换机

交换机(switch),与集线器一样,完成局域网内的数据转发。但它的性能却较共享集线器(shared hub)大为提高。两者的根本区别在于交换机在发送和接收主机之间形成了一个虚电路,使各端口设备能独立地进行数据传递而不受其他设备影响,表现在用户面前即是各端口有独立、固定的带宽,即交换机的每一个端口是一个单独的冲突域。此外,交换机还具备集线器欠缺的功能,如数据过滤、网络分段、广播控制等,如图 8-21 所示。

图 8-21　交换机

4. 拓扑结构及扩展

10Base-T 以太网的物理拓扑结构是星型。可以使用集线器或交换机对拓扑结构进行扩展,当使用集线器时,物理拓扑是星型,逻辑拓扑是总线型;当使用交换机时,物理拓扑和逻辑拓扑都是星型。

1) 使用集线器对拓扑进行扩展

10Base-T 的单一线缆段长度为 100m,故直径不超过 200m。当连接距离不足的时候,可以将集线器级联起来扩展连接距离。集线器同样只能简单地重复并放大电信号,因此由集线器连接起来的多个线缆段共同形成一个物理段,如图 8-22 所示。

图 8-22　以太网拓扑扩展(集线器)

而在 10Mbps 以太网中,扩展网段必须遵循 5-4-3 原则,即 10Base-T 最多只能串联 4 个集线器,扩展到 5 个线缆段的距离,其中只有 3 个线缆段能连接主机,其余 2 个仅作为延长段。但不论扩展多远,一个物理段内的所有线缆段全部属于同一个冲突域。

2) 使用交换机对拓扑进行扩展

如果只以中继器或集线器扩展以太网,无论如何扩展,所有的站点都处于同一个冲突域中。随着网络范围的扩大和站点数量的增加,冲突概率会不断上升,信道利用率会大幅度下降。另外,用中继器或集线器扩展以太网最多不能超过 5 段,距离受到限制。并且由于集线器上的各端口均属于同一个冲突域,因此必须工作于半双工下,并保持同一个传输速度。

为了克服这些限制和不足,可以用以太网交换机或交互式集线器扩展以太网拓扑。如图 8-23 所示,以太网交换机或交互式集线器并不简单地转发物理信号,而是缓存到达的每个帧,并根据其目的将其从适当的端口发出。这样做带来一些显而易见的好处。

图 8-23 以太网拓扑扩展(交换机)

(1) 由于缓存、判断和过滤机制的存在,以太网交换机或交互式集线器可以将冲突域分隔开,避免了冲突域过大造成的信道利用率下降问题,提高了带宽利用率,增加了吞吐量。

(2) 出于同样的原因,以太网的物理范围不再受集线器级联数量的限制,可以扩展到较远的范围。

(3) 以太网交换机或交互式集线器可以利用其缓存机制,使不同端口工作在不同的速度和双工状况下,以适应不同的以太网类型。

8.3.8 10Base-F

由于电信号在铜质介质中传输会发生衰减和相互干扰,无论是使用粗同轴电缆还是使用双绞线,传输距离都受到了较大的限制。当网络建设范围超出这个限制时,虽然在一定限度范围内可以采用中继器进行距离的扩展,但我们熟知的 5-4-3 原则又限制了可扩展的距离。所以寻求一种传输信号衰减较小、相互干扰较小的传输介质成为以太网技术发展的主要课题。经过研究发现,光纤是我们理想的选择。将需要传输的电信号转换成光信号后在光纤中传输,而在光纤的另一端,通过逆向操作完成光信号到电信号的转换,从而实现长距离的传输。随着技术的成熟,IEEE 在 1993 年正式推出标准以太网 802.3j 10Base-F 标准,采用光纤为传输介质。

光信号的传输也受到光波波长和光纤传输频宽的限制,所以在实际使用中用到两种光纤:多模光纤和单模光纤。多模光纤传输的频宽较大,传输的光波波长一般为 850nm。单模光纤传输的频宽较小,传输的光波波长一般为 1310nm 或 1550nm。多模光纤由于频宽较宽,容易导致光信号在传输过程中发生色散等物理变化而致使光信号失真,所以其传输距离相对于单模光纤要小得多。在 10Base-F 以太网中,多模光纤的传输距离可以达到 2km,而单模光纤则可以到达 10km 甚至更远。

1．光纤简介

用玻璃制成的光导纤维，就是我们所说的光纤，它是一种细小、柔韧并能传输光信号的介质。多条光纤组成的传输线就是我们通常所说的光缆，计算机网络中的光缆一般由偶数条光纤组成。20 世纪 80 年代初期，光缆的出现引起了网络界的轰动，随后在布线中开始大量使用光缆。与其他类型的传输介质相比，目前光缆在数据传输中是最优异的传输介质，光缆能够适应目前网络对长距离传输大容量宽带信号的要求，在计算机网络中发挥着十分重要的作用。而且，随着技术的不断发展，光缆在网络中的应用也越来越广泛。

光纤和同轴电缆相似，只是没有网状屏蔽层。光纤的中心是光传播的玻璃芯。在多模光纤中，芯的直径是 $50\mu m$，与人的头发的粗细相当。而单模光纤芯的直径为 $8\sim10\mu m$。光芯之外包围着一层折射率比光芯折射率低的玻璃封套，以使光线保持在光纤之内。最外层是一层薄的塑料外套，用来保护封套。光纤通常扎成一束，外面有外壳保护。图 8-24 对光纤进行了描述。

图 8-24　光纤示意图

光纤共有三种连接方式。第一种方式，可以将光纤接入连接头并插入光纤插座。连接头要损耗 10%～20% 的光，但是它使重新配置系统变得很容易。第二种方式，可以用机械方法将其接合。方法是将两根小心切割好的光纤的一端放在一个套管中，然后钳起来。可以让光纤通过结合处来调整，以使信号达到最大。机械结合需要训练过的人员花大约 5min 的时间完成，光的损失大约为 10%。第三种方式，两根光纤可以融合在一起形成坚实的连接。融合方法形成的光纤和单根光纤几乎是相同的，但仍有一点衰减。对于这三种连接方法，结合处都有反射，并且反射的能量会和信号交互作用。可以用于信号源的两种光源是发光二极管和固体激光器。它们有不同的特性，如表 8-2 所示。

表 8-2　发光二极管和固体激光器的特性

项　目	发光二极管	固体激光器
数据速率	低	高
模式	多模	多模或单模
距离	短	长
生命期	长	短
温度敏感性	较小	较敏感
造价	低	高

光纤的接收端是由光电二极管构成的，当遇到光时，光电二极管就会给出一个电脉冲。光电二极管的响应时间一般是 1ns，这就是把数据传输速率限制在 1Gbps 之内的原因。热噪声也是一个问题，因此光脉冲必须具有足够的能量以便能被检测到。如果脉冲足够强，那么出错

率就可以降到极低的水平。

2. 光网络中光纤的结构和分类

目前计算机网络中的光纤主要是采用石英玻璃制成的,横截面面积较小的双层同心圆柱体。裸光纤由纤芯和包层组成,折射率高的中心部分叫作光纤芯,折射率低的外围部分叫包层。为了保护光纤表面,防止断裂,提高抗拉强度并便于应用,一般在一束光纤的外围再附加一层保护层,这层保护层即为光缆的外套。

在对光纤进行分类时,严格地说应该从构成光纤的材料成分、光纤的制造方法、光纤的传输点模数、光纤横截面上的折射率分布和工作波长等方面来分类。现在计算机网络中最常采用的分类方法是根据传输点模数的不同进行分类。根据传输点模数的不同,光纤可分为单模光纤和多模光纤。所谓"模"是指以一定角速度进入光纤的一束光。单模光纤采用固体激光器做光源,多模光纤则采用发光二极管做光源。多模光纤允许多束光在光纤中同时传播,从而形成模分散,模分散特性限制了多模光纤的带宽和距离,因此,多模光纤的芯线粗,传输速度低、距离短,整体的传输性能差,但其成本比较低,一般用于建筑物内或地理位置相邻的环境下。单模光纤只能允许一束光传播,所以单模光纤没有模分散特性,因而,单模光纤的纤芯相应较细,传输频带宽、容量大,传输距离长,但因其需要激光源,故成本较高,通常在建筑物之间或地域分散时使用。同时,单模光纤是当前计算机网络中研究和应用的重点,也是光纤通信与光波技术发展的必然趋势。

3. 常用光纤连接器

光纤需要通过光纤接头连接到设备上。常见光纤接头有以下几种。

(1) ST:圆形卡接式光纤接头。

(2) FC:圆形带螺纹光纤接头。

(3) SC:矩形插接式光纤接头。

(4) LC:由 LUCENT 开发的一种微型连接器。

(5) MT-RJ:一头双纤、收发一体,节约设备面板空间。

(6) MTP/MPO:一种特殊类型的多光纤连接器。

图 8-25 列出了常用光纤连接器的形状。

(a) ST:卡接式圆形光纤接头　　　　　(b) FC:带螺纹的圆形光纤接头

(c) SC:矩形插接式光纤接头　　　　　(d) LC:微型连接器

图 8-25　常用光纤连接器

4. 光纤的优点

(1) 光纤有许多优于铜线和同轴电缆的优点。因为其抗张强度好,质量小,而且比较小巧,所以光缆能最大限度地扩大配线管道的使用率,并且能够尽可能地减小安装问题。光纤比铜线轻很多,1000 根 1km 长的双绞线重达 8000kg,而容量更大的 1km 长的两根光纤的重量只有100kg重,这就极大减少了必须维护的昂贵机械支撑系统的需要。对于新的线路,因为安装费用低廉,所以光纤要胜过铜线。

(2) 因为光纤不带电,所以它们是用于易燃、易爆等危险环境的理想材料,在这种环境下,如果使用铜线,当铜线破裂时从缺口处爆出的火花将会引起爆炸事故的发生。而且,如果光纤被破坏,对人类也不会造成电击的危险。另外,并不像用于结构性配线安装的传统铜线和铝线会发生腐蚀一样,玻璃纤维是耐蚀的材料。

(3) 在信号传输方面,光缆有着传统电缆所无可比拟的优点。因为光纤不会受电磁场的干涉影响,所以光纤提供了比铜线更清晰的信号。光纤也不会受到发动机转动或电源故障的影响。而且,光纤中的信号衰减较小,在长的线路上每30km才需要一个中继器,而铜线每5km就需要一个中继器,这使得光纤可以节约很多资金。另外,光缆完全可以连续使用550m的长度。

(4) 光纤技术为迎合未来的需要提供了不可比拟的弹性和扩展性。光纤可以提供比铜线高得多的带宽,这使得它被用于高速网络。超过10Gbps的数据传输速率已经实现,这就使得光纤成为用于宽带网的基础传输技术。

(5) 光纤不漏光并且难于拼接,所以光纤网络很难被窃听,安全系数很高。

光纤也有一些缺点。由于光的传输是单向的,双向传输需要两根光纤或在一根光纤上的两个频段。光纤接口的价格比电子接口贵。但光纤的良好性能使得应用前景广阔,将来超过几米距离的所有固定线路的数字通信都有可能使用光纤。

8.4 快速以太网

标准以太网以10Mbps的速率传输数据,而随着以太网的广泛应用,10Mbps速率已经不能适应大规模网络的应用,因此能否提供更高速率的传输成为以太网技术研究的一个新课题,快速以太网由此应运而生。快速以太网仍然沿用标准以太网的机制,在双绞线或光纤上进行数据传输,但是采用了更高的传输时钟频率,可以以更快的速率传输数据。在快速以太网的发展过程中也出现了多种标准,主要包含100Base-TX、100Base-T4、100Base-FX和100Base-T2。

快速以太网中最流行的是100Base-TX。100Base-TX采用2对5类UTP线和RJ-45接头,同样采用以集线器为核心构建的星型拓扑,单条线缆长度可达100m。10Base-T已经得到广泛应用,并且实际上大多已采用5类UTP,而很多建筑也将5类双绞线作为布线标准,只要采购100Base-TX集线器就可以方便地利用现有布线环境升级到100Mbps的速度,因此100Base-TX很快流行起来。

在已经布设了3类UTP的场所,IEEE 802.3u提供了另一种解决方案——100Base-T4。由于3类UTP信号衰减快,容易受到干扰,100Base-T4使用4对3类UTP提供100Mbps的带宽,单条线缆长度可达100m。

另一种方案是使用光缆的100Base-FX,它使用2束多模光纤提供100Mbps的带宽,传送距离可达2000m。

对于以太网物理接口,无论是电口还是光口,在接口上一般都存在发送信号的引脚和接收信号的引脚。如果两个设备通过物理介质相连时,需要将一方发送信号的引脚和另一方接收信号的引脚相连,一般我们可以通过双绞线的线对交叉或光纤线缆的交叉来实现这一基本需求。为了简化传输线缆的制作和连接,一些设备也具备内部信号引脚交叉的功能。以太网规范定义了介质相关接口(medium dependent interface,MDI)与MDI-X(medium dependent interface crossover)两种接口类型。像那种具备内部信号引脚交叉功能的接口就是 MDI-X 接口。目前这种技术只在电接口上实现,而对于光纤接口仍然采用线缆交叉来实现互联。上述内部交叉功能在标准以太网和千兆以太网的电接口上也有相同的实现。

普通主机、路由器等的网卡接口通常为 MDI 类型;而以太网集线器、以太网交换机等集中接入设备的接入端口通常为 MDI-X 类型。在进行设备连接时,我们需要正确地选择线缆。当同种类型的接口(两个接口都是 MDI 或都是 MDI-X)通过双绞线互连时,使用交叉网线(crossover cable);当不同类型的接口(一个接口是 MDI,另一个接口是 MDI-X)通过双绞线互连时,使用直连网线(straight-through cable),如表 8-3 所示。

表 8-3 MDI/MDI-X 协商对照表

本地接口类型	连接线缆类型	远端接口类型
MDI	直连网线	MDI-X
MDI	交叉网线	MDI
MDI-X	直连网线	MDI
MDI-X	交叉网线	MDI-X

实际上现在很多支持 MDI-X 接口的设备同时支持 MDI 接口,可以通过协商在两种接口之间进行自动选择。如 H3C 以太网交换机的 10/100Mbps 以太网口或 H3C MSR 系列路由器就具备智能 MDI/MDI-X 识别技术,在连接时不必考虑所用网线为直连网线还是交叉网线。

直连与交叉网线线序如图 8-26 所示。

图 8-26 直连与交叉网线线序

8.5 千兆以太网

快速以太网的应用范围较广,已经成为接入设备的基本接入技术。相应地,在网络的汇聚点或服务器接入点等流量较大的位置就需要一种带宽更高的连接技术,千兆以太网(gigabit ethernet)应运而生。

千兆以太网仍然使用 IEEE 802.3 帧格式,在半双工方式下仍然使用 CSMA/CD 处理冲突,并且将以太网速率提升至 1Gbps。

IEEE 802.3z 定义的千兆以太网标准如下：

（1）1000Base-SX 主要适用于多模光纤传输线路。其使用 850nm 短波激光。在采用直径 50μm 的多模光纤时传输距离可达 275m，采用直径 62.5μm 的多模光纤时传输距离可达 550m。

（2）1000Base-LX 主要为适应单模光纤传输线路而设计。其使用 1310nm 长波激光。在采用直径 50μm/62.5μm 的多模光纤时传输距离可达 550m，采用直径 10μm 的单模光纤时传输距离可达 5000m。

（3）1000Base-CX 使用 2 对屏蔽双绞线（shielded twisted pair，STP），最大传输距离 25m。

（4）IEEE 802.3ab 定义了基于铜线的千兆以太网——1000Base-T。其采用 4 对 5 类 UTP，最大传输距离 100m。

以太网技术发展到快速以太网和千兆以太网以后，出现了与原 10Mbps 以太网设备兼容的问题，自协商技术就是为了解决这个问题而制定的。100Base-TX 和 1000Base-T 都定义了向下兼容到 10Base-T 的自协商技术。

自协商功能允许一个网络设备将自己所支持的工作模式以自协商报文的方式传达给线缆上的对端，并接收对方可能传递过来的相应信息。自协商功能完全由物理层芯片设计实现，因此其速度很快，且不带来任何高层协议开销。

如果对端设备不支持自协商，默认假设其工作于 10Mbps 半双工模式，不使用显式的流量控制机制。自协商功能虽然方便易用，但仍然存在一定的延迟，也不能排除协商错误的可能性，因此建议仅在普通端用户接入端口启动自协商，而对服务器、路由器等连接端口使用固定配置参数。

目前已经存在的以太网技术在自协商中的优先级顺序为 1000Base-T 全双工、1000Base-T 半双工、100Base-T2 全双工、100Base-TX 全双工、100Base-T2 半双工、100Base-T4、100Base-TX 半双工、10Base-T 全双工、10Base-T 半双工依次降低。这种优先级顺序基本按照高速率优于低速率、全双工优于半双工、低传输频率优于高传输频率的规则进行排序。

8.6 万兆以太网

万兆以太网在千兆以太网的基础上有了进一步的升级，其传输速率提高了 10 倍。并且为了能够在现有的传输网络中得到很好的应用，兼容设计了多种物理层实体（PHY），包括局域网专用的 10GBase-R、采用 SDH/SONET 传输的 10GBase-W，以及采用 WDM 传输的 10GBase-X。因此万兆以太网从设计上已经扩大了它的应用范围，这是其他任何以太网技术都没有考虑到的。万兆以太网仍然使用 IEEE 802.3 帧格式，但没有半双工工作模式，只有全双工模式，由 IEEE 802.3ae 定义。

根据光纤的波长不同，10GE 又细分多种情况，表示为 10GBase-[E/L/S][R/W/X][4]，其中[E/L/S]分别代表"超长波/长波/短波"，但 10GBase-X 只能使用长波光纤。具体组合为 10GBase-ER、10GBase-EW、10GBase-LR、10GBase-LW、10GBase-SR、10GBase-SW、10GBase-LX4。

根据其物理特性，H3C 10GE 接口有两种工作模式。

（1）LAN 模式：工作在该模式下的 10GE 接口传输以太网报文，用于连接以太网。

（2）WAN 模式：工作在该模式下的 10GE 接口传输同步数字系列（synchronous digital hierarchy，SDH）报文，用于连接 SDH 网络。接口工作在 WAN 模式下仅支持点到点的报文传输。

不同规格，最远传输的距离也不同，详情如表8-4所示。

表 8-4　IEEE 802.3ae 10GE 支持的最远传输距离

规　格	波长/nm	62.5MMF(多模)	50MMF(多模)	SMF(单模)
10GBase-ER	1550	—	—	40km
10GBase-EW	1550	—	—	40km
10GBase-LR	1310	—	—	10km
10GBase-LW	1310	—	—	10km
10GBase-SR	850	35m	300m	—
10GBase-SW	850	35m	300m	—
10GBase-LX4	1310	—	300m	10km

8.7　超高带宽以太网

伴随5G、云计算、物联网的爆炸式增长，加上服务器和存储解决方案支持的高吞吐量，数据中心的带宽需要不断增长，以满足当前和未来云端的海量数据流需求。高带宽不可否认地正推动着数据中心朝着更高扩展性和灵活性的方向发展。25Gbps、40Gbps、100Gbps、200Gbps、400Gbps网络方案作为一种高带宽、高密度、低成本、低功耗的解决方案应运而生，推动着数据中心网络朝着更高性能和灵活性的方向发展。

25G以太网根据IEEE 802.3by协议制定，使用4根光纤和成对铜缆并行的方法，通过4个25Gbps通道实现100Gbps的以太网传输速率，可实现3～5m的铜双轴线及100m的多模光纤传输，旨在满足更多客户的需求，即10G以太网的速度标准满足不了大中企业网络流量高速增长的需求。

作为最新的网络应用，2010年IEEE组织又发布了IEEE 802.3ba标准，该标准同时定义了两种传输速率（40Gbps和100Gbps）的基于光纤传输网络应用。2017年12月6日，IEEE 802.3以太网工作组正式批准了新的IEEE 802.3bs以太网定义标准，包括200G以太网（200GE）和400G以太网（400GE），200/400GE标准覆盖各种互联应用，超高带宽可完全满足云扩展数据中心、互联网交换、主机托管服务、服务供应商网络等各种带宽密集型应用的需求，并大大降低端口成本。

8.8　本章总结

（1）以太网技术经历了标准以太网（10Mbps）、快速以太网（100Mbps）、千兆以太网（1000Mbps）和万兆以太网（10Gbps）的发展，目前仍继续向更高的传输速率发展。

（2）标准以太网由于采用不同的传输介质进行数据传输，所以出现了不同的标准。它们主要是10Base-5、10Base-2、10Base-T和10Base-F，分别采用粗同轴电缆、细同轴电缆、双绞线和光纤作为传输介质。

（3）以太网帧由7部分组成。帧长是可变的，其长度范围为64～1518B。

（4）以太网的运行模式分为半双工模式和全双工模式。半双工模式采用CSMA/CD技术检测和避免冲突，全双工模式下没有冲突。

（5）标准以太网的设备主要是中继器和集线器，后期出现了交换机。拓扑结构为总线型和星型。

(6) 快速以太网仍然沿用标准以太网的机制,在双绞线或光纤上进行数据传输,但是采用了更高的传输时钟频率,可以以更快的速率传输数据。在快速以太网的发展过程中也出现了多种标准,它们采用了不同的时钟频率和数据编码,也采用了不同的传输介质。主要包含100Base-T4、100Base-TX、100Base-FX 和 100Base-T2,其中使用最广泛的是 100Base-TX。

(7) 1000Base-X 以太网技术,包含 1000Base-SX、1000Base-LX 及 1000Base-CX。后续开发的 1000Base-T 标准,对 10Base-T 和 100Base-T 具有很好的兼容性。

(8) 万兆以太网技术,包含 LAN 模式和 WAN 模式两种 10GE 接口工作模式。

(9) 超高带宽以太网技术,包含了 40Gbps/100Gbps 速率和 200Gbps/400Gbps 速率。

8.9 习题和解答

8.9.1 习题

1. 以太网的类型有( )。
   A. 标准以太网　　　　B. 快速以太网　　　C. 千兆以太网　　　D. 万兆以太网
2. 标准以太网使用的传输介质有( )。
   A. 同轴电缆　　　　　B. 双绞线　　　　　C. 光纤　　　　　　D. 红外线
3. 以太网帧的长度是可变的,其长度为( )。
   A. 20～800B　　　　　B. 50～1000B　　　　C. 64～1518B　　　　D. 100～2000B
4. 千兆以太网使用的传输介质有( )。
   A. 同轴电缆　　　　　B. 双绞线　　　　　C. 光纤　　　　　　D. 红外线
5. 千兆以太网向下兼容快速以太网和标准以太网( )。
   A. Ture　　　　　　　B. False

8.9.2 习题答案

1. ABCD　　2. ABC　　3. C　　4. BC　　5. A

第9章

WLAN 基 础

随着宽带业务的不断发展,人们对于移动宽带业务的需求也越来越大。无线局域网(wireless local area network,WLAN)作为一种低成本解决方案,在各行各业逐渐受到人们的重视。无线局域网络具有无须布线、安装快捷、维护简单等特点。它可以在有线网络难以部署的情况下发挥巨大作用。本章将介绍无线局域网的基础知识。

9.1 本章目标

学习完本章,应该能够达到以下目标。
(1) 了解 WLAN 的发展历程。
(2) 熟悉 WLAN 的频率范围和信道划分。
(3) 了解 WLAN 的相关组织和标准。
(4) 掌握 WLAN 拓扑基本元素、设备及组网知识。
(5) 掌握 WLAN 基本工作原理。

9.2 WLAN 基础知识和发展历程

WLAN 指应用无线通信技术将计算机设备互连起来,以无线信道作传输媒介的计算机局域网。WLAN 是有线联网方式的重要补充和延伸,并逐渐成为计算机网络中一个至关重要的组成部分,广泛应用于需要可移动数据处理或无法进行物理传输介质布线的领域。

无线局域网本质的特点是不再使用通信电缆将计算机与网络连接起来,而通过无线的方式连接,从而使网络的构建和终端的移动更加灵活。随着 IEEE 802.11 无线网络标准的制定与发展,无线网络技术已经逐渐成熟与完善,并已广泛应用于众多行业与场合,如金融、教育、工矿、政府机关、酒店、商场、港口等,如图 9-1 所示。常见的无线局域网产品主要包括无线控制器、无线接入点、无线路由器、无线网关、无线桥接器、无线网卡等。

办公大楼

候机大厅

度假山庄

商务酒店

图 9-1 丰富的 WLAN 应用场合

9.2.1 WLAN 的优势

和传统有线以太网相比,WLAN 的优势在于其终端可移动性、网络硬件高可靠性、快速建设与低成本。

(1) 终端可移动性:WLAN 允许用户在其覆盖范围内的任意地点访问网络数据。用户在使用笔记本电脑、掌上电脑或数据采集设备等移动终端时能自由地变换位置,这极大方便了因工作需要而不断移动的人员,如教师、护理人员、司机、餐厅服务员等。在一些特殊地理环境架设网络时,如矿山、港口、地下作业场所等,WLAN 无须布线的优势也显而易见。与之对应,有线网将用户限制在一定的物理连线上,活动范围非常有限,当用户在建筑中走动或离开建筑物时,都会失去网络连接。

(2) 网络硬件高可靠性:有线网络中的硬件问题之一是线缆故障。在有线网中,线缆和接头故障常常导致网络连接中断。连接器损坏、线缆断开或接线口因多次使用老化失效等都会干扰正常的网络使用。无线网络技术从根本上避免了由于线缆故障造成的网络瘫痪问题。

(3) 快速建设与低成本:无线局域网的工程建设可以节省大量为终端接入而准备的线缆;同时由于减少线缆的布放可大大加快建设速度,降低布线费用。在工程建设完毕后,用于网络设备维护和线路租用的费用也会相应减少。在扩充网络容量时,相比传统有线网络,无线局域网也有巨大的成本优势。

无线应用带来的便利如图 9-2 所示。

图 9-2 无线应用带来的便利

9.2.2 WLAN 发展进程

当人们认识到 WLAN 的易用性优势后,WLAN 技术开始蓬勃发展。

IEEE 802.11 标准于 1997 年 6 月 26 日制定完成,1997 年 11 月 26 日正式发布。IEEE 802.11 无线局域网标准的制定是无线网络技术发展的一个里程碑。承袭 IEEE 802 系列,IEEE 802.11 规范了无线局域网络的媒体访问控制层和物理层。IEEE 802.11 使得各种不同厂商的无线产品得以互连。IEEE 802.11 标准的颁布,使得无线局域网在各种有移动要求的环境中被广泛接受。

1999 年 9 月,IEEE 802.11 标准得到了进一步的完善和修订,并成为 IEEE/ANSI 和 ISO/IEC 的一个联合标准。这次修订增加了两项新内容。

(1) IEEE 802.11a：它扩充了标准的物理层，规定该层使用 5.8GHz 的工业、科学、医疗频段(industrial scientific medical band，ISM 频段)。该标准采用正交频分复用(orthogonal frequency division multiplexing，OFDM)调制数据，传输速率范围为 6～54Mbps。这样的速率既能满足室内的应用，也能满足室外的应用。

(2) IEEE 802.11b：它是 IEEE 802.11 标准的另一个扩充，规定采用 2.4GHz 的 ISM 频带，采用补偿码键控(CCK)调制方法。

2003 年 6 月，IEEE 通过了第三种改进的无线局域网接入标准 IEEE 802.11g。其载波的频率为 2.4GHz(跟 IEEE 802.11b 相同)，理论传输速度为 54Mbps，净传输速度约为 24.7Mbps (跟 IEEE 802.11a 相同)。且 IEEE 802.11g 的设备与 IEEE 802.11b 兼容。IEEE 802.11g 是为了更高的传输速度而制定的标准，它采用 2.4GHz 频段，使用 CCK 技术与 IEEE 802.11b 后向兼容，同时它又通过采用 OFDM 技术支持高达 54Mbps 的数据流。

从 IEEE 802.11b 到 IEEE 802.11g，可发现 WLAN 标准不断发展的轨迹：IEEE 802.11b 是所有 WLAN 标准演进的基石，未来许多的系统都需要与 IEEE 802.11b 兼容，IEEE 802.11a 是一个非全球性的标准，与 IEEE 802.11b 不兼容，但其可以提供更多的非重叠信道。如 IEEE 802.11b/g 提供 3 个非重叠信道，而 IEEE 802.11a 则可提供 8～12 个非重叠信道。在 IEEE 802.11g 和 IEEE 802.11a 之间存在与 Wi-Fi 兼容性上的差距，为此出现了一种桥接此差距的双频技术——双模(dual band)IEEE 802.11a+g(b)，它较好地融合了 IEEE 802.11a/g 技术，工作在 2.4GHz 和 5GHz 两个频段，遵循 IEEE 802.11b/g/a 等标准。

2004 年 1 月，IEEE 宣布组成一个新的工作组——IEEE 802.11n。IEEE 802.11n 的理论传输速度可达 600Mbps，比 IEEE 802.11b 快 50 倍，而比 IEEE 802.11g 快 10 倍，并且可以向前进行互通兼容。IEEE 802.11n 无线标准在 2009 年 9 月 11 日获得 IEEE 标准委员会正式批准后，IEEE 就已经全面转入了下一代 IEEE 802.11ac 的制定工作，目标是带来千兆级别的无线局域网传输速度。

2012 年，IEEE 802.11ac 标准的放行意味着无线局域网迎来巨大变革。2013 年推出的第一批 IEEE 802.11ac 产品称为 Wave 1，2016 年推出的较新的高带宽产品称为 Wave 2。IEEE 802.11ac 仅工作在 5G 频段，IEEE 802.11ac 的理论传输速度可达 6.9Gbps，并且可以向前进行互通兼容。IEEE 802.11ac 支持下行 MU-MIMO，同时能够向多个终端传输信息，提高了通信效率。

2019 年 9 月，Wi-Fi 联盟宣布启动 Wi-Fi 6 认证计划。IEEE 802.11ax 的理论传输速率可达 9.6Gbps。IEEE 802.11ax 支持 1024-QAM，高于 IEEE 802.11ac 的 256-QAM，数据容量更高；同时支持上行与下行 MU-MIMO，这意味着终端上传与下载数据都可体验 MU-MIMO，进一步提高无线网络带宽利用率；采用 OFDMA(正交频分多址)技术，它是 OFDM 技术的演进，将 OFDM 和 FDMA 技术结合，允许不同用户共用同一个信道，允许接入更多设备，进行高效率的数据传输，在多用户场景下提升网络体验。

表 9-1 列出了 WLAN 协议发展进程。

9.2.3 WLAN 的相关组织和标准

在 WLAN 的发展过程中，很多标准化组织参与制定了大量的 WLAN 协议和技术标准。本节将介绍在 WLAN 发展过程中几个起到关键作用的组织与标准。

表 9-1　WLAN 协议发展进程

类别	IEEE 802.11 IEEE 802.11b	IEEE 802.11a	IEEE 802.11g	IEEE 802.11n	IEEE 802.11ac	IEEE 802.11ax
标准发布时间	1997,1999	1999	2003	2009	2012	2019
合法频宽	83.5MHz	325MHz	83.5MHz	83.5MHz 325MHz	325MHz	83.5MHz 325MHz
频段(中国)	2.4GHz	5GHz	2.4GHz	2.4GHz 5GHz	5GHz	2.4GHz 5GHz
非重叠信道	3个	13个	3个	2.4GHz：3个 5GHz：13个	13个	2.4GHz：3个 5GHz：13个
理论最大物理发送速率	2Mbps/11Mbps	54Mbps	54Mbps	600Mbps	6933Mbps	9607.8Mbps
兼容性	11b	11a	11b/g	11a/b/g/n	11a/b/g/n/ac	11a/b/g/n/ac/ax

美国电气电子工程师协会是一个国际性的电子技术与信息科学工程师的协会。IEEE 802.11 工作组制定了 WLAN 的介质访问控制协议 CSMA/CA 及其物理层技术规范。

2.4GHz 的 ISM 频段为世界上绝大多数国家通用，因此得到了最为广泛的应用。1999 年工业界成立了 Wi-Fi 联盟，致力解决符合 IEEE 802.11 标准的产品的生产和设备兼容性问题。作为 WLAN 领域内技术的引领者，Wi-Fi 联盟为全世界的 WLAN 产品提供测试认证。

无线局域网鉴别和保密基础结构(wireless LAN authentication and privacy infrastructure，WAPI)是 WLAN 的一种安全协议，同时也是中国无线局域网安全强制性标准。WAPI 包括无线局域网鉴别(WAI)和保密基础结构(WPI)两部分。与 IEEE 主导完成的公认存在严重安全缺陷的 IEEE 802.11i 标准相比，WAPI 具有明显的安全和技术优势，迄今未被发现有安全技术漏洞。

针对 IEEE 802.11n 标准的制定，曾经就有两个提议在互相竞争——WWiSE(world wide spectrum efficiency)与 TGn Sync。前者由以 Broadcom 为首的一些厂商支持，后者主要由 Intel 与 Philips 所支持。

正是由于上述组织对相关产业的推动，以及 WLAN 标准的不断完善，才形成了现在 WLAN 技术蓬勃发展的局面。在享受科技创新的同时，不应忘记这些为 WLAN 技术做出贡献的标准化组织。

9.3　WLAN 频率和信道

本节介绍 WLAN 两个重要的概念：频段划分与信道。通过介绍这两个概念，引申出 WLAN 的常用频段和其他无线应用频段的关系，以及全球各地区对 WLAN 频段及信道规划的异同，从而得出 WLAN 覆盖时信道划分的方法与规则。

9.3.1　ISM 及其频段

工业、科学、医疗频段(industrial scientific medical band，ISM 频段)范围为 2.4～2.4835GHz，主要开放给工业、科学和医学三类机构使用。该频段是由美国联邦通信委员会(federal communications commission，FCC)所定义，没有使用授权的限制。ISM 频段实际上就是

WLAN使用的频段。

ISM频段在各国的规定都不尽相同。美国有三个频段：902～928MHz、2400～2483.5MHz和725～5850MHz；而在欧洲各国，900MHz的频段有部分用于GSM通信。2.4GHz为各国共用的ISM频段，允许任何人随意地使用，但是该频段的功率受到管制，使得发射台只能覆盖很短的距离，因而不会相互干扰。因此大多数国家和地区都已经留出了这些频段，用于非授权用途。微波炉、无绳电话、无线鼠标等许多无线家用设备都使用ISM频段。图9-3标明的就是ISM频段在世界各地区授权使用的情况。

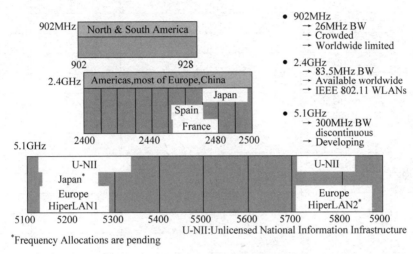

图9-3 ISM频段在世界各地的授权

9.3.2 主流无线信号频段资源

由于大部分无线应用的频段都是受国家或组织限定和管制的，本节以表格形式列出了常用的无线信号频段资源。从表9-2中可以看出，WLAN在各种应用中属于高频范围，这就决定了WLAN相对于其他无线应用有波长短、覆盖范围小、不宜穿透障碍物等特性。另外由于WLAN和其他移动通信的波段并不重合，因此可以和这些系统一起使用而不会产生干扰。

表9-2 无线信号频段资源分布

系　　统	频　　段
CDMA	825～835MHz/870～880MHz
GSM900	885～915MHz/930～960MHz
GSM1800	1710～1755MHz/1805～1850MHz
PHS	1900～1920MHz
WCDMA	1920～1980MHz/2110～2170MHz
TD-SCDMA	1880～1920MHz/2010～2025MHz
WLAN	2400～2483.5MHz/5150～5350MHz/5725～5850MHz

9.3.3 2.4GHz频段各信道划分及使用范围

IEEE 802.11协议在2.4GHz频段定义了14个信道，每个信道的频宽为22MHz。两个相邻信道中心频率的间隔是5MHz(信道13与信道14除外)。信道1的中心频率是2.412GHz,信道2的中心频率是2.417GHz,依此类推至中心频率为2.472GHz的信道13。信道14是特别针对日本定义的,其中心频率为2.484GHz,与信道13的中心频率间隔12MHz。表9-3是各信道在不同国家和地区的授权使用情况。

表9-3 各国授权的信道使用情况

信道	频率/GHz	中国	美国/加拿大	欧洲	日本
1	2.412	√	√	√	√
2	2.417	√	√	√	√
3	2.422	√	√	√	√
4	2.427	√	√	√	√
5	2.432	√	√	√	√
6	2.437	√	√	√	√
7	2.442	√	√	√	√
8	2.447	√	√	√	√
9	2.452	√	√	√	√
10	2.457	√	√	√	√
11	2.462	√	√	√	√
12	2.467	√		√	√
13	2.472	√		√	√
14	2.484				√

从图9-4的工作信道划分中也可以看到,信道1在频谱上和信道2、3、4、5都有交叠,这就意味着,如果某处有两个无线设备在同时工作,且两个信道分别为1~5中的任意两个,那么这两个无线设备发出来的信号会互相干扰。

图9-4 2.4GHz工作频段划分

为了最大限度地利用频段资源,可以使用"1、6、11""2、7、12""3、8、13""4、9、14"这四组互不干扰的信道来进行无线覆盖。由于只有部分国家开放了信道12~14频段,所以一般情况下都使用"1、6、11"三个信道。

9.3.4 5GHz频段各信道划分及使用范围

WLAN标准协议将5GHz频段分为24个频宽为20MHz的信道,且每个信道都为独立信道。各个国家开放的信道不一样,目前中国5GHz频段开放使用的信道如图9-5所示。

图 9-5　中国 5GHz 频段可用信道

20MHz 带宽：36、40、44、48、52、56、60、64、149、153、157、161、165。
40MHz 带宽(由两个相邻的、无间隔的 20MHz 带宽组成)：36、44、52、60、149、157。
80MHz 带宽(由两个相邻的、无间隔的 40MHz 带宽组成)：36、52、149。
160MHz 带宽[由两个连续的 80MHz 带宽组成(160),也可以由两个不连续的 80MHz 带宽组成(80+80)]：36。
中国需避开的雷达信道：52、56、60、64。

9.4　WLAN 网络构成

9.4.1　WLAN 网络基本拓扑

接下来介绍的是 WLAN 网络的构建方式。与以太网一样,WLAN 的网络拓扑也是由各种基本元素构建而成的。IEEE 802.11 协议定义了两种结构模式。一种是基础设施(infrastructure)模式,它由基本服务集、扩展服务集、服务集识别码和分布系统(distribution system,DS)构成,图9-6囊括了这种模式中最典型的几个 WLAN 网络基本元素。

图 9-6　WLAN 网络基本元素

接下来就图中出现的各种术语做一下说明。

(1) 服务集识别码(service set identifier,SSID)：用来区分不同的网络,无线网卡设置了不同的 SSID 就可以进入不同网络,SSID 通常由 AP 广播出来,通过操作系统自带的扫描功能可以查看当前区域内的 SSID。

(2) 基本服务集(basic service set,BSS)：使用相同服务集识别码(SSID)的一个单一访问点及一个无线设备群组,组成一个基本服务组。必须使用相同的 SSID。使用不同 SSID 的设备彼此之间不能进行通信。

(3) 分布系统：连接 BSS 的组件称为分布系统。DS 的物理实现取决于不同的应用环境,可以包含局域网交换机(LAN switch),也可以包含其他物理设备。

(4) 扩展服务集(extended service set,ESS)：使用相同 SSID 的多个访问点及一个无线设备群组,组成一个扩展服务组。同一 ESS 内的不同访问点可以使用不同的信道。实际上,为了减少干扰,要尽量使相近的访问点之间使用不同的信道。当无线设备在 ESS 所覆盖的区域内进行实体移动时,它们将自动切换到干扰最小、连接效果最好的访问点。这就是漫游功能(访问点本身不具备,也不要求具备漫游功能)。

另外,IEEE 802.11 协议还定义了一种 Ad hoc 模式,又称对等模式。Ad hoc 网络的前身是分组无线网(packet radio network)。在 Ad hoc 网络中,节点具有报文转发能力,节点间的通信可能要经过多个中间节点的转发,即经过多跳(multi hop),这是 Ad hoc 网络与其他 WLAN 网络的最根本区别,如图 9-7 所示。

图 9-7　WLAN 的 Ad hoc 模式

9.4.2　WLAN 设备的典型组网

本节将介绍两种典型的 WLAN 设备组网模型——小型无线网络和大型分布式无线网络,通过比较两种方式来掌握 WLAN 设备在小型网络和大型网络组网时的异同。

图 9-8 是典型的小型无线网络,采用了最基本的无线接入设备访问接入点(access point,

图 9-8　小型无线组网图

AP)。AP在图中的作用仅仅是提供无线信号发射，网络信号通过有线网络传送到AP，AP将电信号转换成为无线电信号发送出来，形成无线网的覆盖。根据不同的功率，AP可实现不同范围的网络覆盖。

大型无线组网如图9-9所示。

图9-9　大型无线组网图

当要部署企业或运营级WLAN网络时，简单的AP接入方式无法满足客户的需求，WLAN设备的统一部署、运营和维护成为大型网络的关键要素。此时需要在大型网络中部署无线接入控制器（access control，AC）。AC的作用是负责无线网络的接入控制、转发、统计、AP的配置监控、漫游管理、AP的网管代理和安全控制等。AC的出现给中大型WLAN网络的维护带来了很大的便利性，AP在部署、升级、配置上不再需要用户的频繁干预，把网络维护者从繁重的配置操作中解放出来。这种配置方式已经成为大型WLAN网络部署和维护的主流方式。

9.5　WLAN网络报文发送机制

为了在微观上把WLAN的报文发送机制梳理清晰，需要与以太网的发送机制做简单的对比。IEEE 802.11和IEEE 802.3协议的媒体访问控制非常相似，都是在一个共享媒体之上支持多个用户共享资源，由发送者在发送数据前先进行网络的可用性判断。但在无线系统中无法做到冲突检测，于是采用了冲突避免的报文发送机制，即CSMA/CA。

有线网络MAC层标准协议为带冲突检测的载波侦听多路访问，而WLAN采用的则是带冲突避免的载波侦听多路访问（carrier sense multiple access with collision avoidance，CSMA/CA）。二者工作原理相差不多，但还是有所区别，前者具有冲突检测功能，后者却没有冲突检测功能。当网络中存在信号冲突时，CSMA/CD可以及时检测出来并进行退避，而CSMA/CA是在数据发送前，通过避让机制杜绝了冲突的发生。

图 9-10 描述了一个 WLAN 网络里面无线工作站点(station,STA)的工作机制,在实际应用中分为以下 5 个步骤。

图 9-10 CSMA/CA 机制

(1) 侦听线路:当 STA 要发送数据之前,都会侦听线路(空口)是否空闲,当检测到线路(空口)忙,则继续侦听。

(2) 固定帧间隔时长:当 STA 检测到线路(空口)空闲,会继续侦听直到一个帧间隔时长(DIFS),以保证基本的空闲时间。

(3) 启动定时器:当 STA 检测到空闲时间达到了 DIFS 时长后,会启动一个 BACK OFF 定时器,进行倒计时。该定时器的大小由竞争窗口(contention window,CW)决定。CW 是一个尺寸有限的随机数。

(4) 发送与重传:STA 完成倒计时后就会发送报文。如果发送失败需要重传,STA 仍会重复上述过程,且 CW 的尺寸会随着重传次数递增。如果发送成功或达到重传次数上限,STA 会重置 CW,将 CW 的尺寸恢复到初始值。这种机制的目的是保证各个 STA 的转发机会平衡。

(5) 其他终端状态:在 BACK OFF 计数器减到零之前,如果信道上有其他 STA 在发送数据,即本端检测到线路(空口)忙,则计数器暂停。这时如果 STA 要发送数据的话,仍会等待 DIFS 时长和 CW 时间,不过 CW 时间不再是随机分配,而是继续上次的计数,直至零为止。

说明: 空口即空中接口,是指通过无线信号连接移动终端与接入点。

通过 CSMA/CA 的工作过程可以看出,CSMA/CA 与 CSMA/CD 都采用载波侦听多路访问的方式,但在处理网络中的冲突时,CSMA/CD 采用冲突检测,而 CSMA/CA 采用提前避免的机制。WLAN 的 MAC 层采用 CSMA/CA 为基本协议,是由于在 WLAN 中,报文发送失败并不一定是由冲突所致。任何相同频率的源都会对 WLAN 的信号产生干扰,导致报文发送失败,所以在 WLAN 中,很难判断空口当中是否有冲突。既然在 WLAN 网络中检测不了冲突,那么只好采用提前避免的方法。

9.6 WLAN 基本配置

本节将介绍 H3C 的无线 AP 的配置界面。H3C 的无线 AP 可以和交换机、路由器一样通过命令行模式登录管理。这里以 WA4320i 为例，熟悉 AP 设备的命令行配置管理界面。

当要对 AP 进行详细配置的时候，命令行界面能够帮助我们解决复杂的配置需求。前面的课程已经演示了如何使用超级终端，这里只列举几条常用的命令。

(1) 查看 AP 的版本类型：使用 display version 命令。

[H3C]display version
H3C Comware Software, Version 7.1.064, ESS 2113
Copyright (c) 2004-2015 Hangzhou H3C Tech. Co., Ltd. All rights reserved.
H3C WA4320i-X-R uptime is 0 weeks, 0 days, 1 hour, 15 minutes
Last reboot reason : Power on

Boot image: flash:/wa4300-boot.bin
Boot image version: 7.1.064, ESS 2113
Compiled Nov 12 2015 16:00:00
System image: flash:/wa4300-system.bin
System image version: 7.1.064, ESS 2113
Compiled Nov 12 2015 16:00:00

  with 1 AR9557 720MHz Processor
  256M bytes DDR2
  32M bytes NorFlash Memory
Hardware Version is Ver.A
CPLD Version is 006
Basic Bootrom Version is 1.09
Extend Bootrom Version is 7.04
[Subslot 0]H3C WA4320i-X-R Hardware Version is Ver.A
[SLOT 1]GE1/0/1 (Hardware)Ver.A, (Driver)1.0
[SLOT 1]GE1/0/2 (Hardware)Ver.A, (Driver)1.0
[SLOT 1]RADIO1/0/1 (Hardware)Ver.A, (Driver)1.0
[SLOT 1]RADIO1/0/2 (Hardware)Ver.A, (Driver)1.0

(2) 查看在线的客户端：使用 display wlan client verbose 命令。

<H3C> dis wlan client verbose
Total number of clients: 1

  MAC address   : 18af-61f0-8b14
  IPv4 address   : N/A
  IPv6 address   : N/A
  Username   : N/A
  Radio ID   : 1
  SSID   : test
  BSSID   : 3897-d637-c8a0
  VLAN ID   : 1
  Power save mode   : Active
  Wireless mode   : 802.11g
  QoS mode   : WMM
  Listen interval   : 20

```
RSSI                            : 52
Rx/Tx rate                      : 54/54
Authentication method           : Shared key
Security mode                   : PRE-RSNA
AKM mode                        : N/A
Encryption cipher               : WEP40
User authentication mode        : Bypass
WEP mode                        : Static
Authorization ACL ID            : N/A
Authorization user profile      : N/A
Roam status                     : N/A
Key derivation                  : N/A
PMF status                      : N/A
Online time                     : 6hr 29min 19sec
FT Status                       : Inactive
```

（3）查看 AP 当前的配置：使用 display current-configuration 命令。这条命令的作用与交换机、路由器里的功能相同，此处不再示例。

9.7 本章总结

（1）WLAN 已经广泛应用于各行各业。

（2）WLAN 工作频段的重叠特性决定了大规模部署时的信道排列规则。

（3）AC、AP 和 STA 三种设备，在 WLAN 中扮演了重要角色。AC＋、STA、AP 模式的组网在大型网络中的优势显露无遗。

（4）WLAN 技术还在不断发展和完善之中。

9.8 习题和解答

9.8.1 习题

1. WLAN 使用的无线频段为（　　）。
   A. 400MHz 和 800MHz　　　　　　　B. 800MHz 和 1800MHz
   C. 2.4GHz 和 5GHz　　　　　　　　D. 5GHz 和 8GHz

2. IEEE 802.11g 支持的最大速率为（　　）Mbps。
   A. 11　　　　B. 36　　　　C. 48　　　　D. 54

3. 在中国，如果要布置 WLAN 的蜂窝式网络，IEEE 802.11g 2.4GHz 的频段中可布置（　　）个不重叠信道。
   A. 3　　　　B. 4　　　　C. 11　　　　D. 14

4. 以下技术中属于 WLAN 技术的有（　　）。
   A. IRDA　　　　　B. IEEE 802.11g　　　C. IEEE 802.11a
   D. IEEE 802.11n　　E. IEEE 802.11　　　F. IEEE 802.11b

5. 使用 2.4GHz 频段的 WLAN 无法保证在将来的使用过程中干扰不会成为问题（　　）。
   A. True　　　　B. False

9.8.2 习题答案

1. C　　2. D　　3. A　　4. BCDEF　　5. A

第 3 篇
广域网技术基础

第10章　广域网技术概述

第11章　PPP

第12章　PPPoE

第13章　SR技术基础

第10章

广域网技术概述

局域网主要完成工作站、终端、服务器等在较小物理范围内的互联，只能解决局部的资源共享，却不能满足远距离计算机网络通信的要求。通过运营商提供的基础通信设施，广域网可以使相距遥远的局域网互相连接起来，远距离传输数据、语音、视频等，实现大范围的资源共享。

10.1 本章目标

学习完本章，应该能够达到以下目标。
（1）理解常见广域网连接方式。
（2）理解常用广域网协议的分类和特点。
（3）列举常见广域网接口类型。

10.2 广域网作用

10.2.1 广域网的作用

广域网(wide area network，WAN)是随着相距遥远的局域网互联的要求产生的。广域网应该能延伸到比较远的物理距离，可以是城市范围、国家范围甚至于全球范围。分散在各个不同地理位置的局域网通过广域网互相连接起来。

早期局域网采用以太网、快速以太网、令牌环网、FDDI等技术，其带宽较高，性能较稳定，但是却无法满足远程连接的需要。以快速以太网100Base-TX为例，其以双绞线作为介质，一条线路的长度不能超过100m；通过集线器或中继器最大可以将其延长至500m；如果通过交换机级联的方法，理论上最大可以延长至几千米。这样的传输距离是非常有限的，无法支持两个城市之间的上百千米乃至上万千米的远程传输。

另外，即使可以将以太网技术改造成支持超远程连接，这也同时要求用户在两端的站点之间布设专用的线缆。而在大多数情况下，普通的用户组织不具备这种能力，也没有这种许可权。

传统电信运营商经营的语音网络已建设多年，几乎可以连通所有的办公场所、家庭、各类建筑等。利用这些现成的基础设施建设广域网，无疑是一种明智的选择。虽然需要向外界的网络运营商申请广域网服务并支付一定的费用才能使用广域网，但与自行布设远程专线并进行维护的花费相比，这笔费用是物有所值的。因此，计算机网络的广域网最初都是基于已有的电信运营商通信网建立的。

由于电信运营商传统通信网技术的多样性和接入的灵活性，广域网技术也呈多样化发展，以便适应用户对计算机网络的多样化需求。例如，用户路由器可以通过公用交换电话网

（public switched telephone network，PSTN）或综合业务数字网（integrated services digital network，ISDN）拨号接通对端路由器，也可以直接租用模拟或数字专线连通对端路由器。

建立广域网通常要求用户使用路由器，以便连接局域网和广域网的不同介质，实现复杂的广域网协议，并跨越网段进行通信。图 10-1 为广域网的作用。

图 10-1　广域网的作用

10.2.2　广域网与 OSI 参考模型

如图 10-2 所示，广域网技术主要对应 OSI 参考模型的物理层和数据链路层，即 TCP/IP 模型的网络接口层。

图 10-2　广域网与 OSI 参考模型

站在电信运营商的角度，他们关注的是如何在广泛覆盖的电信传输网基础上，将传统语音业务和数据业务结合起来，最大化既有网络资源利用率。而从事计算机网络技术的人员需要考虑的是在电信运营商传输网的基础上，如何再利用已有的通信线路和通信设备，将分布在不同地理位置的计算机或局域网连接起来，在此基础上，他们把研究的重点放在物理层接口标准，数据链路层协议和网络层 IP 协议上。

广域网的物理层规定了向广域网提供服务的设备、线缆和接口的物理电气特性、机械特性、连接标准等。常见的此类标准有以下几种。

（1）支持 E1/T1 线路的 G.703 接口，E1 多用于欧亚地区，而 T1 多用于北美地区。

（2）POS（packet over SDH）接口是一种高速广域网接口，可将长度可变的 IP 数据包映射到 SDH 同步载荷中进行远程传送，接口速率为 155Mbps～40Gbps。CPOS（channelized POS）是指支持通道化的 POS 接口，提供对带宽精细划分的能力，减少组网中对路由器低速率物理端口的数量要求。

（3）刺刀螺母连接器（bayonet nut connector，BNC 接口，这个名称形象地描述了这种接头外形),是一种用于同轴电缆的连接器。BNC接头至今没有被淘汰,因为同轴电缆是一种屏蔽电缆,有传送距离长、信号稳定的优点。目前它还大量用于通信系统中,如网络设备中的E1接口就是用两根BNC接头的同轴电缆来连接的。

(4) 注册插口(registered jack-45,RJ-45)接口有8个触点传输信号,俗称8P8C,是一种标准通用性接口,在以太网中被广泛应用,通常应用于局域网互联,接口速率一般为100Mbps~10Gbps。

(5) 小封装可插拔光模块(small form-factor pluggable,SFP/SFP+)接口是将千兆及万兆电信号转换为光信号的接口器件,在光以太网中广泛应用。

数据在广域网上传输,必须封装成广域网能够识别及支持的数据链路层协议。广域网常用的数据链路层协议有以下几种。

(1) 高级数据链路控制(high-level data link control,HDLC):用于同步点到点连接,其特点是面向比特,对任何一种比特流均可以实现透明的传输,只能工作在同步方式下。

(2) 点到点协议(point-to-point protocol,PPP):提供了在点到点链路上封装、传递网络数据包的能力。PPP易于扩展,能支持多种网络层协议,支持验证,可工作在同步或异步方式下。

(3) 以太网:广域以太网技术主要是指将以太网技术应用到城域接入和城域互联,有时候又称为光以太网或城域以太网。通常由于应用环境与局域网有很大不同,一般都在尽量兼容原有局域网标准的基础上,对以太网技术做大量的改进,例如,对帧结构进行扩展,增加运营商的专用VLAN和MAC,改变原有的广播式业务模型和STP树算法,通过必要的改造使以太网技术既可以满足运营商电信级要求,又能很好地兼容原有的以太局域网。

10.2.3　广域网连接方式

常用的广域网连接方式包括裸光纤方式、硬管道专线方式、虚拟专网方式等,如图10-3所示。

图 10-3　广域网连接方式

裸光纤方式,是一种纯粹的专线,用户独占一条永久性、点对点或点对多点的专用光纤传输线路,不与其他任何用户共享该物理链路。理论上裸光纤的传输带宽是无限的,它的传输速度完全取决于两端的设备,一般裸光纤的接入设备是密集波分多路复用(dense wavelength division multiplexing,DWDM)设备,应用最多的是数据中心同城灾备同步传输。

区别于裸光纤方式,硬管道专线方式是指多用户共享同一条物理介质(如同一条光纤),但通过时分复用或波分复用等技术,使每一个用户独占其中某一个时隙或者某一个波长的光波,各用户之间相互独立,互不影响,独享该时隙或波长的带宽,经常被称为硬管道方式。这种专线业务大多是面向政府、大型企业以及其他有较高数据接入/互联要求、较高服务要求的客户,一般由运营商提供,为不同客户的业务需求提供不同种类的专线类型和带宽。专线接入按客户端接入方式不同有如下分类。

(1) 同步数字体系(synchronous digital hierarchy,SDH)是传统的电路交换技术,通过时分多路复用技术将一条物理链路分成若干相对独立的时隙,在运营商覆盖范围内的节点之间以同步、透明的数字电路方式为用户提供两地设备之间的端到端 2Mbps 及以上速率专线连接。

(2) MSTP(multi-service transport platform)专线基于 SDH 平台,同时实现时分多路复用(time division multiplexing,TDM)、异步传输模式(asynchronous transfer mode,ATM)及以太网等业务的接入、处理和传送,提供统一网管的多业务节点。

(3) 光传送网(optical transport network,OTN)是基于波分多路复用(wavelength division multiplexing,WDM)技术,在超大传输容量的基础上引入了 SDH 强大的操作、维护、管理与支配(OAM)能力,同时弥补 SDH 在面向传送层时的功能缺乏和维护管理开销的不足。相对 SDH 而言,OTN 技术的最大优势就是提供大颗粒带宽的调度与传送,在省际干线、省内干线及城域(本地)传送网的核心层调度会优先采用 OTN 技术来构建,SDH 或 MSTP 线路一般用于城域传送网的汇聚或者接入层。

裸光纤及专线方式的优点是线路品质稳定,带宽有保障,但建设或扩充的线路成本较高,一般的中小型企业难以接受。虚拟专用网络(virtual private network,VPN)是专用网络的延伸,VPN 是利用共享的公共网络设施对广域网设施进行仿真而构建的私有专用网络。可用于构建 VPN 的公共网络并不局限于 Internet,也可以是 ISP 的 IP 骨干网络,甚至是企业私有的 IP 骨干网络等。在公共网络上组建的 VPN 可以像企业现有的私有网络一样具有安全性、可靠性和可管理性等。

10.3 广域网技术

10.3.1 传统专线连接模型

传统的企业网络中经常使用硬管道专线技术(如 T1 和 E1 等)来连接不同的分支机构。在硬管道专线(leased line)方式的连接模型中,运营商通过其通信网络中的传输设备和传输线路,为用户配置一条专用的通信线路。两端的用户路由器串行接口(serial interface,简称串口)通过几米至十几米长的本地线缆连接到 CSU/DSU,而 CSU/DSU 通过数百米至上千米的接入线路接入运营商传输网络。本地线缆通常为 V.24、V.35、EIA/TIA-232、POS 等串口线缆;而接入线路通常为传统的双绞线或者光纤;远程线路既可能是用户独占的物理线路,也可以是运营商通过 TDM 等技术为用户分配的独占资源。专线连接模型如图 10-4 所示。

路由器的串行线路信号须经过通道服务单元/数据服务单元(channel service unit/data service unit,CSU/DSU)设备的调制转换才能在专线上传输。CSU 是把终端用户和本地数字

图 10-4　专线连接模型

电话环路相连的数字接口设备,而 DSU 把 DTE 设备上的物理层接口适配到通信网络上。DSU 也负责信号时钟等功能,它通常与 CSU 一起提及,称作 CSU/DSU。

通信设备的物理接口可分为 DCE 和 DTE 两类。

(1) 数据电路端接设备(data circuit-terminating equipment,DCE):DCE 设备对用户端设备提供网络通信服务的接口,并且提供用于同步 DCE 设备和 DTE 设备之间数据传输的时钟信号。

(2) 数据终端设备(data terminal equipment,DTE):指接受线路时钟,获得网络通信服务的设备。DTE 设备通常通过 CSU/DSU 连接到传输线路上,并且使用其提供的时钟信号。

在专线模型中,线路的速率由运营商确定,因而 CSU/DSU 为 DCE 设备,负责向 DTE 设备发送时钟信号,控制传输速度等;而用户路由器通常为 DTE 设备,接受 DCE 设备提供的服务。

在硬管道专线方式中,用户独占一条永久性、点对点、速率固定的专用线路,并独享其带宽。这种方式部署简单,通信可靠,可以提供的带宽范围比较广;但其资源利用率低,费用昂贵,且点对点的结构不够灵活。

在利用专线方式和电路交换方式的点到点连接中,运营商提供的连接线路相对于 TCP/IP 网络而言处于物理层。运营商传输网络只提供一条端到端的传输通道,并不负责建立数据链路,也不关心实际的传输内容。

数据链路层协议工作于用户路由器之间,直接建立端到端的数据链路。这些数据链路层协议包括串行线路互联网协议(serial line internet protocol,SLIP)、同步数据链路控制协议(synchronous data link control protocol,SDLCP)、高级数据链路控制(high-level data link control,HDLC)和点到点协议(point-to-point protocol,PPP)等。目前硬管道专线连接的链路层应用比较广泛的是 PPP 协议。

10.3.2　虚拟专网连接模型

随着现代商业模式的发展,企业的 SOHO(Small Office & Home Office)用户及移动用户在极大地提高企业运作效率和降低企业运作成本的同时,也迫切需要高速、灵活、便宜的接入技术来访问企业网络。由于大多数企业从业务角度都需要接入 Internet,因此让企业的 SOHU 和移动用户通过 Internet 以安全 VPN 的方式来访问企业网络成为目前主流的选择。虚拟专网(VPN)连接模型如图 10-5 所示。

在 VPN 的组网结构中,我们将网络分成公网和私网两个部分。公网是指由服务提供商建设的公共网络,而私网是指用户自己建设的私有网络。同时将网络中的路由器按照在 VPN

图 10-5 虚拟专网（VPN）连接模型

网络中的位置区分成以下 3 种角色。

(1) 用户边缘路由器(custom edge router, CE)：直接与公网相连的用户设备。

(2) 服务商边缘路由器(provider edge router, PE)：指公网上的边缘路由器，与 CE 相连，主要负责 VPN 业务的接入。

(3) 服务商路由器(provider router, P)：指公网上的核心路由器，主要完成路由和快速转发功能。

传统以太网最初是一种 LAN 技术，随着光以太网的发展，以及以太网认证计费、服务质量、可管理性、信息安全、可靠性等技术逐渐成熟，以太网技术开始应用到广域网领域，在 10Gbps 及以上以太网标准中已经有了对应的广域网接口，目前以太网接入已成为主流的广域网接入方式。

在 ISP 内部目前应用最成熟、最广泛的 VPN 技术是 BGP MPLS VPN 技术。多协议标签交换(multiprotocol label switching, MPLS)结合了 ATM 技术和 IP 技术的优点，用一个短而定长的标签来封装网络层分组，数据包抵达路由器或交换机后只需要一次查表，就能找出与其唯一匹配的表项，确定报文的出接口，不用依次匹配路由表，同时 MPLS 极大地改善了 IP 协议在 QoS 等方面的缺陷，逐渐取代了早期在 ISP 内部应用较多的 ATM 协议。

但 MPLS 需要运行独立的标签分发协议，协议体系较复杂，维护困难，影响网络的扩展，被称为"下一代 MPLS"的 SR 技术很好地继承了 MPLS 的优势，同时也对 MPLS 的劣势进行了颠覆和创新，目前已经得到了应用和推广。

10.4 本章总结

(1) 广域网技术对应于 OSI 模型的数据链路层和物理层。

(2) 广域网连接方式分为裸光纤方式、硬管道专线方式和虚拟专网方式。

10.5 习题和解答

10.5.1 习题

1. 广域网技术主要对应于 OSI 参考模型的（　　）。
   A. 物理层　　　　　B. 数据链路层　　　　C. 网络层　　　　D. 网络接口层
2. ISP 应用较多的硬管道传输技术包括（　　）。
   A. SDH　　　　　　B. MSTP　　　　　　　C. OTN　　　　　　D. IP

10.5.2 习题答案

1. AB　　2. ABC

第11章

PPP

多样的广域网线路类型需要更强大、功能更完善的链路层协议支持,如适应多变的链路类型,并提供一定的安全特性等。PPP是一种在点到点链路上传递、封装网络层数据包的数据链路层协议。由于支持同异步线路,能够提供验证,并且易于扩展,PPP获得了广泛的应用。

本章将讲解PPP的基本原理及基础配置。

11.1 本章目标

学习完本章,应该能够达到以下目标。
(1) 掌握PPP的特点。
(2) 掌握PPP的协商过程。
(3) 掌握PPP两种验证方式。
(4) 掌握PPP的配置。
(5) 熟悉PPP的信息显示命令。

11.2 PPP概述

点到点协议(point-to-point protocol,PPP)是一种点到点方式的链路层协议,它是在SLIP的基础上发展起来的。

11.2.1 SLIP简介

串行线路互联网协议(serial line internet protocol,SLIP)出现在20世纪80年代中期,它是一种在串行线路上封装IP包的简单形式。SLIP并不是Internet的标准协议。

因为SLIP简单好用,所以后来被大量使用在线路速率在1200bps～19.2Kbps范围内的专用线路和拨号线路上,用于互连主机和路由器。SLIP也常被使用在BSD UNIX主机和SUN的工作站上,到目前为止仍有部分UNIX主机支持该协议。

在20世纪80年代末到20世纪90年代初期,SLIP被广泛用于家庭计算机和Internet的连接,通常这些计算机都用RS232串口和调制解调器连接到Internet。

如图11-1所示,SLIP的帧格式由IP包加上END字符组成。SLIP通过在被发送IP数据报的尾部增加特殊的END字符(0xC0)形成一个简单的数据帧,该帧会被传送到物理层进行发送。END字符是判断一个SLIP帧结束的标志。

| IP packets | END(0xC0) |

图11-1 SLIP帧封装格式

为了防止线路噪声被当成数据报的内容在线路上传输,通常发送端在被传送数据报的开始处也传一个END字符。如果线路上的确存在噪声,则该数据报起始位置的END字符将结束这份错误的报文。这样当前正确的数据报文就能正确地传送了，而前一个含有无意义报文的数据帧会在对端的高层被丢弃，不会影响下一个数据报文的传送。

SLIP 只支持 IP 网络层协议，不支持 IPX 等网络层协议。并且，因为其帧格式中没有类型字段，如果一条串行线路用于 SLIP，那么在网络层只能使用一种协议。

SLIP 不提供纠错机制，并且 SLIP 协议只支持异步传输方式，无协商过程，尤其是不能协商诸如双方 IP 地址等网络层属性。

由于 SLIP 具有的种种缺陷，在以后的发展过程中其逐步被 PPP 所替代。

11.2.2　PPP 基本概念

从 1994 年诞生至今，PPP 本身并没有太大的改变，但由于 PPP 具有的其他链路层协议所无法比拟的特性，它得到了越来越广泛的应用，其扩展支持协议也层出不穷。

PPP 是一种在点到点链路上传输、封装网络层数据包的数据链路层协议。PPP 处于 OSI 参考模型的数据链路层，主要用于支持全双工的同异步链路上，进行点到点之间的数据传输。

如图 11-2 所示，PPP 可以用于多种链路类型，包括以下几种。

图 11-2　PPP 的适用场合

（1）同步和异步专线。

（2）异步拨号链路，如 PSTN 拨号连接。

（3）同步拨号链路，如 ISDN 拨号连接。

11.2.3　PPP 的特点

作为目前使用最广泛的广域网协议，PPP 具有如下特点。

（1）PPP 是面向字符的，在点到点串行链路上使用字符填充技术，既支持同步链路又支持异步链路。

（2）PPP 通过链路控制协议（link control protocol，LCP）部件能够有效控制数据链路的建立。

（3）PPP 支持验证协议族口令验证协议（password authentication protocol，PAP）和挑战握手身份认证协议（challenge handshake authentication protocol，CHAP），更好地保证了网络的安全性。

（4）PPP 支持各种网络控制协议（network control protocol，NCP），可以同时支持多种网络层协议。典型的 NCP 包括支持 IP 的 IPCP 和支持 IPX 的 IPXCP 等。

（5）PPP 可以对网络层的地址进行协商，支持 IP 地址的远程分配，能满足拨号线路的需求。

(6) PPP 无重传机制，网络开销小。

11.2.4　PPP 的组成

PPP 并非单一的协议，而是由一系列协议构成的协议族。图 11-3 展示了 PPP 的分层结构。

图 11-3　PPP 协议的组成

在物理层，PPP 能使用同步介质（如 ISDN 或同步 DDN 专线），也能使用异步介质（如基于 modem 拨号的 PSTN）。

另外 PPP 通过链路控制协议族在链路管理方面提供了丰富的服务，这些服务以 LCP 协商选项的形式提供；通过网络控制协议族提供对多种网络层协议的支持；通过 PPP 扩展协议族提供对 PPP 扩展特性的支持，如 PPP 以验证协议 PAP 和 CHAP 实现安全验证功能。

PPP 的主要组成及其作用如下。

(1) 链路控制协议：主要用于管理 PPP 数据链路，包括进行链路层参数的协商，建立、拆除和监控数据链路等。

(2) 网络控制协议：主要用于协商所承载的网络层协议的类型及其属性，协商在该数据链路上所传输的数据包的格式与类型，配置网络层协议等。

(3) 验证协议 PAP 和 CHAP：主要用来验证 PPP 对端设备的身份合法性，在一定程度上保证链路的安全性。

在上层，PPP 通过多种 NCP 提供对多种网络层协议的支持。每一种网络层协议都有一种对应的 NCP 为其提供服务，因此 PPP 具有强大的扩展性和适应性。

11.3　PPP 会话

11.3.1　PPP 会话的建立过程

一个完整的 PPP 会话建立大体需要以下 3 步，如图 11-4 所示。

(1) 链路建立阶段：在这个阶段，运行 PPP 的设备会发送 LCP 报文来检测链路的可用情况，如果链路可用则会成功建立链路，否则链路建立失败。

(2) 验证阶段（可选）：链路成功建立后，根据 PPP 帧中的验证选项来决定是否验证。如果需要验证，则开始 PAP 或者 CHAP 验证，验证成功后进入网络协商阶段。

(3) 网络层协商阶段：在这一阶段，运行 PPP 的双方发送 NCP 报文来选择并配置网络层协议，双方会协商彼此使用的网络层协议（例如，是 IP 还是 IPX），同时也会选择对应的网络层

图 11-4　PPP 会话建立过程

地址（如 IP 地址或 IPX 地址）。如果协商通过则 PPP 链路建立成功。

11.3.2　PPP 会话流程

详细的 PPP 会话建立流程如图 11-5 所示。

图 11-5　PPP 会话流程

（1）当物理层不可用时，PPP 链路处于 dead 阶段，链路必须从这个阶段开始和结束。当通信双方的两端检测到物理线路激活（通常是检测到链路上有载波信号）时，就会从当前这个阶段跃迁至下一个阶段。

（2）当物理层可用时进入 establish 阶段。PPP 链路在 establish 阶段进行 LCP 协商，协商的内容包括是否采用链路捆绑、使用何种验证方式、最大传输单元等。协商成功后 LCP 进入 opened 状态，表示底层链路已经建立。

（3）如果配置了验证，则进入 authenticate 阶段，开始 CHAP 或 PAP 验证。这个阶段仅支持链路控制协议、验证协议和质量检测数据报文，其他的数据报文都会被丢弃。

（4）如果验证失败则进入 terminate 阶段，拆除链路，LCP 状态转为 down；如果验证成功则进入 Network 阶段，由 NCP 协商网络层协议参数，此时 LCP 状态仍为 opened，而 NCP 状态从 initial 转到 request。

（5）NCP 协商支持 IPCP 协商，IPCP 协商主要包括双方的 IP 地址。通过 NCP 协商来选择和配置一个网络层协议。只有相应的网络层协议协商成功后，该网络层协议才可以通过这条 PPP 链路发送报文。每种网络层协议（IP、IPX 和 AppleTalk）会通过各自相应的网络控制协议进行配置，每个 NCP 可在任何时间打开和关闭。当一个 NCP 的状态机变成 opened 状态时，PPP 就可以开始在链路上承载网络层的数据包报文了。

(6) PPP 链路将一直保持通信,直至有明确的 LCP 或 NCP 帧来关闭这条链路,或发生了某些外部事件(如线路被切断)。

(7) PPP 能在任何时候终止链路。当载波丢失、验证失败、链路质量检测失败和管理员人为关闭链路等情况均会导致链路终止。

11.4 PPP 验证

11.4.1 PAP 验证

PAP 验证为两次握手验证,验证过程仅在链路初始建立阶段进行,验证的过程如图 11-6 所示。

图 11-6 PAP 验证过程

(1) 被验证方以明文发送用户名和密码到主验证方。

(2) 主验证方核实用户名和密码。如果此用户合法且密码正确,则会给对端发送 ACK 消息,通告对端验证通过,允许进入下一阶段协商;如果用户名或密码不正确,则发送 NAK 消息,通告对端验证失败。

为了确认用户名和密码的正确性,主验证方要么检索本机预先配置的用户列表,要么采用类似 RADIUS 的远程验证协议向网络上的验证服务器查询用户名和密码信息。

PAP 验证失败后并不会直接将链路关闭。只有当验证失败次数达到一定值时,链路才会被关闭,这样可以防止因误传、线路干扰等造成不必要的 LCP 重新协商过程。

PAP 验证可以在一方进行,即由一方验证另一方的身份,也可以进行双向身份验证,双向验证可以理解为两个独立的单向验证过程,即要求通信双方都要通过对方的验证程序,否则无法建立两者之间的链路。

在 PAP 验证中,用户名和密码在网络上以明文的方式传递,如果在传输过程中被监听,监听者可以获知用户名和密码,并利用其通过验证,从而可能对网络安全造成威胁。因此,PAP 适用于对网络安全要求相对较低的环境。

11.4.2 CHAP 验证

CHAP 验证为三次握手验证,CHAP 协议是在链路建立的开始就完成的。在链路建立完成后的任何时间都可以重复发送进行再验证,CHAP 验证过程如图 11-7 所示。

(1) challenge:主验证方主动发起验证请求,主验证方向被验证方发送一个随机产生的数值,并同时将本端的用户名一起发送给被验证方。

(2) response:被验证方接收到主验证方的验证请求后,检查本地密码。如果本端接口上

图 11-7 CHAP 验证过程

配置了默认的 CHAP 密码,则被验证方选用此密码;如果没有配置默认的 CHAP 密码,则被验证方根据此报文中主验证方的用户名在本端的用户表中查找该用户对应的密码,并选用找到的密码。随后,被验证方利用 MD5 算法对报文 ID、密码和随机数生成一个摘要,并将此摘要和自己的用户名发回主验证方。

(3) acknowledge or not acknowledge:主验证方用 MD5 算法对报文 ID、本地保存的被验证方密码和原随机数生成一个摘要,并与收到的摘要值进行比较。如果相同则向被验证方发送 acknowledge 消息声明验证通过;如果不同则验证不通过,向被验证方发送 not acknowledge。

CHAP 单向验证是指一端作为主验证方,另一端作为被验证方。双向验证是单向验证的简单叠加,即两端都是既作为主验证方又作为被验证方。

11.4.3 PAP 与 CHAP 对比

PPP 支持的两种验证方式 PAP 和 CHAP 区别如下。

(1) PAP 通过两次握手的方式来完成验证,而 CHAP 通过三次握手验证远端节点。PAP 验证由被验证方首先发起验证请求,而 CHAP 验证由主验证方首先发起验证请求。

(2) PAP 密码以明文方式在链路上发送,并且当 PPP 链路建立后,被验证方会不停地在链路上反复发送用户名和密码,直到身份验证过程结束,所以不能防止攻击。CHAP 只在网络上传输用户名,而并不传输用户密码,因此它的安全性要比 PAP 高。

(3) PAP 和 CHAP 都支持双向身份验证,即参与验证的一方可以同时是验证方和被验证方,但由于 CHAP 的安全性优于 PAP,其应用更加广泛。

11.5 配置 PPP

11.5.1 PPP 基本配置

要在路由器接口上封装 PPP,在接口视图下使用 link-protocol ppp 命令。默认情况下,路由器串口链路层协议为 PPP。配置时同样应注意,通信双方的接口都要使用 PPP,否则通信无法进行。

要设置验证类型,选择 PAP 验证或是 CHAP 验证,则在接口视图下配置。

[H3C-Serial1/0] ppp authentication-mode { chap | pap }

要设置用户名、密码、服务类型等,须在全局视图下配置。

```
[H3C]local-user user-name class network
[H3C-luser-network-name]password { cipher | simple } password
[H3C-luser-network-name]service-type ppp
```

其中若使用 simple 关键字,则密码以明文方式出现在配置文件中;若使用 cipher 关键字,密码以密文方式出现在配置文件中,即使看到配置文件也无法获知密码。

注意:配置 ppp authentication-mode { chap | pap } 而不加 domain 关键字时,默认使用的 domain 是系统默认的域 system,验证方式是本地验证,地址分配必须使用该域下配置的地址池(通过 display domain 命令可以查看该域的配置)。如果该命令加了 domain,则必须在对应的 domain 中配置地址池。

11.5.2 配置 PPP PAP 验证

PAP 验证双方分为主验证方和被验证方。在主验证方路由器上配置 PPP PAP 的步骤如下。

第 1 步:设置本地验证对端的方式为 PAP,在接口视图下配置。

```
[H3C-Serial1/0] ppp authentication-mode pap
```

第 2 步:将对端用户名和密码加入本地用户列表并设置服务类型,在全局视图下配置。

```
[H3C]local-user user-name class network
[H3C-luser-network-name]password { cipher | simple } password
[H3C-luser-network-name]service-type ppp
```

在被验证方路由器上配置 PPP PAP,须在接口视图下,配置 PAP 验证时被验证方发送的 PAP 用户名和密码。

```
[H3C-Serial1/0] ppp pap local-user username password { cipher | simple } password
```

被验证方将用户名和密码送给主验证方,主验证方查找本地用户列表,检查被验证方送来的用户名和密码是否完全正确,并根据验证结果确认连接建立或拒绝连接。

注意:在系统视图下配置的 **local-user** user-name **class network** 是将对端的用户名和密码加入到本地用户列表,而在接口上配置的 **ppp pap local-user** username **password** { **cipher** | **simple** } password 是配置己方向对方发送的用户名和密码,注意区分。

在主验证方,本地存储的用户名和密码要和被验证方发送的用户名和密码一致,否则无法验证通过。

11.5.3 配置 PPP CHAP 验证

CHAP 验证双方同样分为主验证方和被验证方,主验证方首先发起验证。

在主验证方路由器上配置 PPP CHAP 的步骤如下。

第 1 步:在接口视图下,配置本地验证对端的方式为 CHAP。

```
[H3C-Serial1/0] ppp authentication-mode chap
```

第 2 步:在接口视图下,配置本地用户名称,用户名是发送到对端设备进行 CHAP 验证时使用的用户名。

[H3C-Serial1/0] ppp chap user *username*

第 3 步：将对端用户名和密码加入本地用户列表设置验证类型，在系统视图下配置。

[H3C]local-user *user-name* class network
[H3C-luser-network-name]password { cipher | simple } *password*
[H3C-luser-network-name]service-type ppp

在被验证方路由器上配置 PPP CHAP 的步骤如下。

第 1 步：在接口视图下配置本地名称，用户名是发送到对端设备进行 CHAP 验证时使用的用户名。

[H3C-Serial1/0] ppp chap user *username*

第 2 步：配置本地用户密码信息，有两种配置方式。一种方式是在系统视图下向本地用户列表添加用户名和密码。

[H3C]local-user *user-name* class network
[H3C-luser-network-name]password { cipher | simple } *password*
[H3C-luser-network-name]service-type ppp

另一种方式是在接口视图下配置默认的 CHAP 密码，这样接口在进行 CHAP 验证时就会使用此密码。

[H3C-Serial1/0] ppp chap password { cipher | simple } *password*

注意：配置 CHAP 验证时，被验证方发送的 *username* 应与主验证方用户列表中的 *username* 相同，而且对应的 *password* 要一致。

当配置被验证方使用默认 CHAP 密码时，在主验证方可以不配置第 2 步。

11.5.4 PPP 配置示例

1. PPP 基本配置示例

在本例中，RTA 与 RTB 之间使用 V.35 线缆通过背靠背方式连接起来，如图 11-8 所示，双方互连的接口均为 serial1/0，验证方式为 PPP 不验证。由于双方使用了默认封装 PPP，所以不需要再配置接口的链路协议。基本的 PPP 连接不需要配置任何验证，只需配置 IP 地址即可。

图 11-8　PPP 基本配置示例

（1）在 RTA 上配置。

[RTA]int Serial 1/0
[RTA-Serial1/0]ip address 1.1.1.1 255.255.255.252

（2）在 RTB 上配置。

[RTB]int Serial 1/0
[RTB-Serial1/0]ip address 1.1.1.2 255.255.255.252

2. PAP 验证配置示例

在本例中，RTA 与 RTB 之间使用 V.35 线缆通过背靠背方式连接起来，如图 11-9 所示，双方互连的接口均为 serial1/0，验证方式为 PAP 验证。

RTB 使用用户名 routerb 密码 hello 向 RTA 请求验证。由于双方使用了默认封装 PPP,所以不需要再配置接口的链路协议。

图 11-9 PAP 验证配置示例

(1) 在 RTA 上将 RTB 的用户名和口令添加到本地用户列表。

[RTA]local-user routerb class network
[RTA-luser-routerb] password simple hello
[RTA-luser-routerb] service-type ppp
[RTA-luser-routerb] interface serial1/0

(2) 指定 RTA 为主验证方,验证方式为 PAP 验证。

[RTA-Serial1/0] ppp authentication-mode pap
[RTA-Serial1/0] ip address 1.1.1.1 255.255.255.252

(3) 在 RTB 上配置 RTB 为被验证方,用户名为 routerb,密码为 hello。

[RTB]int serial 1/0
[RTB-Serial1/0] ppp pap local-user routerb password simple hello
[RTB-Serial1/0] ip address 1.1.1.2 255.255.255.252

3. CHAP 验证配置示例一

在本例中,RTA 与 RTB 之间使用 V.35 线缆通过背靠背方式连接起来,如图 11-10 所示,双方互连的接口均为 serial1/0,验证方式为 CHAP 验证。

图 11-10 CHAP 验证配置示例一

RTA 和 RTB 均在接口上配置了 ppp chap user 命令,并都配置了本地用户名和密码。其中 RTA 接口上配置的用户名与 RTB 的本地用户名相同,而 RTB 接口上配置的用户名与 RTA 的本地用户名相同,并且双方密码一致。

(1) 在 RTA 上将 RTB 的用户名和口令添加到本地用户列表。

[RTA]local-user routerb class network
[RTA-luser-routerb] password simple hello
[RTA-luser-routerb] service-type ppp
[RTA-luser-routerb] interface serial1/0

(2) 指定 RTA 为主验证方,验证方式为 CHAP 验证。

[RTA-Serial1/0]ppp authentication-mode chap

(3) 配置 RTA 自己的用户名为 routera。

[RTA-Serial1/0] ppp chap user routera
[RTA-Serial1/0] ip address 1.1.1.1 255.255.255.252

(4) 在 RTB 上将 RTA 的用户名和口令添加到本地用户列表。

[RTB]local-user routera class network
[RTB-luser-routera] password simple hello
[RTB-luser-routera] service-type ppp
[RTB-luser-routera] interface serial1/0

(5) 配置 RTB 自己的用户名为 routerb。

[RTB-Serial1/0] ppp chap user routerb
[RTB-Serial1/0] ip address 1.1.1.2 255.255.255.252

4. CHAP 验证配置示例二

在本例中,RTA 与 RTB 之间使用 V.35 线缆通过背靠背方式连接起来,如图 11-11 所示,双方互连的接口均为 serial1/0,验证方式为 CHAP 验证。

RTB 在接口上配置了用户名 routerb 和默认 CHAP 密码 hello,此用户名与 RTA 本地用户 routera 名称相同,而此密码与 RTA 本地用户 routerb 的密码相同。

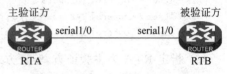

图 11-11　CHAP 验证配置示例二

(1) 在 RTA 上将 RTB 的用户名和口令添加到本地用户列表。

[RTA] local-user routerb class network
[RTA-luser-routerb] password simple hello
[RTA-luser-routerb] service-type ppp
[RTA-luser-routerb] interface serial1/0

(2) 指定 RTA 为主验证方,验证方式为 CHAP 验证。

[RTA-Serial1/0] ppp authentication-mode chap
[RTA-Serial1/0] ip address 1.1.1.1 255.255.255.252

(3) 在 RTB 上配置 RTB 自己的用户名和密码。

[RTB] interface serial1/0
[RTB-Serial1/0] ppp chap user routerb
[RTB-Serial1/0] ppp chap password simple hello
[RTB-Serial1/0] ip address 1.1.1.2 255.255.255.252

11.6　PPP 显示和调试

完成配置后,在任意视图下执行 display 命令可以显示 PPP 配置后的运行情况,通过查看显示信息验证配置的效果。

在用户视图下执行 reset 命令可以清除相应的统计信息。

(1) 显示接口的 PPP 配置和运行状态。

display interface *interface-name*

(2) 显示指定 MP 接口的接口信息和统计信息。

display interface mp-group [*mp-number*]

(3) 查看已创建的 MP-Group 接口的状态信息。

display ppp mp [**interface** *interface-type interface-number*]

(4) 显示 PPP 验证的本地用户。

display local-user

（5）查看 PPP 的调试信息。

debugging ppp all

在以上列出的常用 PPP 的显示与调试命令中，使用最频繁的命令为 display interface，用来显示接口的 PPP 配置和运行状态。

```
[H3C]display interface Serial5/0
Serial5/0
Current state: UP
Line protocol state: UP
Description: Serial5/0 Interface
Bandwidth: 64kbps
Maximum Transmit Unit: 1500
Hold timer: 10 seconds
Internet Address is 1.1.1.1/24 Primary
Link layer protocol: PPP
LCP: opened, IPCP: opened
Output queue - Urgent queuing: Size/Length/Discards 0/100/0
Output queue - Protocol queuing: Size/Length/Discards 0/500/0
Output queue - FIFO queuing: Size/Length/Discards 0/75/0
Last clearing of counters: Never
Physical layer: synchronous, Virtual baudrate: 64000 bps
Last 300 seconds input rate: 0.00 bytes/sec, 0 bits/sec, 0.00 packets/sec
Last 300 seconds output rate: 0.00 bytes/sec, 0 bits/sec, 0.00 packets/sec
Input:
    24 packets, 678 bytes
    0 broadcasts, 0 multicasts
    0 errors, 0 runts, 0 giants
    0 CRC, 0 align errors, 0 overruns
    0 aborts, 0 no buffers, 0 frame errors
Output:
    24 packets, 678 bytes
    0 errors, 0 underruns, 0 collisions
    0 deferred
DCD: UP, DTR: UP, DSR: UP, RTS: UP, CTS: UP
```

通过 display interface 命令可以显示具体接口信息。当接口物理状态和协议状态都为 up 时，可以看到 LCP 状态为 opened，IPCP 状态也为 opened，说明 PPP 工作正常。

通过 debugging ppp all 命令可以开启整个 PPP 链路建立过程中的所有调试信息。以下只列出了部分调试信息供参考。其中 PPP event 和 PPP state change 显示了 PPP 链路建立过程中的所有事件和状态的改变。

```
<H3C> debugging ppp all
*Oct 20 12:55:03:685 2013 H3C PPP/7/EXTERNAL_EVENT_0:
  PPP External Event:
      Serial5/0: PPP daemon receive PPP_IFMSG_UP event!
%Oct 20 12:55:03:686 2013 H3C IFNET/3/PHY_UPDOWN: Physical state on the interface Serial5/0
changed to up.
*Oct 20 12:55:03:685 2013 H3C PPP/7/EXTERNAL_EVENT_0:
  PPP External Event:
      Serial5/0: PPP daemon enter lcp establish flow!
```

```
*Oct 20 12:55:03:685 2013 H3C PPP/7/FSM_EVENT_0:
PPP Event:
    Serial5/0 LCP Open Event
    State initial
*Oct 20 12:55:03:686 2013 H3C PPP/7/FSM_STATE_0:
PPP State Change:
    Serial5/0 LCP: initial --> starting
*Oct 20 12:55:03:686 2013 H3C PPP/7/FSM_EVENT_0:
PPP Event:
    Serial5/0 LCP Lower Up Event
    State starting
*Oct 20 12:55:03:687 2013 H3C PPP/7/FSM_STATE_0:
PPP State Change:
    Serial5/0 LCP: starting --> reqsent
*Oct 20 12:55:03:687 2013 H3C PPP/7/FSM_PACKET_0:
PPP Packet:
    Serial5/0 Output LCP(c021) Packet, PktLen 14
    Current State reqsent, code ConfReq(01), id 3, len 10
    MagicNumber(5), len 6, val 40 06 90 7c
*Oct 20 12:55:04:641 2013 H3C PPP/7/EXTERNAL_EVENT:
PPP External Event:
    Serial5/0 deliver packet to user space success
```

11.7 本章总结

（1）PPP 适用于同异步链路的点到点链路层协议，广泛地应用于点到点的场合。

（2）PPP 由 LCP、NCP、PAP 和 CHAP 等协议组成。

（3）PPP 的链路建立由三个部分组成：链路建立阶段、可选的网络验证阶段及网络层协商阶段。

（4）PPP 有 PAP 和 CHAP 两种验证方式。

11.8 习题和解答

11.8.1 习题

1. PPP 在 LCP 的协商状态变为 opened 后，可能进入（　　）阶段。
   A. dead   B. establish   C. authenticate   D. network
2. PAP 验证是（　　）次握手，而 CHAP 验证为（　　）次握手。
   A. 2   B. 3   C. 4   D. 5
3. PPP 协商包含（　　）阶段。
   A. dead   B. establish   C. authenticate   D. network
   E. terminate
4. PPP 由（　　）组成。
   A. LCP   B. NCP   C. PAP   D. CHAP

11.8.2 习题答案

1. CD   2. AB   3. ABCDE   4. ABCD

第12章

PPPoE

以太网是现有局域网采用的最通用而且最成熟的通信协议标准。由于以太网在性价比、可扩展性、可靠性和 IP 网络的适应性上的优势,以太网也已经成为宽带接入网络乃至运营商城域网和骨干网的首选技术之一。

12.1 本章目标

学习完本章,应该能够达到以下目标。
(1) 理解以太网接入的典型应用。
(2) 掌握 PPPoE 技术的基本原理。
(3) 掌握 PPPoE 的典型配置。
(4) 了解以太网接入的优势和劣势。

12.2 以太网接入的典型应用

12.2.1 接入网

在 Internet 接入技术的需求方面,企业网的用户和普通的个人用户并没有太大的区别,当然是接入带宽越高越好,接入成本越低越好,接入方式越灵活越好。这些需求可以说从某种程度上造就了宽带接入技术的蓬勃发展。

对于电信运营商来说,数据网络的建设分为三层,核心交换网(又称为骨干网)、城域网和接入网。
(1) 核心交换网相当于城市之间的高速公路。
(2) 城域网相当于城市市区内的道路。
(3) 接入网则是将道路从市区一直延伸到小区,直至每个分支办公室或家庭用户。

在传统的 PSTN 网络概念中,接入即为本地交换机(local exchange)与用户之间的连接部分,通常包括用户线传输系统、复用设备、交叉连接设备或用户/网络终端设备。国际电信联盟(ITU-T)第 13 组于 1995 年 7 月通过了关于接入网框架结构方面的建议 G.902,其中对接入网的定义如下。

接入网由业务节点接口(service node interface,SNI)和用户网络接口(user node interface,UNI)之间的一系列传送实体(如线路设备和传输设施)组成,为供给电信业务而提供所需传送承载能力的实施系统,可经由管理接口(Q3)配置和管理。

接入网主要解决的是"最后一公里"的接入问题。由于骨干网一般采用光纤结构,传输速度快,因此接入网往往便成为整个网络系统的带宽瓶颈。而用户对网络带宽的需求可以说是永无止境的,因此接入网的宽带化成为必然的发展趋势。接入网如图 12-1 所示。

图 12-1　接入网

12.2.2　以太网接入

IP 技术的发展成熟使得话音、数据、视频和移动等应用的融合成为必然，统一通信已成为发展的趋势。以 IP 技术为核心进行网络改造并承载多种新型业务以提升竞争力，是固网运营商的发展方向。

而以太网技术由于标准化程度高、应用广泛、带宽提供能力强、扩展性良好、技术成熟、设备性价比高、对 IP 支持良好，已成为城域网和接入网的发展趋势。

图 12-2 是一个利用以太网技术提供宽带接入的示例。在图 12-2 所示的以太网接入组网应用中，主要有以下 3 类设备。

（1）位于 CPN 也就是用户侧的设备——家庭网关（home gateway，HG）：HG 的主要作用是将家庭内的网络化信息设备（计算机、电话、电视机等）连接到运营商的接入网络，通常由具备多种接口的 SOHO 路由器完成上述功能。

（2）位于运营商接入网边缘的设备——接入点（access node，AN）设备：AN 的主要作用是接入来自不同家庭或园区网络的数据流量，通常由二层或三层以太网交换机完成上述功能。

（3）位于 AN 和运营商城域网乃至骨干网之间的设备——汇聚（aggregation，AGG）设备：AGG 的主要作用是汇聚来自不同 AN 的数据流量，通常由性能较高的路由交换设备完成上述功能。

以太网接入一般适用于园区或者住宅小区内用户的密集接入，以光纤和双绞线作为主要的传输介质，方便用户接入带宽的升级。当采用光纤时，结合相应的光传输技术，以太网也能支持较长距离的接入，因而也适用于对带宽和线路质量要求高、空间分布较为离散、距离较远的用户群的接入。

图 12-2　以太网接入

12.2.3　大型园区接入的典型应用

大型园区的接入是以太网接入的典型应用场景之一。对于用户众多的大型住宅园区，可以采用园区内设置一台园区交换机作为 AN。园区交换机下行以百兆或千兆光纤连接所有楼道交换机，楼道交换机再连接到各用户的 HG，实现园区网络的汇聚；上行则采用千兆光纤连接到 AGG，实现园区网络的高速接入。

在如图 12-3 所示的以太网接入应用中，AN 可以选用三层交换机或二层交换机进行部署，其区别有以下几点。

图 12-3　大型园区接入的典型应用

（1）采用三层转发延伸到 AN 的接入方式时，AN 上行通过路由协议实现路由转发，AN 下行通过 VLAN 实现不同用户二层隔离，这样广播域被限制在 AN 下行的同一业务 VLAN

内,提高了接入网的带宽利用率。如果二层交换在 AGG 终结,则广播域的范围扩大到一台 AGG 设备下的同一业务 VLAN。

(2) 在二层交换终结在 AGG 设备的方案中,一台 AGG 设备最多可接入用户终端数将受限于其自身 MAC 地址表项数。而如果采用三层到 AN 的方案,AN 对用户进行高密度接入并终结二层转发,从而同一 AGG 可以接入更多用户终端。

(3) 采用三层到 AN 的方案时,AN 和 AGG 上无须支持和部署复杂的二层隔离和安全特性,网络改造规模小,有利于采用较低成本的设备进行快速部署。

根据上面的对比,我们不难发现,选用三层交换机作为 AN 进行部署比起选用二层交换机优势明显,在大部分的以太网接入应用中也采用了这种方式。

12.3　PPPoE 原理及配置

12.3.1　PPPoE 原理

1. PPPoE 的基本原理和应用方式

在利用以太网技术进行宽带接入的应用中,如何对用户进行认证、授权和计费也是运营商需要考虑的首要问题之一。在以太网交换机上支持的一些认证手段如 IEEE 802.1x 主要基于以太网交换机上的物理端口,而且部署上需要尽量靠近边缘,甚至需要在运营商管理范围之外的一些接入设备上进行部署,因此在部署和管理上都不太方便,具有一定的局限性。

RFC2516 定义的 PPPoE(point-to-point protocol over Ethernet)技术可以说很好地解决了以太网接入应用中的用户认证问题。PPPoE 协议采用 client/server 方式,它将包含用户认证信息的 PPP 报文封装在以太网帧之内,在以太网上提供点到点连接的同时,也利用 PPP 协议的 PAP 和 CHAP 认证方式对用户进行认证,如图 12-4 所示。

图 12-4　以太网接入用户的认证——PPPoE

PPPoE client 可以是用户侧的 HG 设备,也可以是连接到网络的 PC。PPPoE client 将以太网帧(携带 PPP 帧)通过以太网传送到 PPPoE server 上以进行 PPP 认证。在实际应用中,PPPoE server 通常是位于骨干网的边缘层宽带接入服务器(broadband remote access server,BRAS)。BRAS 主要完成以下两方面功能。

(1) 网络承载功能:负责终结用户的 PPPoE 连接、汇聚用户的流量功能。

(2) 控制实现功能:与认证系统、计费系统、客户管理系统和服务策略控制系统相配合,实现用户接入的认证、计费和管理功能。

这两项功能都可以利用路由器设备进行实现,为方便理解,在后续的组网图和介绍中我们都以路由器来代替宽带接入服务器和模拟 PPPoE server。

PPPoE 有两个明显的阶段:discovery 阶段和 PPP session 阶段,具体如下。

（1）discovery 阶段：当一个主机想开始 PPPoE 进程的时候，它必须先识别接入端的以太网 MAC 地址，建立 PPPoE 的 SESSION ID。这就是 discovery 阶段的目的。

（2）PPP session 阶段：当 PPPoE 进入 session 阶段后，PPP 报文就可以作为 PPPoE 帧的净荷封装在以太网帧发到对端，SESSION ID 必须是 discovery 阶段确定的 ID，MAC 地址必须是对端的 MAC 地址，PPP 报文从 protocol ID 开始。在 session 阶段，主机或服务器任何一方都可发 PADT(PPPoE active discovery terminate) 报文通知对方结束本 session。

2. PPPoE 的帧结构

图 12-5 所示的以太网帧的结构中，各部分内容如下。

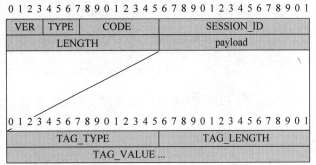

图 12-5　PPPoE 的帧结构

（1）ETHER_TYPE 为 0x8863 时，表示该帧为 discovery 阶段的报文，ETHER_TYPE 为 0x8864 时，则表示该帧为 PPP session 阶段的报文。

（2）DESTINATION_ADDR 部分为目的 MAC 地址，可以是广播 MAC 地址（0xffffffff）或者单播 MAC 地址。对于 PPP session 数据来说，必须使用在 discovery 阶段中确认的单播 MAC 地址。

（3）SOURCE_ADDR 表示源 MAC 地址。

图 12-5 所示的 PPPoE 的以太网帧 payload 中各字段的解释如下。

（1）VER：PPPoE 的版本，根据 RFC2516 要求必须被设为 0x1。

（2）TYPE：根据现存的 PPPoE 版本必须被设为 0x1。

（3）CODE：用于标识 discovery 阶段和 PPP session 阶段的不同报文，其取值在后面进行详细介绍。

（4）SESSION_ID：用于唯一标识一个 PPP session，在 discovery 阶段被定义，在 PPP session 阶段被使用。保留值为 0xffff。

（5）LENGTH：仅指 PPPoE payload 的长度，不包括以太网帧和 PPPoE 的头部。

（6）payload：PPPoE 的 payload 包括 0 或多个 TAG。TAG 采用图 12-5 所示的 TLV (type-length-value) 结构，其中 TAG_TYPE 表示 TAG 的类型，常用的类型在后面会进行介绍。TAG_LENGTH 则表示 TAG_VALUE 的长度。

3. PPPoE 的协商过程

图 12-6 为 PPPoE 的协商过程，PPPoE client 先将用户数据封装为 PPP，再将 PPP 封装到以太网帧中，PPP 中相关的验证信息将会送给 PPPoE server 进行 PAP 或 CHAP 验证。通过

验证之后，PPPoE client 会以 IPCP 协商的形式从 PPPoE server 获得 IP 地址。

图 12-6　PPPoE 的协商过程：Discovery & Session

PPPoE client 和 PPPoE server 之间的 PPPoE 协商过程分为 discovery 阶段和 PPP session 阶段。

（1）discovery 阶段。

第 1 步：PPPoE client 在以太网口上广播 PADI(PPPoE active discovery initiation)报文，该报文以以太网帧的形式被 ADSL modem 桥接到运营商的 PPPoE server 上（PPPoE 头部：CODE＝0x09；SESSION_ID＝0x0000。PPPoE payload：TAG_TYPE 必须包括 service-name，用于指示请求的服务；也可以包含其他的 TAG）。

第 2 步：PPPoE server 在收到 PADI 之后，发送回 PADO(PPPoE active discovery offer)报文，其中包含了 PPPoE server 的 AC-name(access concentrator's name)信息和可以提供的服务信息 service-name，以供 PPPoE client 进行选择（PPPoE 头部：CODE＝0x07；SESSION_ID＝0x0000。PPPoE payload：必须包含至少一个 service-name 的 TAG，用于指示可以提供的服务类型；必须包含 AC-name 的 TAG）。

注意：在实际应用中，运营商的网络中可能存在多台 PPPoE server 来响应 PPPoE client 的 PADI 报文。通常在 discovery 阶段，PPPoE client 需要发现所有可用 PPPoE server，并根据其 AC-name 和 service-name 信息来选择一个合适的 PPPoE server。

第 3 步：PPPoE client 发送一个单播的 PADR(PPPoE active discovery request)报文给选定的 PPPoE server。报文中包含服务信息 service-name（PPPoE 头部：CODE＝0x19；SESSION_ID＝0x0000。PPPoE payload：TAG_TYPE 必须包括 service-name，用于指示请求的服务；也可以包含其他的 TAG）。

第 4 步：PPPoE server 发回 PADS(PPPoE active discovery session-confirmation)报文，其中包含 session ID 信息。完成 discovery 阶段（PPPoE 头部：CODE＝0x19；SESSION_ID 由 PPPoE server 定义。PPPoE payload：TAG_TYPE 必须包括 service-name，用于指示 PPPoE server 同意提供的服务；也可以包含其他的 TAG）。

注意：在此阶段，如果 PPPoE server 和 client 就服务类型 service-name 未能达成一致，SESSION_ID 将被设为 0x0000，无法建立 PPP session。

在 discovery 阶段之后,PPPoE client 已经知道了 PPPoE server 的 MAC 地址和 session ID,并可以据此来建立相应的 PPP 连接。接下来进入 PPP session 阶段。

(2) PPP session 阶段。

在 PPP session 阶段,PPPoE client 和 PPPoE server 之间进行普通的 LCP、NCP、IPCP 协商来进行 PPP 验证(PAP 或 CHAP)和 IP 地址的分配。这里不再赘述。

在 PPP session 阶段,以太网帧的 ETHER_TYPE 为 0x8864,PPPoE 头部的 CODE=0x00,SESSION_ID 在会话建立过程中不能发生改变,PPPoE payload 为 PPP 帧。

在 PPP session 建立之后,PPPoE server 和 client 都可以通过发送 PADT(PPPoE active discovery terminate)报文来终止 PPP session。PPPoE 头部的 CODE=0xa7,不包括 TAG。

12.3.2　PPPoE 的配置

1. PPPoE server 的相关配置

如果以 H3C MSR 作为 PPPoE server,相关的配置主要包括以下内容。

(1) 配置虚拟接口模板。

(2) 在以太网接口上启用 PPPoE。

在系统视图下使用 interface virtual-template 命令可以创建虚拟接口模板并进入虚拟接口模板视图。在虚拟接口模板视图下可以进行如下配置。

(1) 设置 PPP 的工作参数(PAP 验证)。

ppp authentication-mode pap [[**call-in**] **domain** *isp-name*]

(2) 设置 PPP 的工作参数(CHAP 验证)。

ppp authentication-mode chap [[**call-in**] **domain** *isp-name*]
ppp chap user *username*

(3) 设置 PPP 的工作参数(通过使用全局地址池给对端分配地址):首先定义全局 IP 地址池,然后在接口上使用全局地址池给 PPP 用户分配 IP 地址。

ip pool *pool-number low-ip-address* [*high-ip-address*]
remote address pool [*pool-number*]

(4) 进入指定的以太网接口视图,使用 pppoe-server 命令绑定虚拟接口模板在以太网接口上启用 PPPoE。

pppoe-server bind virtual-template [*number*]

2. PPPoE client 的相关配置

如果以 H3C MSR 作为 PPPoE client,相关的配置主要包括以下内容。

(1) 配置拨号接口。

(2) 配置 PPPoE 会话。

相关的配置命令如下。

(1) 配置全局 dialer-group rule。

dialer-group *group-number* **rule** { **ip** | **ipv6** } { **deny** | **permit** | **acl** { *acl-number* | **name** *acl-name* }

（2）创建一个 dialer 接口。

interface dialer *number*

（3）配置接口 IP 地址。

ip address { *address mask* | **ppp‐negotiate** }

（4）使能共享 DDR。

dialerbundle enable

（5）配置接口的 dialer group。

dialer‐group *group‐number*

（6）在以太网接口视图下建立一个 PPPoE 会话，并且指定该会话所对应的 dialer bundle，该 dialer bundle 的序号 number 与 dialer 接口的编号相同。

pppoe‐client dial‐bundle‐number *number* [**no‐hostuniq**]

注意：可在 dialer 接口视图下通过配置 dialer timer idle *idle* [in | in-out]命令来设置链路空闲时间，当 idle 配置为 0 时，PPPoE 会话工作在永久在线模式下，否则工作在按需拨号模式式下。

3. PPPoE server 典型配置举例

在图 12-7 所示的组网中，我们用一台 MSR(RTA)来作为 PPPoE server，PPPoE client 也是一台 MSR(HG)，PPPoE server 和 PPPoE client 都通过以太网接口连接到一台以太网交换机(SWA，模拟以太网接入环境)。

图 12-7　典型配置(server 的配置)

在 PPPoE server 上的配置如下。

（1）配置虚拟模板接口 1 的参数，采用 PAP 认证对端。

[RTA] interface virtual‐template 1
[RTA‐Virtual‐Template1] ppp authentication‐mode pap domain dm1

（2）在 G0/0 接口上启用 PPPoE server 协议，并与虚拟模板接口 1 绑定。

[RTA] interface gigabitethernet 0/0
[RTA‐GigabitEthernet0/0] pppoe‐server bind virtual‐template 1

（3）配置 DHCP 地址池 pool1。

[RTA] dhcp enable
[RTA] dhcp server ip‐pool pool1

```
[RTA-dhcp-pool-pool1] network 1.1.1.0 24 export-route
[RTA-dhcp-pool-pool1] gateway-list 1.1.1.1 export-route
[RTA-dhcp-pool-pool1] dns-list 8.8.8.8
[RTA-dhcp-pool-pool1] forbidden-ip 1.1.1.1
```

(4) 配置一个 PPPoE 用户。

```
[RTA] local-user user1 class network
[RTA-luser-network-user1] password simple pass1
[RTA-luser-network-user1] service-type ppp
```

(5) 在 ISP 域 dm1 下,配置域用户使用本地验证方案,并授权地址池。

```
[RTA] domain dm1
[RTA-isp-dm1] authentication ppp local
[RTA-isp-dm1] authorization-attribute ip-pool pool1
```

配置完成后,当 PPPoE client 通过 PPPoE 接入 router 后,可通过如下命令显示所有 DHCP 地址绑定信息。

```
[RTA]display dhcp server ip-in-use
IP address      Client identifier/           Lease expiration    Type
                Hardware address
1.1.1.2         0039-3636-312e-6436-         Unlimited           Auto(C)
                3739-2e30-6130-352d-
                6666-6666-6666-6666
```

4. PPPoE client 典型配置举例

在 PPPoE client 上的配置如下。

(1) 拨号接口相关配置。

```
[HG]dialer-group 1 rule ip permit
[HG]interface dialer 1
[HG-Dialer1]ip address ppp-negotiate
[HG-Dialer1]dialer bundle enable
[HG-Dialer1]dialer-group 1
[HG-Dialer1]ppp pap local-user user1 password simple pass1
```

(2) 配置 PPPoE 会话。

```
[HG]interfaceGigabitEthernet 0/0
[HG-GigabitEthernet0/0]pppoe-client dial-bundle-number 1
```

(3) 配置 PPPoE client 工作在永久在线模式,以便于测试配置效果。

```
[HG-Dialer1] dialer timer idle 0
```

配置完成后,PPPoE client 就可以与远端的 PPPoE server 建立 PPPoE 会话。可通过如下命令进行验证。

```
[HG-Dialer1] display pppoe-client session summary
Bundle ID      Interface    VA      RemoteMAC          LocalMAC          State
1      1       GE0/0        VA0     9649-900e-0705     9661-d679-0a05    SESSION
```

12.4 本章总结

(1) 以太网接入的典型应用。
(2) PPPoE 技术的基本原理。
(3) PPPoE 在 H3C 路由器上的典型配置。

12.5 习题和解答

12.5.1 习题

1. 下列 PPPoE 的报文中，可能包含有效的 PPP session ID 信息的有（　　）。

　　A. PADI（PPPoE active discovery initiation）

　　B. PADO（PPPoE active discovery offer）

　　C. PADR（PPPoE active discovery request）

　　D. PADS（PPPoE active discovery session-confirmation）

　　E. PADT（PPPoE active discovery terminate）

2. 在二层交换终结在 AN 设备的以太网接入组网中，一台 AGG 设备最多可接入用户终端数将受限于其自身 MAC 地址表项数（　　）。

　　A. 正确　　　　　　B. 错误

3. PPPoE 的 session ID 在＿＿＿＿阶段确定。

4. 在 PPPoE 的配置中，虚拟接口模板配置在＿＿＿＿侧。

12.5.2 习题答案

1. DE　　2. B　　3. Discovery　　4. PPPoE server

第13章

SR技术基础

伴随云计算、移动互联网等应用模式的发展和流量模型的改变,应用要求网络能够主动"适应"业务流量,做到业务随需而变。

对于云应用来讲,传统的广域网技术会带来性能下降和网络拥塞,这是业务性能所不能接受的。因此业界需要一种安全可靠、敏捷灵活、可扩展的广域网技术,并提供端到端网络服务的细颗粒度控制,同时实现无缝访问数据中心内的应用及相关资源,不需要复杂的网关。为实现这一目标,SD-WAN搭配分段路由(segment routing,SR)技术应运而生,能够对在软件定义的虚拟服务器上运行的云计算应用做出及时响应及相关流量控制。

13.1 本章目标

学习完本章,应该能够达到以下目标。
(1) 了解 SR 技术的产生背景及应用场景。
(2) 掌握 SR 技术的基本概念。
(3) 掌握 SR 技术的基本原理。

13.2 SR 技术产生的背景

13.2.1 IP 转发

随着 Internet 的迅速普及,传统的路由器设备因其转发性能低下,逐渐成为网络的瓶颈。

首先,路由器采用的转发算法效率不高。路由器普遍采用 IP 转发。IP 转发的原则是最长匹配算法。路由器在判断该如何转发一个数据包时,需要遍历整个路由表,找出最能精确表达该数据目的地址所在位置的那一条路由。如图 13-1 所示,报文目的地址为 20.0.0.1,在路由表中有 4 条路由,都能涵盖 20.0.0.1,但路由器在转发该报文时,需要遍历整个路由表,并

IP路由表	
目标网络	出接口
0.0.0.0/0	S1/0
20.0.0.0/8	S0/0
20.0.0.0/16	S2/1
20.0.0.0/24	S1/1

图 13-1 IP 转发

对比确定最能精确说明 20.0.0.1 所在位置的 20.0.0.1/24 这条路由,才能确定如何转发该报文。随着网络规模的增大,路由表的规模也逐步增大,遍历路由表需要花费越来越多的时间;而数据量也随着网络规模的扩大逐步上升,路由器变得不堪重负。

其次,传统路由器多采用通用 CPU 进行转发处理,性能有限,对 IP 地址和路由的匹配运算需要耗费较多的处理器时间。

此外路由转发属于面向无连接的,对一些重要业务或对网络质量要求较高的业务无法提供较好的端到端的 QoS 保障。

13.2.2 ATM 转发

异步传送方式(asynchronous transfer mode,ATM)协议采用定长的标签代替 IP 地址,数据包抵达 ATM 交换机后只需要一次查表,就能找出与其唯一匹配的表项,确定报文的出接口。如图 13-2 所示,整个 ATM 转发表中只有唯一的一个表项与图中抵达的数据包相匹配。ATM 转发算法可以大大地提高报文的转发效率,然而 ATM 技术的控制信令实现复杂,它独立于 IP 转发中各种路由协议计算出的路由表项,采用一套复杂的专用表项建立机制形成 ATM 转发表。

图 13-2　ATM 转发

因为实现复杂,支持 ATM 技术的网络设备成本也相对高昂,用户将原有采用 IP 转发的网络改造成 ATM 转发的网络,需要投入较高的成本。也因为复杂,ATM 技术的普及度不高,众多网络维护人员不能像维护 IP 网络一样熟练维护 ATM 网络。所以 ATM 技术只得到了较小规模的应用,没有能如设计者预期的那样替代 IP 转发。人们希望能在 IP 和 ATM 之间取一个平衡,既可以提高转发效率,还要容易实现,于是 MPLS 技术诞生。

13.2.3 MPLS 转发

多协议标签交换(multiprotocol label switching,MPLS)的基本概念是用一个短且定长的标签封装网络层分组,即在数据包三层头部的前两层头部后添加一个 MPLS 数据头部,并将标签封装后的报文转发到已升级过的交换机或者路由器,交换机或路由器根据标签值转发报文。

MPLS 协议采用定长的标签代替 IP 地址,数据包抵达路由器或交换机后只需要一次查表,就能找出与其唯一匹配的表项,确定报文的出接口。与传统 IP 路由方式相比,它在数据转发时,只在网络边缘分析 IP 报文头,而不用在每一跳都分析 IP 报文头,从而节约了处理时间,如图 13-3 所示。

同时 MPLS 的标签转发本质上是一种隧道技术,天然兼容多种网络层和链路层协议,非常适合在各种 VPN 业务中充当公网隧道。此外 MPLS 的报文转发依靠一条固定的标签交换

图 13-3　MPLS 转发

路径,是一种面向连接的转发技术,这使得 MPLS 在流量工程(traffic engineering,TE)、服务质量(quality of service,QoS)等领域也有着广泛的应用。

MPLS 技术特性使其在广域网场景已经得到了大量部署,为广域网业务提供 VPN 隔离及差异化的流量调度方案。但随着网络规模的不断扩大,云计算的发展及用户对网络精细化管控需求的增强,MPLS 协议种类多、部署复杂、管理困难、可扩展性差等劣势也更为凸显,无法满足新一代广域网所要求的动态部署、灵活调度、快速部署、可扩展等方面的要求。

(1) 在控制协议方面,除了 IGP 和 BGP 协议外,MPLS 转发需要部署额外的标签分发控制协议,协议种类多,配置复杂,不利于维护。

(2) 在网络扩展能力方面,MPLS 转发需要网络中各个节点逐个进行路径计算,且为了维护节点间链接状态,节点间需要发送大量消息维持邻居和路径,浪费了链路带宽及设备资源,设备控制层面压力大,对 MPLS 协议规模部署造成一定阻碍。

13.2.4　SR 技术的优势

被称为"下一代 MPLS"的 segment routing 技术很好地继承了 MPLS 的优势,同时也对 MPLS 的劣势进行了颠覆和创新。

与 MPLS 相比,SR 技术的优势主要有以下 3 个方面,如图 13-4 所示。

图 13-4　SR 技术优势

(1) 在转发平面,可以从 MPLS 直接继承,原有 MPLS 转发平面不需要做任何修改或进行小的修改就可以应用于 SR 网络,所以天然支持传统 MPLS 网络;IPv6 网络针对 SR 技术定义一个新的扩展头,称为 SRH(segment routing header),来提供基于源的路由能力。

(2) 在控制平面,不需要部署复杂的标签分发协议,通过对现有的 IGP 协议和 BGP 协议进行扩展和优化,实现全网 SR 标签信息的通告和交互;同时也可以通过 SDN 控制器集中控制 SR 标签的分发和同步,从全局视角来对流量进行路径的规划,下发路径转发指导信息。

(3) 在路径选择方面,采用源路由的方式进行转发,中间节点不需要维护路径信息,只需维持部分标签转发表项即可,简化了设备控制平面,而且这也正符合 SDN 转控分离的思想,可以说 SR 理念上天然支持 SDN。

13.3 SR 基本概念及工作原理

13.3.1 SR 基本概念

分段路由(segment routing,SR)是基于源路由理念而设计的在网络上转发数据包的一种协议。SR 将网络路径分成一个个段,并且为这些段和网络节点分配段标识(segment identifier,ID)。通过对 SID 进行有序排列(segment ID list,SID 列表),就可以得到一条转发路径。

SR 采用源路径选择机制,预先在源节点封装好路径所要经过节点分配的 SID,当报文经过 SR 节点时,该节点根据报文的 SID 对报文进行转发,如图 13-5 所示。除源节点外,其他节点无须维护路径状态。

图 13-5 SR 转发示意图

SR 有以下基本概念。

(1) SR 节点：开启 SR 功能的设备称为 SR 节点。其中,负责为进入 SR 网络的报文添加标签的入口节点称为源节点；负责剥离报文中标签,并将报文转发给目的网络的出口节点称为尾节点。

(2) segment：段,表示网络指令,用来指明节点对入报文所执行的操作,指引报文去哪儿,怎么去。在 MPLS SR 中是指对标签的操作,即压入标签、交换标签和弹出标签。

(3) SID：段标识,用来标识 SR 域内唯一的段,在 MPLS SR 中为 MPLS 标签,在 SRv6 中为 IPv6 报文头。

SR 将网络路径分成一个个的段(segment),并且为这些段分配 SID。SID 的分配对象有两种,转发节点或者链路。如图 13-6 所示,本例中转发节点 SID 1600X,X 为路由器编号；链路 SID X0X,X 表示链路两端的节点编号。

图 13-6 SR 网络节点

13.3.2 SR 转发方式案例

如图 13-7 所示,R1、R2、R3、R6 为链路分配的 SID 分别为 102、203、306、607。R1 将报文

第13章 SR技术基础

图 13-7 SR 转发示例

转发到 R7 时，需要为报文指定出标签栈为（102、203、306、607）。报文转发过程如下。

（1）在源节点 R1 根据栈顶标签 102 查找标签转发表项，判断该标签对应的下一跳为 R2。R1 为报文封装标签栈（203，306，607）后，将该报文转发给 R2。

（2）中间节点 R2 接收到报文后，根据入标签 203 查找标签转发表项，判断该标签对应的下一跳为 R3。R2 删除标签栈最外层标签 203 后，发送给下一个中间节点 R3 继续转发。

（3）中间节点 R3 接收到报文后，根据入标签 8 查找标签转发表项，判断该标签对应的下一跳为 R6。R3 删除标签栈最外层标签 306 后，发送给下一个中间节点 R6 继续转发。

（4）中间节点 R6 接收到报文后，根据入标签 607 查找标签转发表项，判断该标签对应的下一跳为 R7。R6 删除标签栈最外层标签 607 后，发送给 R7 继续转发。

（5）R7 收到是一个 IP 报文，按 IP 转发即可。

13.4　SR 应用场景

相比 MPLS 协议，SR 虽然有很多优势，但仍然需要计算和设计路转发路径。谁更合适来做这件事？显然是拥有网络全局视角的 SDN。可以说 SR 协议本身就是面向 SDN 架构设计的协议，融合了设备自主转发和集中编程控制的优势，所以 SR 更多的是搭配 SDN 控制器一同使用。

如图 13-8 所示，设备通过 BGP-LS（BGP link-state）将网络拓扑信息同步到 SDN 控制器，控制器知晓整个网络拓扑及网络质量后，根据业务不同的质量需求进行路径的选择，并通过 NETCONF 协议将相关选路配置下发到设备上。

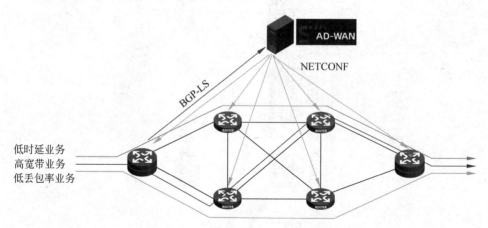

图 13-8　SR 应用在 SD-WAN 场景中

BGP-LS 主要的作用是汇总 IGP 协议收集的拓扑信息上送给上层控制器。BGP-LS 特性产生前，路由器使用 IGP（OSPF 或 IS-IS）协议收集网络的拓扑信息，IGP 协议将各个域的拓扑信息单独上送给上层控制器，在这种拓扑收集方式下，存在以下几个问题。

（1）对上层控制器的计算能力要求较高，且要求控制器也支持 IGP 协议及其算法。

（2）当涉及跨 IGP 域拓扑信息收集时，上层控制器无法看到完整的拓扑信息，无法计算端到端的最优路径。

（3）不同的路由协议分别上送拓扑信息给上层控制器，控制器对拓扑信息的分析处理过程比较复杂。

BGP-LS 特性产生后，IGP 协议发现的拓扑信息由 BGP 协议汇总后上送给上层控制器，利用 BGP 协议强大的选路和算路能力,可产生以下优势。

(1) 降低对上层控制器计算能力的要求,且不再对控制器的 IGP 能力有要求。

(2) BGP 协议将各个进程或各个 AS 的拓扑信息做汇总,直接将完整的拓扑信息上送给控制器,有利于路径选择和计算。

13.5 本章总结

(1) 随着网络发展,IP 转发,ATM 转发与 MPLS 转发已不能满足广域网发展要求。

(2) SR 基本概念及转发方式。

(3) SR 主要适用于 SDN 场景,实现业务定义网络。

13.6 习题和解答

13.6.1 习题

1. 当 SR 标签栈所有标签都被弹出后,网络报文按照(　　)转发。
   A. 路由快转表　　　　　　　　　　B. IP 路由表
   C. MAC 地址表　　　　　　　　　　D. MPLS 标签

2. 与 MPLS 相比,SR 具有(　　)的特点。
   A. 通过对现有协议(如 IGP)进行扩展来分发 SR 标签,能使现有网络更好地平滑迁移
   B. SR 采用 IP 转发,不需要额外维护另一张标签转发表
   C. 采用源路由技术,提供网络和上层应用快速交互的能力
   D. 可以通过 SDN 控制器集中控制 SR 标签的分发和同步,从全局视角来对流量进行路径的规划,下发路径转发指导信息

13.6.2 习题答案

1. B　　2. ACD

第 4 篇
网络层协议原理

第14章　IP

第15章　ARP和RARP

第16章　ICMP

第17章　DHCP

第18章　IPv6基础

第14章

IP

TCP/IP 协议栈的网络层位于网络接口层和传输层之间,其主要协议包括互联网协议(internet protocol,IP)、地址解析协议(address resolution protocol,ARP)、反向地址解析协议(reverse address resolution protocol,RARP)、互联网控制报文协议(internet control message protocol,ICMP)、互联网组管理协议(internet group management protocol,IGMP)等。其中 IP 协议是 TCP/IP 网络层的核心协议,它规定了数据的封装方式,网络节点的标识方法,用于网络上数据的端到端的传递。

14.1 本章目标

学习完本章,应该能够达到以下目标。
(1) 掌握 IP 地址的格式和分类。
(2) 掌握子网划分的方法。
(3) 了解 IP 报文转发基本原理。
(4) 了解 VLSM 与 CIDR。

14.2 IP 协议概述

14.2.1 IP 及相关协议

TCP/IP 协议栈的网络层位于网络接口层和传输层之间。网络层的主要功能是标识大规模网络中的每一个节点,并将数据包投递到正确的目的节点。IP 及相关协议如图 14-1 所示。

图 14-1 IP 及相关协议

TCP/IP 的网络层主要定义了以下协议。

（1）IP：负责网络层寻址、路由选择、分段及包重组。

（2）ARP：负责把 IP 地址解析成物理地址。在实际进行通信时，物理网络所使用的是物理地址，IP 地址是不能被物理网络识别的。对于以太网而言，当 IP 数据包通过以太网发送时，以太网设备以 MAC 地址传输数据的，ARP 协议就是用来将 IP 地址解析成 MAC 地址的。

（3）RARP：负责把物理地址解析成 IP 地址。常用于无盘工作站通过其 MAC 地址从服务器处解析对应的 IP 地址。

（4）ICMP：定义了网络层控制和传递报文的功能，可以报告 IP 数据包传递过程中发生的错误、失败等信息，提供网络诊断功能。Ping 和 Tracert 两个使用极其广泛的测试工具就是 ICMP 消息的应用。

（5）IGMP：负责管理 IP 组播组。用于支持在主机和路由器之间进行组播传输数据。它让一个物理网络上的所有路由器知道当前网络中有哪些主机需要组播。组播路由器需要这些信息以便知道组播数据包应该向哪些接口转发。

14.2.2　IP 的作用

TCP/IP 网络层的核心协议是由 RFC 791 定义的 IP。IP 是尽力传输的网络协议，其提供的数据传送服务是不可靠的、无连接的。IP 不关心数据包的内容，不能保证数据包是否能成功地到达目的地，也不维护任何关于前后数据包的状态信息。面向连接的可靠服务由上层的 TCP 实现。

IP 将来自传输层的数据段封装成 IP 包并交给网络接口层进行发送，同时将来自网络接口层的帧解封装并根据 IP 协议号（protocol number）提交给相应的传输层协议进行处理。IP 的主要作用包括以下几个方面。

（1）标识节点和链路：IP 为每个链路分配一个全局唯一的网络号（network-number）以标识每个网络；为节点分配一个全局唯一的 32 位 IP 地址，用于标识每一个节点。

（2）寻址和转发：IP 路由器（router）根据所掌握的路由信息，确定节点所在网络的位置，进而确定节点所在的位置，并选择适当的路径将 IP 包转发到目的节点。

（3）适应各种数据链路：为了工作在多样化的链路和介质上，IP 必须具备适应各种链路的能力，例如，可以根据链路的最大传输单元（maximum transfer unit，MTU）对 IP 包进行分片和重组，可以建立 IP 地址到数据链路层地址的映射以通过实际的数据链路传递信息。

14.2.3　IP 头格式

IP 头选项不经常使用，因此普通的 IP 头部长度为 20B，如图 14-2 所示。其中一些主要字段简介如下。

（1）版本（version）：标明了 IP 的版本号，目前常用的协议版本号为 4。下一代 IP 协议的版本号为 6。

（2）头长度（internet header length，IHL）：指 IP 包头部长度，占 4 位，以字节为单位。

（3）服务类型（type of service，ToS）：用于标志 IP 包期望获得的服务等级，常用于服务质量（quality of service，QoS）中。

（4）总长度（total length）：整个 IP 包的长度，包括数据部分，以字节为单位。利用首部长度字段和总长度字段，就可以知道 IP 数据包中数据内容的起始位置和长度。由于该字段长

图 14-2　IP 报文格式

16 比特,所以 IP 数据包最长可达 65535B。

(5) 标识(identification):唯一地标识主机发送的每一个 IP 包。通常每发送一个包其值就会加 1。

(6) 存活时间(time to live,TTL):设置了数据包可以经过的路由器数目。一旦经过一个路由器,TTL 值就会减 1,当该字段值为 0 时,数据包将被丢弃。

(7) 协议(protocol):标识数据包内传送的数据所属的上层协议,IP 用协议号区分上层协议。TCP 的协议号为 6,UDP 的协议号为 17。

(8) 头部校验和(head checksum):IP 头部的校验和,用于检查包头的完整性。由于数据是来自 TCP 或其他上层协议的段,这些协议应提供自身的差错检测。这样,IP 只需关心分组头中的检测错误。这样做的一个优点是,检测较少的比特使路由器能够更迅速地处理分组。为计算校验和,将头转换成 16 比特整数序列。使用反码运算相加,结果取补,并存储于校验和字段中。在接收端,根据收到的信息重新计算校验和。如果结果与存储在校验和字段中的值不符,接收方知道头中出现了错误。每次传输必须重新计算校验和,因为 IP 头在不断改变,如 TTL 字段每次传输都会变化。

(9) 源地址(source address)和目的地址(destination address):分别标识数据包的源节点和目的节点的 IP 地址。

14.3　IP 地址

连接到 Internet 上的设备必须有一个全球唯一的 IP 地址。IP 地址与链路类型、设备硬件无关,而是由管理员分配指定的,因此也称为逻辑地址(logical address)。每台主机可以拥有多个网络接口卡,也可以同时拥有多个 IP 地址。路由器也可以看作这种主机,但其每个 IP 接口必须处于不同的 IP 网络,即各个接口的 IP 地址分别处于不同的 IP 网段。

Internet 上的每个节点既有 IP 地址,也有物理地址(即常说的 MAC 地址)。MAC 地址是设备生产厂家固化在网卡上的,可以在全球范围唯一标识一个节点。既然如此,为什么还需要 IP 地址呢? MAC 地址是固化在设备上的,不便于修改,因此实际组网中,不能够方便地根据客户的需求定义网络设备地址;而 IP 地址是一种逻辑地址,可以按照客户的需求规划和分配整网的地址,非常灵活。同时使用 IP 地址,设备更易于移动和维修。如果一个网卡坏了,可以被更换,而不需更换一个新的 IP 地址;如果一个 IP 节点从一个网络移到另一个网络,可以给它一个新的 IP 地址,而无须换新的网卡。

14.3.1 IP 地址格式及表示方法

1. IP 地址格式

IP 地址长度为二进制 32 位,在计算机内部,IP 地址是用二进制表示的,共 32 位。例如:
11000000 10101000 00000101 01111011

然而,使用二进制表示法很不方便记忆,因此通常采用点分十进制方式表示。即把 32 位的 IP 地址分成四段,每 8 个二进制位为一段,每段二进制分别转换为人们习惯的十进制数,并用点隔开。这样,IP 地址就表示为以小数点隔开的 4 个十进制整数,如 192.168.5.123 IP 地址,表示方法如图 14-3 所示。

图 14-3　IP 地址表示方法

2. IP 网络和 IP 地址的分层结构

由于理论上总共有 2^{32} 个 IP 地址,也就是约 43 亿个 IP 地址,在互联网上,每一台路由器都储存每一个节点的路由信息几乎是不可能的。为便于实现路由选择、地址分配和管理维护,IP 网络和 IP 地址均采用分层结构。

如图 14-4 所示,典型的 IP 网络由众多的路由器和网段(network segment)构成。每个网段对应一个链路,每个网段上都有若干个 IP 节点。这些节点既可以是只连接到一个链路的主机,也可以是同时连接到多个链路的路由器(router)。路由器在这些网段之间执行数据转发服务。

图 14-4　IP 网络的结构

路由器的主要功能包括以下 3 个方面。

(1) 连接分离的网络:路由器的每个接口处于一个网络,将原本孤立的网络连接起来,实现大范围的网络通信。

(2) 链路层协议适配:由于链路层协议的多样性,不同类的链路之间不能直接通信。路由器可以适配各种数据链路的协议和速率,使其间的通信成为可能。

(3) 在网络之间转发数据包:为了实现这个功能,路由器之间需要运行网关到网关协议(gateway to gateway protocol,GGP)交换路由信息和其他控制信息,以了解去往每个目的网络的正确路径,典型的 GGP 包括 RIP、OSPF、BGP 等路由协议(routing protocol)。

IP 网络的包转发是逐跳(hop-by-hop)进行的。即包括路由器在内的每一个节点要么将一个数据包直接发送给目的节点,要么将其发送给到目的节点路径上的下一跳(next hop)节点,由下一跳继续将数据包转发下去。数据包必须历经所有的中间节点之后才能到达目的。每一个路由器或主机的转发决策都是独立的,其依据是存储于自身路由表(routing table)中的路由(route)。

注意:早期的 Internet 术语将路由器(router)称为网关(gateway),故而在探讨基本的 IP 通信时,这两个术语是不加区分的。

相应地,IP 地址也由两个部分组成,两级 IP 地址结构如图 14-5 所示。

图 14-5　两级 IP 地址结构

(1) 网络号(network-number):用于区分不同的 IP 网络,即该 IP 地址所属的 IP 网段。一个网络中所有设备的 IP 地址具有相同的网络号。

(2) 主机号(host-number):用于标识该网络内的一个 IP 节点。在一个网段内部,主机号是唯一的。

这样,路由器只需要储存每个网段的路由信息即可。

例如,如图 14-6 所示的网络由两个网络构成,每个网络中有三台主机。网络之间通过一台路由器相连。路由器只需记录左侧的网络地址为 192.168.2.0,通过接口 G0/0 连接;右侧的网络地址为 10.0.0.0,通过接口 G0/1 连接。

图 14-6　典型 IP 网络

这一点类似于日常使用的电话号码。如在号码 010-82882448 中,010 是城市区号,代表北京;而 82882448 则是城市中具体的电话号码,代表一台特定的电话机。010-82882448 可以唯一地标识北京市的一台固定电话机。

14.3.2　IP 地址分类

在现实的网络中,各个网段内具有的 IP 节点数各不相同,为了更好地管理和使用 IP 地址资源,IP 地址被划分为 5 类——A 类、B 类、C 类、D 类和 E 类。每类地址的网络号和主机号在 32 位地址中占用的位数各不相同,因而其可以容纳的主机数量也有很大区别。

IP 地址的分类如图 14-7 所示。

| 0 | network(7bit) | host(24bit) | | | A 类地址 |

| 1 0 | network(14bit) | host(16bit) | B 类地址 |

| 1 1 0 | network(21bit) | host(8bit) | C 类地址 |

| 1 1 1 0 | | D 类地址(组播) |

| 1 1 1 1 0 | | E 类地址(保留) |

图 14-7 IP 地址分类

(1) A 类 IP 地址的第一个八位段(octet)以 0 开始。A 类地址的网络号为第一个八位段，网络号取值范围为 1～126（127 留作他用）。A 类地址的主机号为后面的三个八位段，共 24 位。A 类地址的范围为 1.0.0.0～126.255.255.255，每个 A 类网络有 2^{24} 个 A 类 IP 地址。

(2) B 类 IP 地址的第一个八位段以 10 开始。B 类地址的网络号为前两个八位段，网络号的第一个八位段取值为 128～191。B 类地址的主机号为后面的二个八位段共 16 位。B 类地址的范围为 128.0.0.0～191.255.255.255，每个 B 类网络有 2^{16} 个 B 类 IP 地址。

(3) C 类 IP 地址的第一个八位段以 110 开始。C 类地址的网络号为前三个八位段，网络号的第一个八位段取值为 192～223。C 类地址的主机号为后面的一个八位段共 8 位。C 类地址的范围为 192.0.0.0～223.255.255.255，每个 C 类网络有 $2^8=256$ 个 C 类 IP 地址。

(4) D 类地址第一个八位段以 1110 开头，因此 D 类地址的第一个八位段取值为 224～239。D 类地址通常为组播地址。

(5) E 类地址第一个八位段以 11110 开头，保留用于研究。

14.3.3 特殊用途的 IP 地址

IP 地址用于唯一的标识一台网络设备，但并不是每一个 IP 地址都用于这个目的。一些特殊的 IP 地址被用于各种各样的其他用途，如表 14-1 所示。

表 14-1 特殊用途的 IP 地址

网络号	主机号	地址类型	用　　途
Any	全 0	网络地址	代表一个网段
Any	全 1	广播地址	特定网段的所有节点
127	Any	回环地址	回环测试
全 0		所有网络	路由器用于指定默认路由
全 1		广播地址	本网段所有节点

主机号部分全为 0 的 IP 地址称为网络地址(network address)。网络地址用来标识一个网段。如 1.0.0.0/8、10.0.0.0/8、192.168.1.0/24 等。

主机号部分全为 1 的 IP 地址是网段广播地址。这种地址用于标识一个网络内的所有主机。例如，10.255.255.255 是网络 10.0.0.0 内的广播地址，表示网络 10.0.0.0 内的所有主机。一个发往10.255.255.255的IP包将会被该网段内的所有主机接收。

网络号为127的IP地址用于环路测试目的。如127.0.0.1通常表示"本机"。

IP地址0.0.0.0代表"所有的网络",通常用于指定默认路由。而IP地址255.255.255.255是全网广播地址,代表"所有的主机",用于向网络的所有节点发送数据包。

如上所述,每一个网段都会有一个网络地址和一个网段广播地址,因此实际可用于主机的地址数等于网段内的全部地址数减2。如B类网段172.16.0.0有16个主机位,因此有2^{16}个IP地址,去掉一个网络地址172.16.0.0和一个广播地址172.16.255.255不能用于标识主机,实际共有$2^{16}-2$个可用地址。

各类IP地址的实际可用地址范围如下所示。

(1) A类:1.0.0.0～126.255.255.255。

(2) B类:128.0.0.0～191.255.255.255。

(3) C类:192.0.0.0～223.255.255.255。

(4) D类:224.0.0.0～239.255.255.255。

(5) E类:240.0.0.0～255.255.255.255。

注意:转发网段广播和全网广播会对网络性能造成严重的不利影响,因此几乎所有的路由器在默认情况下均不转发广播包。

14.4 IP子网划分

14.4.1 IP子网划分的需求

早期的Internet是一个简单的二级网络结构,如图14-8所示。接入Internet的机构由一个物理网络构成,该物理网络包括机构中需要接入Internet网络的全部主机。

图14-8 早期Internet的二级网络结构

自然分类法将IP地址划分为A、B、C、D、E类。每个32位的IP地址都被划分为由网络号和主机号构成的二级结构。为每个机构分配一个按照自然分类法得到的Internet网络地址,能够很好地适应满足当时的网络结构。

随着时间的推移,网络计算逐渐成熟,网络的优势被许多大型组织所认知,Internet中出现了很多大型的接入机构。这些机构中需要接入的主机数量众多,单一物理网络容纳主机的数量有限,因此在同一机构内部需要划分多个物理网络。

早期解决这类大型机构接入 Internet 的方法是为机构内的每一个物理网络划分一个逻辑网络,即对每一个物理网络都分配一个按照自然分类法得到的 Internet 网络地址。

但这种"物理网络－自然分类 IP 网段"的对应分配方法存在严重问题。

(1) IP 地址资源浪费严重。举例来说,一个公司只有 1 个物理网络,其中需要 300 个 IP 地址。一个 C 类地址能提供 254 个主机 IP 地址,不满足需要,因此需要使用一个 B 类地址。1 个 B 类网络能提供 65534 个 IP 地址,网络中的地址得不到充分利用,大量的 IP 地址被浪费。

(2) IP 网络数量不敷使用。举例来说,一个公司拥有 100 个物理网络,每个网络只需要 10 个 IP 地址。虽然需要的地址量仅有 1000 个,但该公司仍然需要 100 个 C 类网络。很多机构都面临类似问题,其结果是,在 IP 地址被大量浪费的同时,IP 网络数量却不能满足 Internet 的发展需要。

(3) 业务扩展缺乏灵活性。举例来说,一个公司拥有 1 个 C 类网络,其中只有 10 个地址被使用。该公司需要增加一个物理网络,就需要向 IANA 申请一个新的 C 类网络,在得到这个合法的 Internet 网络地址前,它们就无法部署这个网络接入 Internet。这显然无法满足企业发展的灵活性需求。

综上所述,仅依靠自然分类的 IP 地址分配方案,对 IP 地址进行简单的两层划分,无法应对 Internet 的爆炸式增长。

14.4.2　IP 子网及子网掩码

20 世纪 80 年代中期,IETF 在 RFC 950 和 RFC 917 中针对简单的两层结构 IP 地址所带来的日趋严重的问题提出了解决方法。这个方法称为子网划分(subnetting)。即允许将一个自然分类的网络分解为多个子网(subnet)。

如图 14-9 所示,划分子网的方法是从 IP 地址的主机号(host-number)部分借用若干位作为子网号(subnet-number),剩余的位作为主机号(host-number)。于是两级的 IP 地址就变为三级的 IP 地址,包括网络号(network-number)、子网号(subnet-number)和主机号(host-number)。这样,拥有多个物理网络的机构可以将所属的物理网络划分为若干个子网。

图 14-9　子网划分方法

子网划分属于一个组织的内部事务。外部网络可以不必了解机构内由多少个子网组成,因为这个机构对外仍可以表现为一个没有划分子网的网络。从其他网络发送给本机构某个主机的数据,仍然可以根据原来的选路规则发送到本机构连接外部网络的路由器上。此路由器接收到 IP 数据包后再按网络号及子网号找到目的子网,将 IP 数据包交付给目的主机。要求路由器具备识别子网的能力。

子网划分使得 IP 网络和 IP 地址出现多层次结构,这种层次结构便于地址的有效利用和分配和管理。

只根据 IP 地址本身无法确定子网号的长度。为了把主机号与子网号区分开，就必须使用子网掩码(subnet mask)。

子网掩码和 IP 地址一样都是 32 位长度，由一串二进制 1 和跟随的一串二进制 0 组成，如图 14-10 所示。子网掩码可以用点分十进制方式表示。与子网掩码中的 1 对应于 IP 地址中的网络号和子网号，子网掩码中的 0 对应于 IP 地址中的主机号。

图 14-10　IP 地址与子网掩码

将子网掩码和 IP 地址进行逐位逻辑与运算，就能得出该 IP 地址的子网地址。

事实上，所有的网络都必须有一个掩码(address mask)。如果一个网络没有划分子网，那么该网络使用默认掩码。

(1) A 类地址的默认掩码为 255.0.0.0。
(2) B 类地址的默认掩码为 255.255.0.0。
(3) C 类地址的默认掩码为 255.255.255.0。

将默认子网掩码和不划分子网的 IP 地址进行逐位逻辑与运算，就能得出该 IP 地址的网络地址。

需要注意的是，IP 子网划分并不改变自然分类地址的划定。例如有一个 IP 地址为 2.1.1.1，其子网掩码为 255.255.255.0，这仍然是一个 A 类地址，而并非 C 类地址。

习惯上用以下两种方式表示一个子网掩码。

(1) 点分十进制表示法：与 IP 地主类似，将二进制的子网掩码化为点分十进制形式。如 C 类默认子网掩码 11111111 11111111 11111111 00000000 可以表示为 255.255.255.0。

(2) 位数表示法：也称为斜线表示法(slash notation)，即在 IP 地址后面加上一个斜线"/"，然后写上子网掩码中二进制 1 的位数。如 C 类默认子网掩码 11111111 11111111 11111111 00000000 可以表示为 24。

注意：为了方便表达，点分十进制表示法也可以使用斜线表示。如地址 1.1.1.1/24 也可以表示为 1.1.1.1/255.255.255.0。

前面提到 IP 地址和子网掩码进行按位布尔"与"(Boole AND)运算，计算的结果就是网络地址，在划分子网的情况下也称为子网地址。将子网地址的主机号全置位为 1，即可得到该子网的广播地址。

所谓布尔"与"运算是一种逻辑运算，其运算规则如表 14-2 所示。只有相"与"的两位都是 1 时结果才是 1，其他情况时结果就是 0。

表 14-2　布尔"与(AND)"运算规则

运算	结果	运算	结果
1 AND 1	1	0 AND 1	0
1 AND 0	0	0 AND 0	0

例如，在图 14-11 中，IP 地址 134.144.1.1 与子网掩码 255.255.255.0 进行与运算，得到其子网地址为 134.144.1.0。将主机号全置位为 1，得到该子网的广播地址为 134.144.1.255。

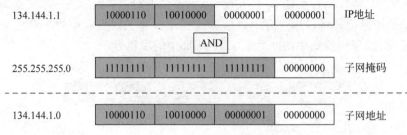

图 14-11　计算子网地址

14.4.3　IP 子网划分相关计算

由于子网划分的出现，使得原本简单的 IP 地址规划和分配工作变得复杂起来。作为一个网络人员，必须应该清楚地知道如何对网络进行子网划分，才能在满足网络应用需求的前提下合理高效地利用 IP 地址资源。

1. 计算子网内可用地址数

计算子网内的可用主机数是子网划分计算中比较简单的一类问题，与计算 A、B、C 三类网络可用主机数的方法相同。

如图 14-12 所示，如果子网的主机号位数为 N，那么该子网中可用的主机数目为 2^N-2 个。减 2 是因为有两个主机地址不可用，即主机号全为 0 和全为 1。当主机号全为 0 时，表示该子网的网络地址；当主机号全为 1 时，表示该子网的广播地址。

图 14-12　计算子网内可用主机地址数

如图 14-13 所示，已知一个 C 类网络划分成子网后为 192.168.3.192，子网掩码为 255.255.255.224，计算该子网内可供分配的主机地址数量。

图 14-13　子网内可用主机地址数计算示例

要计算可供分配的主机数量,就必须要知道主机号的位数。计算过程如下。

(1) 计算掩码的位数。将十进制掩码 255.255.255.224 换算为二进制掩码 11111111.11111111.11111111.11100000,掩码的位数为 27。

(2) 计算主机号位数。主机号位数 $N=32-27=5$。

(3) 该子网可用的主机地址数量为 $2^N-2=2^5-2=30$(个)。

这 30 个可用主机地址分别是 192.168.3.193、192.168.3.194、192.168.3.195、…、192.168.3.222。地址 192.168.3.192 为整个子网的地址,而 192.168.3.223 为这个子网的广播地址,都不能分配给主机使用。

2. 根据主机地址数划分子网

根据主机地址数划分子网示例如图 14-14 所示。

11111111	11111111	111111	00	00000000	子网掩码
10101000	11000011	000000	00	00000000	
		000001			
		000010			
		⋮			
		111111			

图 14-14 根据主机地址数划分子网示例

在子网划分计算中,有时需要在已知每个子网内需要容纳的主机数量的前提下,来划分子网。要想知道如何划分子网,就必须知道划分子网后的子网掩码,那么该问题就变成了求子网掩码。此类问题的计算方法总结如下。

(1) 计算网络主机号的位数:假设每个子网需要划分出 Y 个 IP 地址,那么当 Y 满足公式 $2^N \geqslant Y+2 \geqslant 2^{N-1}$ 时,N 就是主机号的位数。其中 $Y+2$ 是因为需要考虑主机号为全 0 和全 1 的情况。

(2) 计算子网掩码的位数:计算出主机号位数 N 后,可得出子网掩码位数为 $32-N$。

(3) 根据子网掩码的位数计算出子网号的位数 M。该子网就有 2^M 种划分法,具体的子网地址也可以很容易地算出。

如图 14-14 所示,需要将 B 类网络 168.195.0.0 划分成若干子网,要求每个子网内的主机数为 700 台。计算过程如下。

(1) 按照子网划分要求,每个子网的主机地址数为 $Y=700$。

(2) 计算网络主机号:根据公式 $2^N \geqslant Y+2 \geqslant 2^{N-1}$ 计算出 $N=10$。

(3) 计算子网掩码的位数:子网掩码位数为 $32-10=22$,子网掩码为 255.255.252.0,二进制表示为 11111111.11111111.11111100.00000000。

根据子网掩码位数可知子网号位数为 6。那么,该网络能划分成 2^6 个子网,这些子网分别是 168.195.0.0、168.195.4.0、168.195.8.0、168.195.12.0、…、168.195.252.0,子网掩码为 255.255.252.0。

3. 根据子网掩码计算子网数

如果希望在一个网络中建立子网,就要在这个网络的默认掩码上增加若干位,形成子网掩码,这样就减少了用于主机地址的位数。加入掩码中的位数决定了我们可以配置的子网数。

如图 14-15 所示,假设子网号的二进制位数(即子网掩码比默认掩码的位数增加的位数)为 M,那么可分配的子网数量为 2^M 个。

图 14-15　根据子网掩码计算子网数

由此可见,对于特定网络来说,若使用位数较少的子网号,则获得的子网较少,而每个子网中可容纳的主机较多;反之,若使用位数较多的子网号,则获得的子网较多,而子网中可容纳的主机较少。因此可以根据网络中需要划分的子网数、每个子网中需要配置的主机数来选择合适的子网掩码。

还应注意到,划分子网增加了灵活性,但却降低了 IP 地址的利用率,因为划分子网后主机号为全 0 或全 1 的 IP 地址不能分配给主机使用。

注意:在 RFC 950 规定的早期子网划分标准中,子网号不能为全 0 和全 1,所以子网数量应该为 2^M-2 个。但是在后期的 RFC 1812 中,这个限制已经被取消了。

如无明确说明,在后续有关子网划分的计算中,都认为子网号可以为全 0 和全 1。

4. 根据子网数划分子网

子网划分计算中,有时我们要在已知需要划分子网数量的前提下,来划分子网。当然,这类划分子网问题的前提是每个子网需要包括尽可能多的主机,否则该子网划分就没有意义了。因为,如果不要求子网包括尽可能多的主机,那么子网号位数可以随意划分成很大,而不是最小的子网号位数,这样就浪费了大量的主机地址。

比如,将一个 C 类网络 192.168.0.0 划分成 4 个子网,那么子网号位数应该为 2,子网掩码为 255.255.255.192。如果不考虑子网包括尽可能多的主机的话,子网号位数可以随意划分成大于 3、4、5,这样的话,主机号位数就变成 5、4、3,可用主机地址就大大地减少了。

同样,划分子网就必须得知道划分子网后的子网掩码,需要计算子网掩码。此类问题的计算方法总结如下。

(1) 计算子网号的位数。假设需要划分 X 个子网,每个子网包括尽可能多的主机地址。那么当 X 满足公式 $2^M \geqslant X \geqslant 2^{M-1}$ 时,M 就是子网号的位数。

(2) 由子网号位数计算出网掩码,划分出子网。根据子网数划分子网计算示例如图 14-16 所示。

图 14-16　根据子网数划分子网计算示例

例如,需将 B 类网络 168.195.0.0 划分成 27 个子网,要求每个子包括尽可能多的主机。计算过程如下。

(1) 按照例子中的子网划分要求,需要划分的子网数 $X=27$。

(2) 计算子网号的位数。根据公式 $2^M \geqslant X \geqslant 2^{M-1}$ 计算出 $M=5$。

(3) 计算子网掩码。子网掩码位数为 16+5=21,子网掩码为 255.255.248.0,二进制表示为 11111111.11111111.11111000.00000000。

(4) 由于子网号位数是 5,所以该 B 类网络 168.195.0.0 总共能划分成 $2^5=32$ 个子网。这些子网是 168.195.0.0、168.195.8.0、168.195.16.0、168.195.24.0、…、168.195.248.0,子网掩码为 255.255.248.0。任意取其中的 27 个即可满足要求。

14.5　VLSM 和 CIDR

虽然对网络进行子网划分的方法可以对 IP 地址结构进行有价值的扩充,但是仍然要受到一个基本的限制——整个网络只能有一个子网掩码。无论用户选择哪个子网掩码,都意味着各个子网内的主机数完全相等。不幸的是,在现实世界中,不同的组织对子网的要求是不一样的,希望一个组织把网络分成相同大小的子网是很不现实的。当在整个网络中一致地使用同一掩码时,在许多情况下会浪费大量主机地址。

针对这个问题,IETF 发布了标准文档 RFC 1009。该文档规范了如何使用多个子网掩码划分子网。该标准规定,同一 IP 网络可以划分为多个子网并且每个子网可以有不同的大小。相对于原来的固定长度子网掩码技术,该技术称为可变长子网掩码(variable length subnet mask,VLSM)。

VLSM 使网络管理员能够按子网的具体需要定制子网掩码,从而使一个组织的 IP 地址空间能够被更有效地利用。

例如,假设某组织拥有一个 B 类网络,网络地址为 172.16.0.0,它使用 16 位的网络号。按照定长子网掩码的划分方法,该网络如果使用 6 位子网号,将会得到一个 22 位的子网掩码。整个网络可以划分为 64 个可用的子网,每个子网内有 1022 个可用的主机地址。

这种定长子网化策略对需要超过 30 个子网和每个子网内超过 500 台主机的组织是合适的。但是,如果这个组织由一个超过 500 台主机的大分支及许多只有 40~50 台主机的小分支组成,则大部分地址就被浪费了。每个分支即使只有 40 台主机,也将消耗一个有 1022 个主机地址的子网。显而易见,针对这样的组织,地址浪费现象是非常严重的。

解决这个矛盾的方法是允许对一个网络可以使用不同大小的子网掩码,对 IP 地址空间进行灵活的子网划分。考虑前面的例子,通过 VLSM 技术,网络管理员可以通过不同的子网掩码将网络切分为不同大小的部分。大的分支可以继续使用 22 位的子网掩码,然而小的分支可以使用 25 位或 26 位的子网掩码(126 个主机或 62 个主机)。这样,利用 VLSM 可以更好地避免 IP 地址的浪费。

通过定长子网划分或可变长度子网划分的方法,在一定程度上解决了 Internet 在发展中遇到的困难。然而到 1992 年,Internet 仍然面临三个必须尽早解决的问题。

(1) B 类地址在 1992 年已经分配了将近一半,预计到 1994 年 3 月将全部分配完毕。

(2) Internet 主干网路由表中的路由条目数急剧增长,从几千个增加到几万个。

(3) IPv4 地址即将耗尽。

当时预计前两个问题将在 1994 年变得非常严重,因此 IETF 很快就研究出无分类编址的方法来解决前两个问题；而第三个问题由 IETF 的 IPV6 工作组负责研究。无分类编址是在 VLSM 基础上研究出来的，它的正式名字是无类域间路由（classless inter-domain routing，CIDR）。CIDR 在 RFC 1517、RFC 1518、RFC 1519 及 RFC 1520 中进行定义，现在 CIDR 已经成为 Internet 的标准协议。

CIDR 消除了传统的自然分类地址和子网划分的界限，可以更加有效地分配 IPV4 的地址空间，在 IPv6 使用之前应对 Internet 的规模增长。

CIDR 不再使用"子网地址"或"网络地址"的概念，转而使用"网络前缀（network-prefix）"这个概念。与只能使用 8 位、16 位、24 位长度的自然分类网络号不同，网络前缀可以有各种长度，前缀长度由其相应的掩码标识。

CIDR 前缀既可以是一个自然分类网络地址，也可以是一个子网地址，还可以是由多个自然分类网络聚合而成的"超网"地址。所谓超网就是利用较短的网络前缀将多个使用较长网络前缀的小网络聚合为一个或多个较大的网络。例如，某机构拥有 2 个 C 类网络 200.1.2.0 和 200.1.3.0，而其需要在一个网络内部署 500 台主机，那么可以通过 CIDR 的超网化将这 2 个 C 类网络聚合为一个更大的超网 200.1.2.0，掩码为 255.255.254.0。

CIDR 可以将具有相同网络前缀的连续的 IP 地址组成 CIDR 地址块。一个 CIDR 地址块使用地址块的起始地址（前缀）和起始地址的长度（掩码）来定义。例如，某机构拥有 256 个 C 类网络 200.1.0.0、200.1.1.0、…、200.1.255.0，那么可以将这些地址合并为一个 B 类大小的 CIDR 地址块，其前缀为 200.1.0.0，掩码为 255.255.0.0。

因为一个 CIDR 地址块可以表示很多个网络地址，所以支持 CIDR 的路由器可以利用 CIDR 地址块来查找目的网络，这种地址的聚合称为强化地址汇聚，它使得 Internet 的路由条目数大量减少。路由聚合减少了路由器之间路由选择信息的交互，从而提高了整个 Internet 的性能。

14.6　本章总结

（1）32 位 IP 地址分为网络号和主机号两部分，用于标识网络和主机。
（2）子网划分缓解了 IP 地址资源耗尽。
（3）进行子网规划时涉及多种计算。
（4）VLSM 和 CIDR 可以更加有效地利用 IP 地址空间。

14.7　习题和解答

14.7.1　习题

1. 192.168.1.1 是（　　）地址。
　　A. A 类地址　　　　　B. B 类地址　　　　　C. C 类地址
　　D. D 类地址　　　　　E. 以上均不对
2. 224.0.0.5 代表的是（　　）地址。
　　A. 主机　　　　　B. 网络　　　　　C. 组播　　　　　D. 广播
3. 在一个没有经过子网划分的 C 类网络中允许安装（　　）台主机。
　　A. 1024　　　　　B. 65025　　　　　C. 254
　　D. 16　　　　　　E. 48

4. RARP 的作用是（   ）。
   A. 将自己的 IP 地址转换为 MAC 地址
   B. 将对方的 IP 地址转换为 MAC 地址
   C. 将对方的 MAC 地址转换为 IP 地址
   D. 知道自己的 MAC 地址，通过 RARP 协议得到自己的 IP 地址
5. IP 地址 219.25.23.56 的默认子网掩码有（   ）位。
   A. 8   B. 16   C. 24   D. 32

14.7.2 习题答案

1. C   2. C   3. C   4. D   5. C

第15章

ARP 和 RARP

作为网络中主机的身份标识,IP 地址是一个逻辑地址,但在实际进行通信时,物理网络所使用的依然是物理地址,IP 地址是不能被物理网络所识别的。RFC 826 定义的地址解析协议(address resolution protocol,ARP)给出了将主机的网络地址动态映射为 MAC 地址的方法。而 RFC 903 定义的反向地址解析协议(reverse address resolution protocol,RARP)给出了一种允许工作站动态获得其协议地址的方法。

本章将讲解 ARP 和 RARP 的基本原理,并讲解基本的 IP 包转发过程。

15.1 本章目标

学习完本章,应该能够达到以下目标。
(1) 理解 ARP 和代理 ARP 的基本工作原理。
(2) 理解 RARP 的基本工作原理。
(3) 列举 ARP 和代理 ARP 的主要配置和信息查看命令。
(4) 描述 IP 包转发基本过程。

15.2 ARP 基本原理

RFC 826 定义的 ARP 给出了将主机的网络地址动态映射为 MAC 地址的方法。

15.2.1 ARP 的功能

作为网络中主机的身份标识,IP 地址是一个逻辑地址,但在实际进行通信时,物理网络所使用的依然是物理地址,IP 地址是不能被物理网络所识别的。对于以太网而言,当 IP 数据包通过以太网发送时,以太网设备并不识别 32 位 IP 地址,它们是以 48 位的 MAC 地址标识每一台设备并依据此地址传输以太网数据的。因此在物理网络中传送数据时,需要在逻辑 IP 地址和物理 MAC 地址之间建立映射(map)关系。地址之间的这种映射叫作地址解析(address resolution)。

ARP 就是用于动态地将 IP 地址解析为 MAC 地址的协议。主机通过 ARP 解析到目的 MAC 地址后,将在自己的 ARP 缓存表中增加相应的 IP 地址到 MAC 地址的映射表项,用于后续到同一目的地报文的转发。如图 15-1 所示,ARP 的作用如同问路一样,IP 地址类似是目的地的名称,MAC 地址类似目的地的物理位置。

图 15-1 ARP 的功能

15.2.2 ARP 基本工作原理

假设 hostA 和 hostB 在同一物理网络上，且处于同一个网段，hostA 要向 hostB 发送 IP 包，其地址解析过程如图 15-2 所示。

图 15-2 ARP 基本工作过程

（1）hostA 首先查看自己的 ARP 表，确定其中是否包含有 hostB 的 IP 地址对应的 ARP 表项。如果找到了对应的表项，则 hostA 直接利用 ARP 表项中的 MAC 地址对 IP 数据包封装成帧，并将帧发送给 hostB。

（2）如果 hostA 在 ARP 表中找不到对应的表项，则暂时缓存该数据包，然后以广播方式发送一个 ARP 请求。ARP 请求报文中的发送端 IP 地址和发送端 MAC 地址为 hostA 的 IP 地址和 MAC 地址，目标 IP 地址为 hostB 的 IP 地址，目标 MAC 地址为全 0 的 MAC 地址。

（3）由于 ARP 请求报文以广播方式发送，该网段上的所有主机都可以接收到该请求。hostB 比较自己的 IP 地址和 ARP 请求报文中的目标 IP 地址，由于两者相同，hostB 将 ARP 请求报文中的发送端（即 hostA）IP 地址和 MAC 地址存入自己的 ARP 表中，并以单播方式向 hostA 发送 ARP 响应，其中包含了自己的 MAC 地址。其他主机发现请求的 IP 地址并非自己，于是都不做应答。

（4）HostA 收到 ARP 响应报文后，将 hostB 的 IP 地址与 MAC 地址的映射加入自己的 ARP 表中，同时将 IP 数据包用此 MAC 地址为目的地址封装成帧并发送给 hostB。

ARP 地址映射将被缓存在 ARP 表中,以减少不必要的 ARP 广播。当需要向某一个 IP 地址发送报文时,主机总是首先检查它的 ARP 表,目的是了解它是否已知目的主机的物理地址。一个主机的 ARP 表项在老化时间(aging time)内是有效的,如果超过老化时间内未被使用,就会被删除。

ARP 表项分为动态 ARP 表项和静态 ARP 表项。

(1) 动态 ARP 表项由 ARP 协议动态解析获得,如果超过老化时间未被使用,则会被自动删除。

(2) 静态 ARP 表项通过管理员手工配置,不会被老化。静态 ARP 表项的优先级高于动态 ARP 表项,可以将相应的动态 ARP 表项覆盖。

15.2.3 代理 ARP

当主机不了解网关的信息,或主机无法判断目的是否处于本网段时,某些主机会对处于其他网段的目的主机 IP 地址直接进行 ARP 解析。此时,路由器可以运行代理 ARP(proxy ARP)协助主机实现通信。

如图 15-3 所示为一个典型的代理 ARP 工作过程。hostA 希望与另一网段的主机 hostC 通信,但由于某种原因,hostA 直接发送了 ARP 请求,解析 hostC 的 MAC 地址。运行了代理 ARP 的路由器收到 ARP 请求后,代理 hostA 在 2.0.0.0 网段发出 ARP 请求,解析 hostC 的 MAC 地址。

图 15-3 代理 ARP 典型工作过程

hostC 认为路由器向其发出了 ARP 请求,遂回应以 ARP 响应,通告自己的 MAC 地址 00E0.FC03.3333。路由器收到 ARP 响应后,也向 hostA 发送 ARP 响应,但通告的 MAC 地址是其连接到 1.0.0.0 网络的以太口 E0/0 的 MAC 地址 00E0.FC02.2222。这样在 hostA 的 ARP 表中会形成 IP 地址 2.2.2.3 与 MAC 地址 00E0.FC02.2222 的映射项。

因此 hostA 实际上会将所有要发给 hostC 的数据包发送到路由器上,路由器再将其转发给 hostC。反之也相同,hostC 实际上会将所有要发给 hostA 的数据包发送到路由器上,路由器再将其转发给 hostA。

代理 ARP 的一个主要优点就是能够在不影响其他路由器的路由表的情况下在网络上添加一个新的路由器,这样使得子网的变化对主机是透明的。主机可以不用修改 IP 地址和子网掩码就能和现有的网络互通。代理 ARP 应该使用在主机没有配置默认网关或没有任何路由策略的网络上。

例如,一台笔记本电脑在公司和家庭都需要上网。公司网络要求配置静态 IP 地址,而家里使用 ADSL 路由器自动分配 IP 地址,如果每次都要重新修改计算机的 IP 设置,将会是非常麻烦的。如果 ADSL 路由器支持代理 ARP 功能,则可以直接使用公司的静态 IP 地址在家里正常上网了。

但运行代理 ARP 时路由器将会转发 ARP 广播请求,会造成全网效率降低,因此不适用于大规模网络。

15.3 RARP 基本原理

RFC 903 定义的 RARP 给出了一种允许工作站动态获得其协议地址的方法。

15.3.1 RARP 的功能

在 20 世纪 90 年代中期,有一种组网方式十分流行,称为"无盘"网络。这种网络中的大部分工作站是无盘工作站。无盘工作站本身不需要硬盘,操作系统文件放在网络中某台指定的文件服务器中。无盘工作站启动时从服务器获取操作系统文件并进行引导。这种组网方式大大节约了网络建设的成本。

工作站的 IP 地址在操作系统中配置,而无盘工作站的操作系统软件都存放在服务器中,其启动时尚不具有 IP 地址。但无盘工作站从服务器下载操作系统软件时需要通过 IP 与服务器通信。这就形成一个矛盾——要获得系统文件就需要 IP 地址,要获得 IP 地址就需要系统文件。

设想一下,一台无盘工作站在不知道自身的 IP 地址和操作系统启动之前,掌握了哪些信息,能执行哪些任务。显然,无盘工作站已经拥有一张网卡,拥有一个全球唯一的物理地址;另外在其 ROM 中还有一个基本的引导系统,能依赖物理地址进行简单的局域网通信。因此无盘工作站可以采用 RARP 获取 IP 地址。

15.3.2 RARP 基本工作原理

采用 RARP 可通过以下过程获取 IP 地址并进一步获取操作系统。

(1) 引导到 ROM 中的基本系统,广播发送一个请求报文,以期获得 IP 地址应答。发送请求的目的地址为广播地址,因为此时 RARP 服务器的物理地址尚未确定;源地址为其自身物理地址,以便 RARP 服务器与其通信。

(2) RARP 服务器收到 IP 地址请求时,对其加以响应,分配一个 IP 地址给无盘工作站。

(3) 无盘工作站获取 IP 地址后,利用此地址与存储操作系统文件的服务器通信,获取操作系统并进行引导。

RARP 服务器要响应请求,首先必须知道物理地址与 IP 地址的对应关系。为此,在

RARP 服务器中维持着一个本网"物理地址——IP 地址"映射表。无盘工作站发出的 RARP 请求中携带着本网的物理网络地址,当某无盘工作站发出 RARP 请求后,网上所有机器均收到该请求,但只有 RARP 服务器处理请求并根据请求者物理地址响应请求。服务器此时已经知道无盘工作站的物理地址,因此不再采用广播方式,而是直接向无盘工作站发送应答。这样,当无盘工作站收到该应答报文时,便知道了自己的 IP 地址。RARD 典型工作过程如图 15-4 所示。

图 15-4 RARP 典型工作过程

ARP 用于从 IP 地址到物理地址的转换,RARP 用于从物理地址到 IP 地址的转换。二者几乎是可逆的,因此报文格式完全相同。

15.4 IP 包转发

15.4.1 主机单播 IP 包发送

主机在发送 IP 包之前,首先需判断目的主机所处的位置。主机对比自身 IP 地址的网络地址与目的 IP 地址的网络地址,如果二者相等,则可知目的主机与自己处于同一网段;如果二者不相等,则目的主机与自己处于不同网段。

如果目的与本机处于同一网段,主机可以与其直接通信。此时主机首先解析目的主机 IP 地址对应的硬件地址,随即将 IP 包以此硬件地址为目的地址封装成帧,由直接连接此网段的接口发送给目的主机。

如果目的与本机处于不同网段,则主机需将 IP 包交给一台称为默认网关(default gateway)的路由器,由此路由器设法将 IP 包转发给目的主机。此时主机根据默认网关的 IP 地址解析出默认网关的硬件地址,随即将 IP 包以此硬件地址为目的地址封装成帧,由直接连接此网段的接口发送给默认网关。主机单播 IP 包发送如图 15-5 所示。

图 15-5　主机单播 IP 包发送

15.4.2　路由器单播 IP 包转发

路由器收到一个 IP 包后,首先检测其目的地址。如果目的地址为本机,则接收此包并将其解封装,所得数据提交上层协议处理。

如果此 IP 包目的地址并非本机,而处于某个接口直连的网段,路由器可以与其直接通信。此时路由器首先解析目的主机 IP 地址对应的硬件地址,随即将 IP 包以此硬件地址为目的地址封装成帧,由直接连接此网段的接口发送给目的主机。

如果目的与路由器处于不同网段,则路由器需将 IP 包交给下一跳(next hop)路由器,由下一跳设法将 IP 包转发给目的主机。此时主机根据路由表中的路由信息查出下一跳的 IP 地址,解析出下一跳的硬件地址,随即将 IP 包以此硬件地址为目的地址封装成帧,由直接连接此网段的接口发送给下一跳路由器。路由器单播 IP 包发送如图 15-6 所示。

图 15-6　路由器单播 IP 包转发

15.4.3　主机接收 IP 包

在收到网络接口层提交的 IP 数据包时,主机首先检查这个包的目的地址是否等于自身 IP 地址。如果其目的地址符合下列情况之一,则主机接收此包,并将其数据提交相应的上层协议处理。

(1) 这个包的目的 IP 地址等于自身 IP 地址。

(2) 这个包的目的 IP 地址是一个广播地址。

(3) 这个包的目的 IP 地址是一个组播地址,而本机的某个服务正好属于此组播组。

如果此 IP 包的目的地址不符合上述任何一种情况,则主机的网络层丢弃此 IP 包。主机接收 IP 包如图 15-7 所示。

图 15-7　主机接收 IP 包

15.4.4　广播风暴

路由器转发广播将导致全网充斥广播。很多协议需要通过广播包完成公告、发现等任务。以 ARP 为例，每台主机对网段内其他任何主机通信时都需要广播 ARP 请求。如果路由器转发广播包，每个广播包将传遍整个互联网，大大浪费了网络资源。并且由于广播包将会被提交到每一台主机的网络层进行处理，每一台主机的资源都会遭到无谓的浪费。这种情况发展到一定程度，整个网络会由于广播而瘫痪，这种情况称为广播风暴（broadcast storm），如图 15-8 所示。

图 15-8　广播风暴

为了避免广播风暴的发生，路由器在默认情况下不转发广播包。

15.5　ARP 基本配置

15.5.1　ARP 的配置和查看

静态 ARP 表项通过手工配置和维护，既不会被老化，也不会被动态 ARP 表项覆盖。

配置静态 ARP 表项可以增加通信的安全性。静态 ARP 表项可以限制和指定 IP 地址的设备通信时只使用指定的 MAC 地址，此时攻击报文无法修改此表项的 IP 地址和 MAC 地址的映射关系，从而保护了本设备和指定设备间的正常通信。

静态 ARP 表项分为短静态 ARP 表项和长静态 ARP 表项。

（1）在配置长静态 ARP 表项时，除了配置 IP 地址和 MAC 地址项外，还必须配置该 ARP 表项所在 VLAN 和出接口。长静态 ARP 表项可以直接用于报文转发。

（2）在配置短静态 ARP 表项时，只需要配置 IP 地址和 MAC 地址项。如果出接口是三层以太网接口，短静态 ARP 表项可以直接用于报文转发；如果出接口是 VLAN 虚接口，短静态 ARP 表项不能直接用于报文转发，需要对表项进行解析：当要发送 IP 数据报时，设备先发送 ARP 请求报文，如果收到的响应报文中的发送端 IP 地址和发送端 MAC 地址与所配置的 IP 地址和 MAC 地址相同，则将接收 ARP 响应报文的接口加入该静态 ARP 表项中，此时，该短静态 ARP 表项由未解析状态变为解析状态，之后就可以用于报文转发。

一般情况下，ARP 动态执行并自动寻求 IP 地址到以太网 MAC 地址的解析，不需要管理员的介入。当希望设备和指定用户只能使用某个固定的 IP 地址和 MAC 地址通信时，可以配置短静态 ARP 表项，当进一步希望限定这个用户只在某 VLAN 内的某个特定接口上连接时就可以配置长静态 ARP 表项。

要在 MSR 上手工添加长静态 ARP 表项，在系统视图下使用命令。

arp static *ip-address mac-address vlan-id interface-type interface-number* [**vpn-instance** *vpn-instance-name*]

要在 MSR 上手工添加短静态 ARP 表项，在系统视图下使用命令。

arp static *ip-address mac-address* [**vpn-instance** *vpn-instance-name*]

默认情况下，没有配置任何短静态 ARP 表项。

要在 MSR 上删除静态 ARP 表项，在系统视图下使用 undo arp static 命令。

在任意视图下执行 display arp 命令可以显示 ARP 的运行情况。在用户视图下，可以执行 reset 命令清除 ARP 表中的动态 ARP 表项。

在 Windows 主机中可以用 arp-a 命令查看 ARP 表项，可以用 arp-s 命令添加静态 ARP 表项。

15.5.2 代理 ARP 的配置和查看

要在 MSR 上开启代理 ARP 功能，可在接口视图下使用 proxy-arp enable 命令。默认情况下未启动代理 ARP 功能。要显示代理 ARP 信息，可在任意视图下使用命令。

display proxy-arp [**interface** *interface-type interface-number*]

15.6 本章总结

（1）ARP 协议用于把已知的 IP 地址解析为 MAC 地址。
（2）代理 ARP 用于跨网段的 IP 地址解析。
（3）RARP 用于在数据链路层地址已知时解析 IP 地址。
（4）通常网段内通信在主机之间直接进行，跨网段通信通过网关进行。

15.7 习题和解答

15.7.1 习题

1. 查看主机 ARP 缓存的命令是（　　）。
　　A. ARP-a　　　　　B. ARP-s　　　　　C. ARP/a　　　　　D. ARP/s
2. 已知网关的 IP 地址为 192.168.1.1，MAC 地址为 00-23-8B-4A-7A-39。如果在主机上

执行命令"arp-s 1234-1234-1234"后,该主机将无法访问 Internet(　　)。

  A．True   B．False

3．ARP 协议的作用是(　　)。

  A．用来建立一个已知 IP 地址到 MAC 子层地址的映射

  B．用来建立一个已知 IP 地址到另外一个 IP 地址的映射

  C．用来建立一个已知 MAC 地址到 IP 子层地址的映射

  D．用来建立一个已知 MAC 子层地址到 MAC 子层地址的映射

4．ARP 请求报文属于(　　),ARP 响应报文属于(　　)。

  A．单播   B．组播   C．广播   D．以上都是

15.7.2　习题答案

1．A 2．A 3．A 4．CA

第16章

ICMP

在无可靠性保证的 IP 通信中，IP 设备需要互相交换一定的控制信息，以便互相沟通通信环境状况，报告发生的错误。互联网控制报文协议(internet control message protocol，ICMP)正是为这一目的而设计的。

16.1 本章目标

学习完本章，应该能够达到以下目标。
(1) 理解 ICMP 基本原理。
(2) 理解 ping 应用工作原理。
(3) 理解 tracert 应用工作原理。

16.2 ICMP 介绍

RFC 792 定义的 ICMP 是一个网络层协议。ICMP 定义了错误报告和其他回送给源点的关于 IP 数据包处理情况的消息，可以用于报告 IP 数据包传递过程中发生的错误、失败等信息，提供网络诊断等功能。

IP 是尽力传输的网络协议，其提供的数据传送服务是不可靠的、无连接的，不能保证 IP 数据包能成功地到达目的地。正因为 IP 不能提供可靠的服务，所以在某些情况下，路由器或目的主机可能需要与源主机进行直接通信，以便交互某种信息。例如，假定一个中途路由器没有去往目的网络的路由，该路由器可能需要向源主机报告这个信息。ICMP 正是为这个目的而设计的。

ICMP 允许主机或路由器报告差错情况和提供有关异常情况的报告。如果在传输过程中发生某种错误，设备便会向信源端返回一条 ICMP 消息，告知它发生的错误类型。

ICMP 基于 IP 运行，但 ICMP 实际上是集成于 IP 中的一部分，并且必须被 IP 实现。ICMP 的设计目的并非是使 IP 成为一种可靠的协议，而是对通信中发生的问题提供反馈。ICMP 消息的传递同样得不到任何可靠性保证，因而可能在传递途中丢失。

根据不同的消息，ICMP 消息分为不同的类型，如表 16-1 所示。ICMP 消息的类型由消息中的类型字段和代码字段来共同决定。总体上可分为两大类，即 ICMP 差错消息和 ICMP 查询消息。对于 ICMP 差错消息要作特殊处理，例如，在对 ICMP 差错消息进行响应时，永远不会生成另一份 ICMP 差错消息(如果没有这个限制规则，可能会遇到一个差错产生另一个差错的情况，而差错再产生差错，这样会无休止地循环下去)。

表 16-1 ICMP 消息类型

类型字段的值	ICMP 消息的类型	差错消息	查询消息
0	echo reply		√
3	destination unreachable	√	
4	source quench	√	
5	redirect	√	
8	echo request		√
11	time exceeded	√	
12	parameter problem	√	
13	timestamp request		√
14	timestamp reply		√
15	information request		√
16	information reply		√
17	address mask request		√
18	address mask reply		√

ICMP 报文利用 IP 数据包来承载,其包格式如图 16-1 所示。

图 16-1 ICMP 包格式

其中 type 字段指示此 ICMP 消息的类型,主要的 ICMP 类型定义如表 16-1 所示。而 code 字段指示此 ICMP 消息的具体含义。例如,type 值为 3 代表目的不可达消息(destination unreachable message),同时若 code 值为 0 表示目的网络不可达(net unreachable)。

常用的 ICMP 消息类型含义如下。

(1) 目的不可达(destination unreachable):目的主机可能不存在或已关机,可能发送者提供的源路由要求无法实现,或设定了不分段的包太大而不能封装于帧中。在这些情况下,路由器检测出错误,并向源发送者发送一个 ICMP destination unreachable 消息。它包含了不能到达目的地的数据包的完整 IP 头,以及其载荷数据的前 64 比特,这样发送者就能知道哪个包无法投递。

(2) 回波请求(echo request):是由主机或路由器向一个特定的目的主机发出的询问。这种询问消息用来测试目的站是否可达。

(3) 回波响应(echo reply):对回波请求做出响应时发送。收到 echo request 的主机对源主机发送 ICMP echo reply 消息作为响应。

(4) 参数问题(parameter problem):假设一个 IP 包的头中产生错误或非法值,路由器发现问题后向源发送一个 parameter problem 消息。这个消息包含了有问题的 IP 头和一个指向出错字段的指针。

(5) 重定向(redirect)：假设主机向路由器发送了一个包，而此路由器知道其他一些路由器能将分组更快地投递，为了方便以后路由，此路由器向主机发送一个 redirect 消息。它通知主机其他路由器的位置，以及今后应当将具有相同目的地址的包发向那里。这就允许主机动态地更新它的路由表，更好地适应网络条件的变化。

(6) 源抑制(source quench)：当某个速率较高的源主机向另一个速率较低的目的主机(或路由器)发送一连串的数据包时，就有可能使速率较低的目的主机产生拥塞，因而不得不丢弃一些数据包。源主机通过高层协议得知丢失了一些数据包，就会不断地重发这些数据包，这就使得原本已经拥塞的目的主机更加拥塞。在这种情况下，目的主机就要向源主机发送 ICMP source quench 消息，使源站暂停发送。

(7) 超时(time exceeded)：当 IP 包中的 TTL 字段减到 0 或分片重组定时器到期时，此包或任何未重组的分片将从网络中被删除。删除分组的路由器接着向源发送一个 time exceeded 消息，说明分组未被投递。

(8) 时间戳请求和时间戳应答(timestamp request/timestamp reply)：时间戳分组使主机能估计它到另一个主机一次往返通信所需的时间。源主机创建并发送一个含有发送时刻(源时间戳)的 timestamp request 消息，目的主机收到分组后创建一个含有原时间戳和目的主机接收时间戳及目的主机传输时间戳的 timestamp reply 消息。当源主机收到 timestamp reply 时，它同时记录分组的到达时刻。这些时间戳使主机能够估计网络的 IP 包投送效率。

详细的 type 和 code 定义可以参见 RFC 792 及其他相关 RFC 中的定义。

16.3 ICMP 的应用

在网络工作实践中，ICMP 被广泛使用于网络测试。本节介绍 ping 和 tracert 两个使用极其广泛的测试工具，这两个工具都是利用 ICMP 协议来实现的。

16.3.1 ping

ping 是 ICMP 的一个最常见的应用，主机可通过它来测试网络的可达性。用户运行 ping 命令时，主机向目的主机发送 ICMP echo request 消息。echo request 消息封装在 IP 包内，其目的地址为目的主机的 IP 地址。目的主机收到 echo request 消息后，向源主机回送一个 ICMP echo reply 消息。源主机如果收到 echo reply 消息，即可获知该目的主机是可达的。假定某个中间路由器没有到达目的网络的路由，便会向源主机端返回一条 ICMP destination unreachable 消息，告知源主机目的不可达。源主机如果在一定时间内无法收到回应，则认为目的主机不可达，并返回超时信息。

如图 16-2 所示，在 RTA 上使用 ping 命令探测到地址为 192.168.3.1 的 RTC 的可达性时，RTA 向 RTC 发送 ICMP echo request 报文；如果网络工作正常，则目的设备 RTC 在接收到该报文后，向源设备 RTA 回应 ICMP echo reply 报文；如果网络工作异常，源设备 RTA 将无法收到 echo reply 报文，因而会显示目的地址不可达或超时等提示信息。通过这个交互过程，源设备 RTA 即可知道目的设备的 IP 层相关状态。

需要注意的是，ping 的过程涉及双向的消息传递，只有在双向都可以成功传输时才能说明通信是正常的。另外，主机安装了防火墙等因素也可能会造成 ping 不通的情况发生。

图 16-2 ping 实现原理示意图

16.3.2 tracert

利用 ping 工具只能测试到目的主机的连通性,却不能了解数据包的传递路径。因而在不能连通时也难以了解问题发生在网络的哪个位置。使用 tracert 工具可以追踪数据包的转发路径,探测到去往某一个目的地的途中经过哪些中间转发设备。

在 IP 头中有一个存活时间字段,其原本是为了避免一个数据包沿着一个路由环永久循环转发而设计的。接到数据包的每一个路由器都要将该数据包头中的 TTL 值减 1。如果 TTL 值为零则设备会丢弃这一数据包,并向源主机发回一个 ICMP 超时(time exceeded)消息报告错误。Tracert 正是利用 TTL 字段和 ICMP 协议结合实现的。

在需要探测路径时,源主机的 tracert 程序将发送一系列的数据包并等待每一个响应。在发送第一个数据包时,将它的 TTL 置为 1。途中的第一个路由器收到这一数据包会将 TTL 减 1,随即丢弃这一数据包并发回一个 ICMP 超时消息。由于 ICMP 消息是通过 IP 数据包传送的,因此 tracert 程序可以从中取出 IP 源地址,也就是去往目的地的路径上的第一个路由器的地址。之后 tracert 会发送一个 TTL 为 2 的数据包。途中第一个路由器将计时器减 1 并转发这一数据包,第二个路由器会再将 TTL 减 1,随即丢弃这一数据包并发回一个 ICMP 超时消息。tracert 程序可以从中取出 IP 源地址,也就是去往目的地的路径上的第二个路由器的地址。类似地,tracert 程序可以逐步获得途中每一路由器的地址,并最终探测到目的主机的可达性。

图 16-3 演示了在 RTA 上执行 tracert 192.168.3.1 命令的工作过程。

图 16-3 tracert 实现原理示意图

(1) 源设备 RTA 对目的设备的某个较大的端口发送一个 TTL 为 1 的 UDP 报文。

(2) 由于网络设备处理 IP 报文中的 TTL 值时,将其逐跳递减,因此,该报文到达第一跳 RTB 后,TTL 将变为 0,RTB 于是回应一个 TTL 超时的 ICMP 报文,该报文中含有第一跳的 IP 地址,这样源设备就得到了第一跳路由器 RTB 的地址。

(3) 源设备重新发送一个 TTL 为 2 的报文给目的设备。

(4) TTL 为 2 的 ICMP 报文首先传递给 RTB,TTL 递减为 1,该 ICMP 报文到达 RTC 后,TTL 将递减为 0,由于 RTC 是 ICMP 的目的地,RTC 将回应给 RTA 一个端口不可达的 ICMP 消息,RTA 收到该消息后,将会知道已经跟踪到了目的地,因此,将停止向外发送报文。

(5) 如果 RTC 距离 RTA 有多跳,以上过程将不断进行,直到最终到达目的设备,源设备就得到了从它到目的设备所经过的所有路由器的地址。

tracert 的过程同样涉及双向的消息传递,只有在双向都可以成功传输时才能正确探测路径。另外,主机安装了防火墙等因素也可能会造成路径探测部分或完全失败的情况发生。

16.4 本章总结

(1) ICMP 定义了网络层控制和传递消息的功能。
(2) ping 使用 ICMP 回显请求与应答检测网络连通性。
(3) tracert 使用 TTL 超时机制检测网络连通性。

16.5 习题和解答

16.5.1 习题

1. ping 命令发送的报文是(　　)。
　　A. echo request　　　B. echo reply　　　C. time exceeded　　D. LCP
2. 下面应该使用 ping 命令的是(　　)。
　　A. 要查看主机的 TCP/IP 网络配置　　　B. 网络无法连通
　　C. 要测试到其他主机的连通性　　　　　D. 机器无法正常启动时
3. 下面应该使用 tracert 命令的是(　　)。
　　A. 要查看本地到某主机的 IP 通信路径　B. 网络无法连通
　　C. 要测试到其他主机的连通性　　　　　D. 机器无法正常启动时
4. tracert 命令发送的报文是(　　)。
　　A. echo request　　　　　　　　　　　B. echo reply
　　C. time exceeded　　　　　　　　　　 D. LCP

16.5.2 习题答案

1. A　　2. C　　3. A　　4. A

第17章

DHCP

随着网络规模的不断扩大和网络复杂度的提高,计算机的数量经常超过可供分配的 IP 地址数量。同时随着便携机及无线网络的广泛使用,计算机的位置也经常变化,相应的 IP 地址也必须经常更新,从而导致网络配置越来越复杂。DHCP 就是为满足这些需求而发展起来的。

动态主机配置协议(dynamic host configuration protocol,DHCP)的作用是为局域网中的每台计算机自动分配 TCP/IP 信息,包括 IP 地址、子网掩码、网关及 DNS 服务器等。其优点是终端主机无须配置、网络维护方便。本章主要讲述了 DHCP 的特点及其原理,并介绍了 DHCP 中继,最后介绍如何在 H3C 路由器上配置 DHCP 服务。

17.1 本章目标

学习完本章,应该能够达到以下目标。
(1) 掌握 DHCP 原理和特点。
(2) 掌握 DHCP 地址分配方式。
(3) 熟悉 DHCP 中 IP 地址获取过程。
(4) 了解 DHCP 中继的工作原理。
(5) 掌握路由器上 DHCP 相关配置方法。

17.2 DHCP 简介

DHCP 是从 BOOTP(bootstrap protocol)发展起来的。在计算机网络发展初期,由于硬盘昂贵,无盘工作站被大量使用。这些没有硬盘的主机通过 BOOTROM 启动并初始化系统,再通过 BOOTP 由服务器为这些主机设定 TCP/IP 环境,从而使主机能够连接到网络上并工作。不过,在早期的 BOOTP 里,设定 BOOTP 服务器前必须事先获得客户端的硬件地址,而且硬件地址与 IP 地址是静态绑定,即便无盘工作站并没有连接到网络上,IP 地址也不能够被其他主机使用。因为以上缺陷,BOOTP 逐渐被 DHCP 所取代。

DHCP 可以说是 BOOTP 的增强版本,能够动态地为主机分配 IP 地址,并设定主机的其他信息,如默认网关、DNS 服务器地址等。而且 DHCP 完全向下兼容 BOOTP,BOOTP 客户端也能够在 DHCP 的环境中良好运行。

DHCP 运行在客户端/服务器模式,服务器负责集中管理 IP 配置信息(包括 IP 地址、子网掩码、默认网关、DNS 服务器地址等)。客户端主动向服务器提出请求,服务器根据所预先配置的策略返回相应 IP 配置信息;客户端使用从服务器获得的 IP 配置信息与外部主机进行通信。

DHCP 报文采用 UDP 方式封装。DHCP 服务器所侦听的端口号是 67,客户端的端口号是 68。

DHCP 具有以下优点。

(1) 即插即用性。在一个通过 DHCP 实现 IP 地址分配和管理的网络中,终端主机无须配置即可自动获得所需要的网络参数,网络管理人员和维护人员的工作压力得到了很大程度上的减轻。

(2) 统一管理。在 DHCP 中,由服务器对客户端的所有配置信息进行统一管理。服务器通过监听客户端的请求,根据预先配置的策略给予相应的回复,将设置好的 IP 地址、子网掩码、默认网关等参数分配给用户。

(3) 有效利用 IP 地址资源。在 DHCP 中,服务器可以设定所分配 IP 地址资源的使用期限。使用期限到期后的 IP 地址资源可以由服务器进行回收。相比 BOOTP,DHCP 可以更加有效地利用 IP 地址资源。

通常情况下,DHCP 采用广播方式实现报文交互,DHCP 服务仅局限在本地网段。如果需要跨本地网段实现 DHCP,需要使用 DHCP 中继技术实现。

17.2.1 DHCP 系统组成

如图 17-1 所示,DHCP 系统由 DHCP 服务器(DHCP server)、DHCP 客户端(DHCP client)、DHCP 中继(DHCP relay)等组成,下面简单介绍这些组件。

图 17-1 DHCP 系统组成

(1) DHCP 服务器。DHCP 服务器提供网络设置参数给 DHCP 客户端,通常是一台能提供 DHCP 服务功能的服务器或网络设备(路由器或三层交换机)。

(2) DHCP 中继。在 DHCP 服务器和 DHCP 客户端之间转发跨网段 DHCP 报文的设备,通常是网络设备。

(3) DHCP 客户端。DHCP 客户端通过 DHCP 服务器来获取网络配置参数,通常是一台主机或网络设备。

17.2.2 DHCP 地址分配方式

针对客户端的不同需求,DHCP 提供三种 IP 地址分配方式。

(1) 手工分配。由管理员为少数特定 DHCP 客户端(如 DNS、WWW 服务器、打印机等)静态绑定固定的 IP 地址。通过 DHCP 服务器将所绑定的固定 IP 地址分配给 DHCP 客户端。此 IP 地址永久被该客户端使用,其他主机无法使用。

(2) 自动分配。DHCP 服务器为 DHCP 客户端动态分配租期为无限长的 IP 地址。只有客户端释放该地址后,该地址才能被分配给其他客户端使用。

(3) 动态分配。DHCP 服务器为 DHCP 客户端分配具有一定有效期限的 IP 地址。如果客户端没有及时续约,到达使用期限后,此地址可能会被其他客户端使用。绝大多数客户端得到的都是这种动态分配的地址。

在 DHCP 环境中,DHCP 服务器为 DHCP 客户端分配 IP 地址时采用的一个基本原则就是尽可能地为客户端分配原来使用的 IP 地址。我们在实际使用过程中会发现,当 DHCP 客户端重新启动后,它也能够获得相同 IP 地址。DHCP 服务器为 DHCP 客户端分配 IP 地址时采用如下的先后顺序。

(1) DHCP 服务器数据库中与 DHCP 客户端的 MAC 地址静态绑定的 IP 地址。
(2) DHCP 客户端曾经使用过的地址。
(3) 最先找到的可用 IP 地址。

如果未找到可用的 IP 地址,则依次查询超过租期、发生冲突的 IP 地址,如果找到则进行分配,否则报告错误。

17.3　DHCP 报文介绍

DHCP 主要的报文类型分为 8 种。其中,DHCP discover、DHCP offer、DHCP request、DHCP ack 和 DHCP release 这 5 种报文在 DHCP 交互过程中会比较常见;而 DHCP nak、DHCP decline 和 DHCP inform 这 3 种报文则较少使用。

下面简要介绍这 7 种报文的作用。

(1) DHCP discover 报文。DHCP discover 报文是 DHCP 客户端系统初始化完毕后第一次向 DHCP 服务器发送的请求报文,该报文通常以广播的方式发送。

(2) DHCP offer 报文。DHCP offer 报文是 DHCP 服务器对 DHCP discover 报文的回应报文,采用广播或单播方式发送。该报文中会包含 DHCP 服务器要分配给 DHCP 客户端的 IP 地址、掩码、网关地址等网络参数。

(3) DHCP request 报文。DHCP request 报文是 DHCP 客户端发送给 DHCP 服务器的请求报文,根据 DHCP 客户端当前所处的不同状态采用单播或广播的方式发送。完成的功能包括 DHCP 服务器选择及租期更新等。

(4) DHCP ack/nak 报文。DHCP ack 报文和 DHCP nak 报文都是 DHCP 服务器对所收到的客户端请求报文的一个最终的确认。当收到的请求报文中的各项参数均正确时,DHCP 服务器就回应一个 DHCP ack 报文,否则将回应一个 DHCP nak 报文。

(5) DHCP release 报文。当 DHCP 客户端想要释放已经获得的 IP 地址资源或取消租期时,将向 DHCP 服务器发送 DHCP release 报文,采用单播方式发送。

(6) DHCP decline 报文。当 DHCP 客户端收到 DHCP ack 报文后,它将对所获得的 IP 地址进行进一步确认,通常利用免费 ARP 报文进行确认,如果发现该 IP 地址已经在网络上使用,那么它将通过广播的方式向 DHCP 服务器发送 DHCP decline 报文,拒绝所获得的这个 IP 地址。

(7) DHCP inform 报文。当 DHCP 客户端通过其他方式(如手工指定)已经获得可用的 IP 地址时,如果它还需要向 DHCP 服务器索要其他的配置参数时,它将向 DHCP 服务器发送 DHCP inform 报文进行申请,DHCP 服务器如果能够对所请求的参数进行分配的话,那么将会单播回应 DHCP ack 报文,否则不进行任何操作。

17.4　DHCP 服务器与客户机交互过程

当 DHCP 客户端接入网络后第一次进行 IP 地址申请时,DHCP 服务器和 DHCP 客户端将完成如下的信息交互过程。通过 DHCP 动态获取地址阶段如图 17-2 所示。

图 17-2　通过 DHCP 动态获取地址阶段

第 1 步：DHCP 客户端在它所在的本地物理子网中广播一个 DHCP discover 报文，目的是寻找能够分配 IP 地址的 DHCP 服务器。此报文可以包含 IP 地址和 IP 地址租期的建议值。

第 2 步：本地物理子网中的所有 DHCP 服务器都将通过 DHCP offer 报文来回应 DHCP discover 报文。DHCP offer 报文包含了可用网络地址和其他 DHCP 配置参数。当 DHCP 服务器分配新的地址时，应该确认提供的网络地址没有被其他 DHCP 客户端使用（DHCP 服务器可以通过发送指向被分配地址的 ICMP echo request 来确认被分配的地址没有被使用）。然后 DHCP 服务器发送 DHCP offer 报文给 DHCP 客户端。

第 3 步：DHCP 客户端收到一个或多个 DHCP 服务器发送的 DHCP offer 报文后将从多个 DHCP 服务器中选择其中的一个，并且广播 DHCP request 报文来表明哪个 DHCP 服务器被选择，同时也可以包括其他配置参数的期望值。如果 DHCP 客户端在一定时间后依然没有收到 DHCP offer 报文，那么它就会重新发送 DHCP discover 报文。

第 4 步：DHCP 服务器收到 DHCP 客户端的 DHCP request 广播报文后，发送 DHCP ack 报文作为回应，其中包含 DHCP 客户端的配置参数。DHCP ack 报文中的配置参数不能和早前相应 DHCP 客户端的 DHCP offer 报文中的配置参数有冲突。如果因请求的地址已经被分配等情况导致被选择的 DHCP 服务器不能满足需求，DHCP 服务器应该回应一个 DHCP nak 报文。

当 DHCP 客户端收到 DHCP 服务器包含配置参数的 DHCP ack 报文后，会发送免费 ARP 报文进行探测，目的地址为 DHCP 服务器指定分配的 IP 地址，如果探测到此地址没有被使用，那么 DHCP 客户端就会使用此地址并且配置完毕。IP 地址拒绝及释放如图 17-3 所示。

图 17-3　IP 地址拒绝及释放

如果 DHCP 客户端探测到地址已经被分配使用，DHCP 客户端会发送给 DHCP 服务器 DHCP decline 报文，并且重新开始 DHCP 进程。另外，如果 DHCP 客户端收到 DHCP nak 报文，DHCP 客户端也将重新启动 DHCP 进程。

当 DHCP 客户端选择放弃它的 IP 地址或租期时，它将向 DHCP 服务器发送 DHCP release 报文。

当 DHCP 客户端从 DHCP 服务器获取到相应的 IP 地址后，同时也获得了这个 IP 地址的租期。所谓租期就是 DHCP 客户端可以使用相应 IP 地址的有效期，租期到期后 DHCP 客户端必须放弃该 IP 地址的使用权并重新进行申请。为了避免上述情况，DHCP 客户端必须在租期到期前重新进行更新，延长该 IP 地址的使用期限。DHCP 租约更新如图 17-4 所示。

图 17-4　DHCP 租约更新

在 DHCP 中，租期的更新同下面两个状态密切相关。

1) 更新状态(renewing)

当 DHCP 客户端所使用的 IP 地址时间到达有效租期的 50% 的时候，DHCP 客户端将进入更新状态。此时，DHCP 客户端将通过单播的方式向 DHCP 服务器发送 DHCP request 报文，用来请求 DHCP 服务器对它有效租期进行更新，当 DHCP 服务器收到该请求报文后，如果确认客户端可以继续使用此 IP 地址，则 DHCP 服务器回应 DHCP ack 报文，通知 DHCP 客户端已经获得新 IP 租约；如果此 IP 地址不可以再分配给该客户端，则 DHCP 服务器回应 DHCP nak 报文，通知 DHCP 客户端不能获得新的租约。

2) 重新绑定状态(rebinding)

当 DHCP 客户端所使用的 IP 地址时间到达有效期的 87.5% 的时候，DHCP 客户端将进入重新绑定状态。到达这个状态的原因很有可能是在更新状态时 DHCP 客户端没有收到 DHCP 服务器回应的 DHCP ack/nak 报文导致租期更新失败。这时 DHCP 客户端将通过广播的方式向 DHCP 服务器发送 DHCP request 报文，用来继续请求 DHCP 服务器对它的有效租期进行更新，DHCP 服务器的处理方式同上，不再赘述。

当 DHCP 客户端处于更新和重新绑定状态时，如果 DHCP 客户端发送的 DHCP request 报文没有被 DHCP 服务器端回应，那么 DHCP 客户端将在一定时间后重传 DHCP request 报文。如果直到租期到期，DHCP 客户端仍没有收到回应报文，那么 DHCP 客户端将被迫放弃所拥有的 IP 地址。

17.5　DHCP 中继

由于在 IP 地址动态获取过程中采用广播方式发送报文,因此 DHCP 只适用于 DHCP 客户端和服务器处于同一个子网内的情况。为进行动态主机配置,需要在所有网段上都设置一个 DHCP 服务器,这显然是很不经济的。

DHCP 中继功能的引入解决了这一难题。客户端可以通过 DHCP 中继与其他子网中 DHCP 服务器通信,最终获取到 IP 地址。这样,多个网络上的 DHCP 客户端可以使用同一个 DHCP 服务器,既节省了成本,又便于进行集中管理。

DHCP 中继的工作原理如下。

（1）具有 DHCP 中继功能的网络设备收到 DHCP 客户端以广播方式发送的 DHCP discover 或 DHCP request 报文后,根据配置将报文单播转发给指定的 DHCP 服务器。

（2）DHCP 服务器进行 IP 地址的分配,并通过 DHCP 中继将配置信息广播发送给客户端,完成对客户端的动态配置。

DHCP 中继工作原理图如图 17-5 所示。

图 17-5　DHCP 中继工作原理图

17.6　DHCP 服务器配置

在大型网络中,客户端通常由专门的 DHCP 服务器分配 IP 地址。在小型网络中,可以在路由器上启用 DHCP 服务,使路由器具有 DHCP 服务器功能,从而给客户端分配地址及相关参数。

17.6.1　配置 DHCP 服务器

在路由器上配置 DHCP 服务器的步骤如下。

第 1 步：在系统视图下启动 DHCP 功能。

```
dhcp enable
```

只有使能 DHCP 服务后,其他相关的 DHCP 配置才能生效。

第 2 步：在系统视图下创建 DHCP 地址池。

```
dhcp server ip-pool pool-name
```

第 3 步：在 DHCP 地址池视图下配置动态分配的主网段地址范围。

```
network network-address [ mask-length | mask mask ]
```

通常情况下,采用动态地址分配方式进行地址分配。对于采用动态地址分配方式的地址池,需要配置该地址池可分配的主网段地址范围,地址范围的大小通过掩码来设定。

第 4 步:在 DHCP 地址池视图下配置为 DHCP 客户端分配的网关地址。

gateway - list *ip – address* &*<1 – 8>*

DHCP 客户端访问本子网以外的服务器或主机时,数据必须通过网关进行转发。DHCP 服务器可以在为客户端分配 IP 地址的同时指定网关的地址。每个 DHCP 地址池视图下最多可以配置 8 个网关地址。

通过以上配置,在客户端发送 DHCP 报文给 DHCP 服务器后,服务器会给客户端分配地址池里所配置的地址,并分配所指定的网关。

通过域名访问 Internet 上的主机时,需要将域名解析为 IP 地址,这是通过域名系统(domain name system,DNS)实现的。为了使 DHCP 客户端能够通过域名访问 Internet 上的主机,DHCP 服务器应在为客户端分配 IP 地址的同时指定 DNS 服务器地址。

(1) 在 DHCP 地址池视图下,配置为 DHCP 客户端分配的 DNS 服务器地址。

dns - list *ip – address*

DHCP 服务器在分配地址时,需要排除已经被占用的 IP 地址(如网关、DNS 服务器等)。否则,同一地址分配给两个客户端会造成 IP 地址冲突。每个 DHCP 地址池视图下最多可以配置 8 个 DNS 服务器地址。

(2) 在系统视图下,配置 DHCP 地址池中哪些 IP 地址不参与自动分配。

dhcp server forbidden - ip *start – ip – address* [*end – ip – address*]

DHCP 服务器在分配地址时,可以指定所分配给客户端的地址租用期限。

(3) 在 DHCP 地址池视图下,配置为 DHCP 客户端分配的 IP 地址的租用期限。

expired{ **day** *day* [**hour** *hour* [**minute** *minute*] [**second** *second*]] | **unlimited** }

参数说明如下。

① day *day*:天数,取值范围为 0～365。

② hour *hour*:小时数,取值范围为 0～23。

③ minute *minute*:分钟数,取值范围为 0～59。

④ second *second*:秒数,取值范围为 0～59。

⑤ unlimited:有效期限为无限长。

17.6.2 DHCP 服务器基本配置示例

图 17-6 是在路由器上运行 DHCP 服务器的基本配置示例。图中路由器启用 DHCP 服务

图 17-6 DHCP 服务器基本配置示例

器功能,所使用的 DHCP 地址池是 192.168.1.0/24,池中地址的租用期限是 5 天。地址池中有 2 个地址不能被自动分配,其中地址 192.168.1.10 被 DNS 服务器固定使用,192.168.1.254 被分配给客户端作为网关。

路由器的配置如下。

```
[Router] dhcp enable
[Router] server forbidden-ip 192.168.1.10
[Router] server forbidden-ip 192.168.1.254
[Router] dhcp server ip-pool 0
[Router-dhcp-pool-0] network 192.168.1.0 mask 255.255.255.0
[Router-dhcp-pool-0] gateway-list 192.168.1.254
[Router-dhcp-pool-0] dns-list 192.168.1.10
[Router-dhcp-pool-0] expired day 5
```

在完成上述配置后,在任意视图下执行 display 命令可以显示配置后 DHCP 服务器的运行情况,通过查看显示信息验证配置的效果。表 17-1 为较常用的查看 DHCP 服务器的命令。

表 17-1 DHCP 服务器的显示及维护

操 作	命 令
显示 DHCP 地址池的可用地址信息	**display dhcp server free-ip** [**pool** *pool-name*]
显示 DHCP 地址池中不参与自动分配的 IP 地址	**display dhcp server forbidden-ip**
显示 DHCP 服务器的统计信息	**display dhcp server statistics** [**pool** *pool-name*]

17.7 DHCP 中继配置

客户端和 DHCP 服务器如果不在同一个子网内,就需要用到 DHCP 中继功能来使网络设备转发 DHCP 报文。

17.7.1 配置 DHCP 中继

在路由器上配置 DHCP 中继的步骤如下。

第 1 步:在系统视图下启动 DHCP 功能。

dhcp enable

只有使能 DHCP 服务后,其他相关的 DHCP 配置才能生效。

第 2 步:在接口视图下配置接口工作在 DHCP 中继模式。

dhcp select relay

默认情况下,使能 DHCP 服务后,接口工作在 DHCP 服务器模式。所以需要使用上述命令来使接口工作在中继模式。配置接口工作在中继模式后,当接口收到 DHCP 客户端发来的 DHCP 报文时,会将报文转发给 DHCP 服务器,由服务器分配地址。

第 3 步:在接口视图下指定 DHCP 服务器的地址。

dhcp relay server-address *ip-address*

为了提高可靠性,可以在一个网络中设置多个 DHCP 服务器。当接口与 DHCP 服务器组关联后,会将客户端发来的 DHCP 报文转发给服务器组中的所有服务器。

通过以上配置，路由器在收到客户端发出的 DHCP 报文后，会以单播形式转发给指定的 DHCP 服务器。

17.7.2 DHCP 中继配置示例

图 17-7 是在路由器上运行 DHCP 中继配置示例。图中路由器的接口 E1/1 连接到客户端，DHCP 服务器的 IP 地址是 192.168.1.10。

图 17-7 DHCP 中继配置示例

路由器配置如下。

[Router] dhcp enable
[Router] interface ethernet 1/1
[Router – Ethernet1/1] dhcp select relay
[Router – Ethernet1/1] dhcp relayserver – address 192.168.1.10

配置完成后，路由器能够中继客户端与服务器之间的 DHCP 报文交互。

在任意视图下执行 display 命令可以显示配置后 DHCP 中继的运行情况，通过查看显示信息验证配置的效果。表 17-2 为常用的查看 DHCP 中继信息的命令。

表 17-2 DHCP 中继的显示及维护

操 作	命 令
工作在 DHCP 中继模式的接口上指定的 DHCP 服务器地址信息	display dhcp relay server-address [interface *interface-type interface-number*]
显示 DHCP 中继的相关报文统计信息	display dhcp relay statistics [interface *interface-type interface-number*]

17.8 本章总结

（1）DHCP 基于客户端/服务器架构。
（2）DHCP 可以自动为客户端分配 IP 地址。
（3）DHCP 通过租期管理 IP 地址来提高使用效率。
（4）DHCP 中继能够使 DHCP 跨越子网工作。
（5）路由器可配置为 DHCP 服务器和 DHCP 中继。

17.9 习题和解答

17.9.1 习题

1. DHCP 采用的传输层协议是（   ）。
    A. TCP　　　　　B. UDP　　　　　C. TCP 或 UDP　　　D. NCP

2. DHCP 提供的地址分配方式包括（　　）。
   A. 自动分配　　　　B. 手工分配　　　　C. 动态分配　　　　D. 静态分配
3. DHCP 采用客户端/服务器体系架构，客户端和服务器端侦听的知名端口号分别是（　　）。
   A. 67　68　　　　B. 68　67　　　　C. 54　53　　　　D. 68　69
4. DHCP 客户端初始化完毕后向 DHCP 服务器发送的第一个 DHCP 报文是（　　）。
   A. DHCP offer　　B. DHCP request　　C. DHCP discover　　D. DHCP inform
5. DHCP 客户端和 DHCP 中继之间的 DHCP discover 报文和 DHCP request 报文采用（　　）。
   A. 单播　　　　　B. 广播　　　　　C. 组播　　　　　D. 任播

17.9.2　习题答案

1. B　　2. ABC　　3. B　　4. C　　5. B

第18章

IPv6 基础

第 4 版网际协议(Internet protocol version 4,IPv4)是目前 Internet 使用的网络层协议。自 20 世纪 80 年代初以来,IPv4 一直在 Internet 上良好稳定的运行着。但是,IPv4 协议设计之初是为几百台计算机组成的小型网络而设计的,随着 Internet 及其所提供的服务突飞猛进的发展,IPv4 已经暴露出一些不足之处。第 6 版网际协议(Internet protocol version 6,IPv6),也称为下一代因特网协议(IP next generation,IPNG),是因特网工程任务组(Internet engineering task force,IETF)设计的一套 Internet 协议规范,是 IPv4 的升级版本。IPv6 与 IPv4 最大的区别是,IP 地址的长度从 32 位增加到 128 位。除此之外,IPv6 还在安全性、QoS 等方面进行了增强,并设计了全新的邻居发现协议来实现地址解析、地址自动配置等功能。

18.1 本章目标

学习完本章,应该能够达到以下目标。
(1) 了解 IPv6 的特点。
(2) 了解 IPv6 地址的表示方式、构成和分类,了解 IEEE EUI-64 格式转换原理。
(3) 了解邻居发现协议的作用及地址解析、地址自动配置的工作原理。
(4) 掌握 IPv6 地址的配置。

18.2 IPv6 概述

实践证明 IPv4 是一个非常成功的协议,它本身也经受住了因特网从最初数目很少的计算机发展到目前上亿台计算机互联的考验。但是,IPv4 协议也不是十全十美的,随着 Internet 规模的快速扩张,逐渐地暴露出了一些问题。其中最严重的问题是 IPv4 可用地址日益缺乏。

1. IP 地址枯竭

在 IPv4 中,32 位的地址结构提供了大约 43 亿个地址,其中有 12%的 D 类和 E 类地址不能作为全球唯一单播地址被分配使用,还有 2%是不能使用的特殊地址。因特网编号分配机构(IANA)在 2011 年 2 月已将其 IPv4 地址空间段的最后 2 个"/8"地址组分配出去。这一事件标志着地区性注册机构(RIR)可用 IPv4 地址空间中"空闲池"的终结。在 2014 年 4 月,美国互联网号码注册机构(ARIN)宣布开始分配其库存的最后可用的"/8"地址组。截至 2019 年 11 月 25 日 15 时 35 分(欧洲时间),负责英国、欧洲、中东和部分中亚地区互联网资源分配的欧洲网络协调中心今日宣布,全球所有 43 亿个 IPv4 地址已全部分配完毕,这意味着没有更多的 IPv4 地址可以分配给 ISP(网络服务提供商)和其他大型网络基础设施提供商;这个时间比预计的 2021 年所有 IPv4 地址空间彻底耗尽,大幅提前,原趋势及预测如图 18-1 所示。

此外,互联网规模的快速扩大是促使 IPv4 地址紧缺的另一因素。特别是近十年来,互联

图 18-1 地区性注册机构(RIP)可用 IPv4 地址空间

网爆炸式增长使其走进了千家万户,人们的日常生活已经离不开它了,使用 IP 地址的互联网服务与应用设备(利用互联网的掌上计算机、家庭与小型办公室网络、与互联网相连的运载工具与器具、IP 电话与无线服务等)也大量涌现。尤其是工业互联网的兴起,使 IPv4 地址紧缺问题更加严峻。

2. NAT 技术破坏了端到端应用模型

在目前 IPv4 网络中,由于地址的紧缺,网络地址转换(network address translation,NAT)技术得到了普遍的应用。NAT 通过建立大量私有地址对少量公网地址的映射,从而能使很多使用私有地址的用户访问互联网。NAT 被认为是解决 IP 地址短缺问题的有效手段,甚至被一部分人视为地址空间短缺的永久解决方案。

然而 NAT 自身固有的缺点注定了它仅仅是延长 IPv4 使用寿命的权宜之计,并不是 IPv4 地址短缺问题的彻底解决方案。

(1) NAT 破坏了 IP 的端到端模型。IP 最初被设计为只有端点(主机和服务器)才处理连接。NAT 的应用对对等通信有着极大的影响。在对等通信模型中,对等的双方既可作为客户端,又可作为服务器来使用,它们通过直接将数据报文发送给对方才能通信。如果有一方处于 NAT 转换设备后方,就需要额外的处理来解决这种问题。

(2) NAT 会影响网络的性能。NAT 技术要求 NAT 设备必须维持连接的状态,NAT 设备必须能够记录转换的地址和端口。地址和端口的转换与维护都需要额外的处理,成为网络的瓶颈,影响网络的性能。而且,对出于安全需要而记录最终用户行为的组织来说,还需要记录 NAT 状态表问题,更加重了 NAT 设备的负担。

(3) NAT 阻止了端到端的网络安全。为了实现端到端的网络安全,端点需要保证 IP 报头的完整性,报头不能在源和目的之间被改变。任何在路途中对报头部分的转换都会破坏完整性检查,阻碍网络安全的实现。因此,NAT 应用阻碍了很多网络安全应用的实现,如 IPSec、点到点加密通信等。

3. 地址配置和使用不够简便

对于终端用户来说，IPv4 的配置不够简便。终端用户需要给网络接口卡手工配置地址或指定其使用 DHCP 服务自动获得地址，这给一些没有网络知识的用户造成了不便。随着越来越多的计算机和设备需要经常移动、连接不同网络，用户配置 IP 地址的工作量和难度增加了。在使用自动配置技术获取地址时，部署及维护 DHCP 服务给网络管理增加了额外的负担，同时也带来了网络安全隐患。以上种种都需要 IP 能够提供一种更简单、更方便的地址自动配置技术，使用户免于手动配置地址及降低网络管理的难度。

4．IP 协议本身的安全性不足

用户在访问互联网资源时，很多私人信息是需要受到保护的，如收发 E-mail 或者访问网上银行。IPv4 协议本身并没有提供这种安全技术，需要使用额外的安全技术如 IPSec、SSL 等来提供这种保障。

5．QoS（服务质量）功能难以满足现实需求

现实大量涌现的新兴网络业务，如实时多媒体、IP 电话等，需要 IP 网络在时延、抖动、带宽、差错率等方面提供一定的服务质量保障。IPv4 协议在设计时已经考虑到了对数据流提供一定的服务质量，但由于 IPv4 本身的一些缺陷，如 IPv4 地址层次结构不合理，路由不易聚合，路由选择效率不高，IPv4 报头不固定等，使得节点难以通过硬件来实现数据流识别，从而使目前 IPv4 无法提供很好的服务质量。InterServ、DiffServ、RTP 等协议能够提供一定的服务质量，但这些协议需要借助上层协议的一些标识（如 UDP、TCP 的端口号）才能工作，增加了报文处理开销，也增加了 IPv4 网络部署与维护的复杂度与成本。并且因为这些协议需要借助上层协议的一些标识才能工作，所以在使用加密技术时无法同时使用这些协议。

所以，互联网工程任务组 IETF 在 20 世纪 90 年代开始着手 IPNG 的制定工作，IPv6 由此应运而生。

制定 IPv6 的专家们总结了早期制定 IPv4 的经验，以及互联网的发展和市场需求，认为下一代互联网协议应侧重于网络的容量和网络的性能，不应该仅仅以增加地址空间为唯一目标。IPv6 继承了 IPv4 的优点，摒弃了 IPv4 的缺点。IPv6 与 IPv4 是不兼容的，但 IPv6 同其他所有的 TCP/IP 协议族中的协议兼容，即 IPv6 完全可以取代 IPv4。

IPv6 最大的特点是几乎无限的地址空间。IPv4 地址的位数是 32 位，但在 IPv6 中，地址的位数增长到原来的 4 倍，达到 128 位。所以，IPv6 地址空间大得惊人。IPv4 中，理论上可编址的节点数是 2 的 32 次方，也就是 4294967296，按照目前的全世界人口数，大约每 3 个人有 2 个 IPv4 地址。而 IPv6 的 128 位长度的地址意味着 3.4×10^{38} 个地址！世界上的每个人都可以拥有 5.7×10^{28} 个 IPv6 地址！这个地址量是巨大的。有个夸张的说法——可以为地球上的每一粒沙子都分配一个 IPv6 地址。

同时，IETF 在制定 IPv6 时，还考虑到了在 IPv6 中需要解决其他一些 IPv4 中存在的问题，如前文提到的配置不够简便、安全性差、QoS 功能弱等，从而使协议本身能够适应目前网络的发展需要。

18.3 IPv6 地址

18.3.1 IPv6 地址格式

在 IPv4 中，地址是用 192.168.1.1 这种点分十进制方式来表示的。但在 IPv6 中，地址共有 128 位,如果再用十进制表示的话就太长了。所以,IPv6 采用冒号十六进制表示法来表示地址。

IPv6 的 128 位地址被分成 8 段,每 16 位为一段,每段被转换为一个 4 位十六进制数,并用冒号隔开。

下面是一个二进制的 128 位 IPv6 地址。

00100000000000010000010000010000000000000000000100000000000000000001
00000000000000000000000000000000000000000100010111111111

将其划分为 8 段,每 16 位一段。

0010000000000001 0000010000010000 0000000000000000 0000000000000001
0000000000000000 0000000000000000 0000000000000000 0100010111111111

将每段转换为 16 进制数,并用冒号隔开,就形成如下的 IPv6 地址。

2001:0410:0000:0001:0000:0000:0000:45FF

为了尽量缩短地址的书写长度,IPv6 地址可以采用压缩方式来表示。在压缩时,有以下几个规则。

(1) 每段中的前导 0 可以去掉,但保证每段至少有一个数字

如:2001:0410:0000:0001:0000:0000:0000:45FF 就可以压缩为 2001:410:0:1:0:0:0:45FF。

但有效 0 不能被压缩。所以上述地址不能压缩为 2001:41:0:1:0:0:0:45FF 或 21:410:0:1:0:0:0:45FF。

(2) 一个或多个连续的段内各位全为 0 时,可用":"(双冒号)压缩表示,但一个 IPv6 地址中只允许有一个双冒号(::)。

如:2001:0410:0000:0001:0000:0000:0000:45FF 就可以压缩为 2001:410:0:1::45FF 或 2001:410::1:0:0:0:45FF。

(3) 不允许多个"::"存在于一个地址中。所以上述地址不能压缩成 2001:410::1::45FF。

表 18-1 是更多的 IPv6 地址压缩表达方式示例。

表 18-1　IPv6 地址压缩表达方式示例

IPv6 地址	压缩后的表示
2001:DB8:0:0:8:800:200C:417A	2001:DB8::8:800:200C:417A
FF01:0:0:0:0:0:0:101	FF01::101
0:0:0:0:0:0:0:1	::1
0:0:0:0:0:0:0:0	::

IPv6 取消了 IPv4 的网络号、主机号和子网掩码的概念,用前缀、接口标识符、前缀长度取代;IPv6 也不再有 IPv4 地址中 A 类、B 类、C 类等地址分类的概念。

(1) 前缀:前缀的作用与 IPv4 地址中的网络部分类似,用于标识了这个地址属于哪个网络。

(2) 接口标识符:与 IPv4 地址中的主机部分类似,用于标识了这个地址在网络中的具体

位置。

（3）前缀长度：作用类似于 IPv4 地址中的子网掩码，用于确定地址中哪一部分是前缀，哪一部分是接口标识符。

例如，地址 1234：5678：90AB：CDEF：ABCD：EF01：2345：6789/64，/64 表示此地址的前缀长度是 64 位，所以此地址的前缀就是 1234：5678：90AB：CDEF，接口标识符就是 ABCD：EF01：2345：6789。

18.3.2　IPv6 地址分类

IPv4 地址包括单播、组播、广播等几种类型。与其类似，IPv6 地址也有不同类型，包括单播地址、组播地址和任播地址。IPv6 地址中没有广播地址，在 IPv4 协议中某些需要用到广播地址的服务或功能，IPv6 协议中都用组播地址来完成。

1）单播地址

用来唯一标识一个接口，类似于 IPv4 的单播地址。单播地址只能分配给一个节点上的一个接口，发送到单播地址的数据报文将被传送给此地址所标识的接口。

IPv6 单播地址根据其作用范围的不同，又可分为链路本地地址、站点本地地址、全球单播地址等；还包括一些特殊地址，如未指定地址和环回地址。

2）组播地址

用来标识一组接口，类似于 IPv4 的组播地址。多个接口可配置相同的组播地址，发送到组播地址的数据报文被传送给此地址所标识的所有接口。

IPv6 组播地址的范围是 FF00::/8。

3）任播地址

任播地址是 IPv6 中特有的地址类型，也用来标识一组接口。但与组播地址不同的是，发送到任播地址的数据报文被传送给此地址所标识的一组接口中距离源节点最近的一个接口。比如，移动用户在使用 IPv6 协议接入互联网时，根据地理位置的不同，接入距离用户最近的一个接收站。

任播地址是从单播地址空间中分配的，并使用单播地址的格式。仅看地址本身，节点是无法区分任播地址与单播地址的。所以，必须在配置时明确指明它是一个任播地址。

IPv6 地址类型是由地址前面几位（称为格式前缀）来指定的，主要地址类型与格式前缀的对应关系如表 18-2 所示。

表 18-2　地址类型与格式前缀的对应关系

地 址 类 型		格式前缀（二进制）	IPv6 前缀标识
单播地址	未指定地址	00...0(128 bits)	::/128
	环回地址	00...1(128 bits)	::1/128
	链路本地地址	1111111010	FE80::/10
	站点本地地址	1111111011	FEC0::/10
	全球单播地址	其他形式	—
组播地址		11111111	FF00::/8
任播地址		从单播地址空间中进行分配，使用单播地址的格式	

表18-2中列出了常用的IPv6单播地址、组播地址、任播地址的类型及格式。

(1) 未指定地址：地址"::"称为未指定地址，不能分配给任何节点。在节点获得有效的IPv6地址之前，可在发送的IPv6报文的源地址字段填入该地址，表示目前暂无地址。未指定地址不能作为IPv6报文中的目的地址。

(2) 环回地址：单播地址0:0:0:0:0:0:0:1(简化表示为::1)称为环回地址，不能分配给任何物理接口。它的作用与IPv4中的环回地址127.0.0.1相同，节点可通过给自己发送IPv6报文而测试协议是否工作正常。

(3) 链路本地地址：用于链路本地节点之间的通信。在IPv6中，以路由器为边界的一个或多个局域网段称为链路。使用链路本地地址作为目的地址的数据报文不会被转发到其他链路上。其前缀标识为FE80::/10。

(4) 站点本地地址：与IPv4中的私有地址类似。使用站点本地地址作为目的地址的数据报文不会被转发到本站点(相当于一个私有网络)外的其他站点。其前缀标识为FEC0::/10。站点本地地址在实际应用中很少使用。

(5) 全球单播地址：与IPv4中的公有地址类似。全球单播地址由因特网编号分配机构(internet assigned numbers authority，IANA)负责进行统一分配。全球单播地址前缀标识为2000::/3。

(6) 组播地址：地址标识为FF00::/8。常用的预留组播地址有FF02::1(链路本地范围所有节点组播地址)、FF02::2(链路本地范围所有路由器组播地址)等。

另外，还有一类组播地址：被请求节点(solicited-node)地址。该地址主要用于获取同一链路上邻居节点的链路层地址及实现重复地址检测。每一个单播或任播IPv6地址都有一个对应的被请求节点地址。其格式为

FF02:0:0:0:0:1:FFXX:XXXX

其中，FF02:0:0:0:0:1:FF为104位固定格式；XX:XXXX为单播或任播IPv6地址的后24位。

(7) 任播地址：任播地址与单播地址没有区别，是从单播地址空间中分配的。

18.3.3　IEEE EUI-64格式

构成IPv6单播地址的接口标识符用来在网络中唯一标识一个接口。目前IPv6单播地址基本上都要求接口标识符为64位。在IPv6协议中，接口标识符可以由管理员配置，也可以由设备自动生成。自动生成的好处是用户无须配置地址，降低了网络部署难度。如果由设备自动生成接口标识符，则需要符合IEEE EUI-64格式规范。

IEEE EUI-64格式的接口标识符是从接口的链路层地址(MAC地址)变化而来的。IPv6地址中的接口标识符是64位，而MAC地址是48位，因此需要在MAC地址的中间位置(从高位开始的第24位后)插入十六进制数FFFE(1111111111111110)。为了确保这个从MAC地址得到的接口标识符是唯一的，还要将第7位(U/L位)设置为"1"。最后得到的这组数就作为EUI-64格式的接口标识符。MAC地址到EUI-64格式的转换过程如图18-2所示。

```
MAC 地址：                    0012-3400-ABCD

二进制表示：        00000000 00010010 00110100 00000000 10101011 11001101

插入 FFFE：         00000000 00010010 00110100 11111111 11111110 00000000 10101011 11001101

设置 U/L 位：       00000010 00010010 00110100 11111111 11111110 00000000 10101011 11001101

EUI-64 地址：                    0212:34FF:FE00:ABCD
```

图 18-2　MAC 地址到 EUI-64 格式的转换过程

18.4　邻居发现协议

IPv6 邻居发现协议是 IPv6 中一个非常重要的协议。它实现了一系列功能，包括地址解析、路由器发现/前缀发现、地址自动配置、地址重复检测等。

IPv4 网络中，当一个节点想和另外一个节点通信时，它需要知道另外一个节点的链路层地址。比如，以太网共享网段上的两台主机通信时，主机需要通过 ARP 解析出另一台主机的 MAC 地址，从而知道如何封装报文。在 IPv6 网络中也有解析链路层地址的需要，就是由邻居发现协议来完成的。

而路由器发现/前缀发现、地址自动配置功能则是 IPv4 中所不具备的，是 IPv6 为了简化主机配置而对 IPV4 的改进。

路由器发现/前缀发现是指主机能够获得路由器及所在网络的前缀，以及其他配置参数。如果在共享网段上有若干台 IPv6 主机和一台 IPv6 路由器，通过路由器发现/前缀发现功能，IPv6 主机会自动发现 IPv6 路由器上所配置的前缀及链路 MTU 等信息。

地址自动配置功能是指主机根据路由器发现/前缀发现所获取的信息，自动配置 IPv6 地址。在主机发现了路由器上所配置的前缀及链路 MTU 等信息后，主机会用这些信息来自动生成 IPv6 地址，然后用此地址来与其他主机进行通信。

IPv6 中的地址自动配置具有与 IPv4 中的 DHCP 类似的功能。所以在 IPv6 中，DHCP 已不再是实现地址自动配置所必不可少的了。

邻居发现协议能够通过地址解析功能来获取同一链路上邻居节点的链路层地址。所谓"同一链路"是指节点之间处于同一链路层上，中间没有网络层设备隔离。通过以太网介质相连的两台主机、通过运行 PPP 的串口链路连接的两台路由器，都是属于同一链路上的邻居节点。

地址解析通过节点交互邻居请求消息和邻居通告消息来实现，如图 18-3 所示。

(1) 主机 A 想要与主机 B 通信，但不知道主机 B 的链路层地址，则会以组播方式发送邻居请求消息。邻居请求消息的目的地址是主机 B 的被请求节点组播地址。这样这个邻居请求消息就能够只被主机 B 所接收，其他主机会忽略这个消息。消息中包含了主机 A 的链路层地址。

图 18-3　地址解析过程

（2）主机 B 收到邻居请求消息后，则会以单播方式返回邻居通告消息。以单播方式返回的目的是减少网络中的组播流量，节省带宽。邻居通告消息中包含了自己的链路层地址。

主机 A 从收到的邻居通告消息中就可获取到主机 B 的链路层地址。之后主机 A 用主机 B 的链路层地址来进行数据报文封装，双方即可通信了。

IPv6 地址自动配置包括了路由器发现/前缀发现和地址自动配置。路由器发现/前缀发现是指主机从收到的路由器请求消息中获取邻居路由器及所在网络的前缀，以及其他配置参数。地址自动配置是指主机根据路由器发现/前缀发现所获取的信息，自动配置 IPv6 地址。

IPv6 地址自动配置通过路由器请求消息和路由器通告消息来实现，过程如图 18-4 所示。

图 18-4　IPv6 地址自动配置过程

（1）主机启动时，通过路由器请求消息向路由器发出请求，请求前缀和其他配置信息，以便用于主机的配置。路由器请求消息的目的地址是 FF02::2（链路本地范围所有路由器组播地址），这样所有路由器就会收到这个消息。

（2）路由器收到路由器请求消息后，会返回路由器通告消息，其中包括前缀和其他配置参数信息（路由器也会周期性地发布路由器通告消息）。路由器通告消息的目的地址是 FF02::1（链路本地范围所有节点组播地址），以便所有节点都能收到这个消息。

主机利用路由器返回的路由器通告消息中的地址前缀及其他配置参数，自动配置接口的 IPv6 地址及其他信息，从而生成全球单播地址。

如图 18-4 所示，主机在启动时发送路由器请求消息，路由器收到后，会把接口前缀 2001::/64 信息通过路由器通告消息通告给主机，然后主机以此前缀再加上 EUI-64 格式的接口标识符，生成一个全球单播地址。

18.5　IPv6 地址配置

IPv6 全球单播地址可以通过下面 3 种方式配置。

（1）采用 EUI-64 格式形成：当配置采用 EUI-64 格式形成 IPv6 地址时，接口的 IPv6 地址的前缀需要手工配置，而接口标识符则由接口自动生成。

(2) 手工配置：用户手工配置 IPv6 全球单播地址。

(3) 无状态自动配置：根据接收到的 RA 报文中携带的地址前缀信息，自动生成 IPv6 全球单播地址。

每个接口可以有多个全球单播地址。手工配置的全球单播地址（包括采用 EUI-64 格式形成的全球单播地址）的优先级高于自动生成的全球单播地址。

(1) 在接口视图下配置接口采用 EUI-64 格式形成 IPv6 地址。

ipv6 address { *ipv6 - address prefix - length* | *ipv6 - address/prefix - length* } **eui - 64**

(2) 在接口视图下手工指定 IPv6 地址。

ipv6 address { *ipv6 - address prefix - length* | *ipv6 - address/prefix - length* }

(3) 在接口视图下配置接口无状态自动配置 IPv6 地址。

ipv6 address auto

IPv6 的链路本地地址可以通过两种方式获得。

(1) 自动生成：设备根据链路本地地址前缀（FE80::/10）及接口的链路层地址，自动为接口生成链路本地地址。

(2) 手工指定：用户手工配置 IPv6 链路本地地址。

每个接口只能有一个链路本地地址，为了避免链路本地地址冲突，推荐使用链路本地地址的自动生成方式。

(1) 在接口视图下配置接口自动生成链路本地地址。

ipv6 address auto link - local

(2) 在接口视图下手工指定接口的链路本地地址。

ipv6 address *ipv6 - address* **link - local**

当接口配置了 IPv6 全球单播地址后，同时会自动生成链路本地地址。

配置地址完成后，可以使用 display ipv6 interface 来进行地址的查看。如下为命令输出信息。

```
[RTA] display ipv6 interface gigabitethernet 2/1/1
GigabitEthernet2/1/1 current state: UP
Line protocol current state: UP
IPv6 is enabled, link - local address is FE80::20F:E2FF:FE00:2
  Global unicast address(es):
    3001::1, subnet is 3001::/64
  Joined group address(es):
    FF02::1
    FF02::2
    FF02::1:FF00:1
    FF02::1:FF00:2
  MTU is 1500 bytes
  ND DAD is enabled, number of DAD attempts: 1
  ND reachable time is 30000 milliseconds
  ND retransmit interval is 1000 milliseconds
  Hosts use stateless autoconfig for addresses
```

```
IPv6 Packet statistics:
    InReceives:            25829
    InTooShorts:           0
    InTruncatedPkts:       0
    InHopLimitExceeds:     0
    InBadHeaders:          0
    InBadOptions:          0
    ReasmReqds:            0
    ReasmOKs:              0
    InFragDrops:           0
    InFragTimeouts:        0
    OutFragFails:          0
    InUnknownProtos:       0
    InDelivers:            47
    OutRequests:           89
    OutForwDatagrams:      48
    InNoRoutes:            0
    InTooBigErrors:        0
    OutFragOKs:            0
    OutFragCreates:        0
    InMcastPkts:           6
    InMcastNotMembers:     25747
    OutMcastPkts:          48
    InAddrErrors:          0
    InDiscards:            0
    OutDiscards:           0
```

由以上的命令输出可以看到,此接口上配置了全球单播地址3001::1,系统同时自动生成了链路本地地址FE80::20F:E2FF:FE00:2。

18.6 本章总结

(1) IPv6最大的优点是几乎无限的地址空间。
(2) IPv6取消了广播,增加了任播。
(3) 邻居发现协议具有地址解析、路由器发现、地址自动配置等功能。

18.7 习题和解答

18.7.1 习题

1. IPv6的优点包括(   )。
   A. 极大的地址空间   B. 地址配置简便
   C. 安全性、QoS增强   D. 技术实现更加简单
2. IPv6地址包含(   )类型。
   A. 单播   B. 组播   C. 广播   D. 任播
3. IPv6地址的长度是(   )位。
   A. 32   B. 64   C. 128   D. 256
4. 链路本地地址的前缀是(   )。
   A. FE80::/10   B. FEC0::/10   C. 2001::/64   D. FF00::/8

5. 下列( )功能是邻居发现协议所具有的。
   A. 地址解析
   B. 路由器发现/前缀发现
   C. 地址自动配置
   D. 地址重复检测

18.7.2 习题答案

1. ABC 2. ABD 3. C 4. A 5. ABCD

第 5 篇
传输层协议原理

第19章 TCP基本原理

第20章 UDP基本原理

第19章

TCP基本原理

用户的应用程序进程最终需要得到的是端到端的通信服务,传输层的主要任务就是建立应用程序间的端到端连接,并且为数据传输提供可靠或不可靠的通信服务。

TCP/IP 协议族的传输层协议主要包括传输控制协议和用户数据报协议。TCP 是面向连接的可靠的传输层协议。它支持在不可靠网络上实现面向连接的可靠的数据传输。

19.1 本章目标

学习完本章,应该能够达到以下目标。
(1) 描述 TCP 协议的特点。
(2) 理解 TCP 封装。
(3) 描述 TCP/UDP 端口号的作用。
(4) 描述 TCP 协议的连接建立和断开过程。
(5) 描述 TCP 的可靠传输和流量控制机制。

19.2 TCP 协议特点

RFC 793 定义的 TCP 是一种面向连接的、端到端的可靠传输协议。TCP 的主要特点如下。

(1) 三次握手(three way handshake)建立连接:确保连接建立的可靠性。
(2) 端口号:通过端口号标识上层协议和服务,实现了网络通道的多路复用。
(3) 完整性校验:通过对协议和载荷数据计算校验和(checksum),保证了接收方能检测出传输过程中可能出现的差错。
(4) 确认机制:对于正确接收到的数据,接收方通过显式应答通告发送方,超出一定时间之后,发送方将重传没有被确认的段,确保传输的可靠性。
(5) 序列号:发送的所有数据都拥有唯一的序列号,这样不但唯一标识了每个段(segment),而且明确了每个段在整个数据流中的位置,接收方可以利用这些信息实现确认、丢失检测、乱序重排等功能。
(6) 窗口机制:通过可调节的窗口,TCP 接收方可以通告期望的发送速度,从而控制数据的流量。

由于 TCP 具有的这些特点,一些对数据传输可靠性、次序等比较敏感的应用程序和协议应用使用 TCP 作为其传输层协议。这些应用和协议包括 FTP、Telnet、E-mail(SMTP/POP3)等。

19.3 TCP/UDP 端口号

在 IP 网络中,一个 IP 地址可以唯一地标识一个主机。但一个主机上却可能同时有多个程序访问网络,要标识这些程序,只用 IP 地址就不够了。因此 TCP/UDP 采用端口号(port number)来标识这些上层的应用程序,从而使这些程序可以复用网络通道。而为了区分 TCP 和 UDP 协议,IP 用协议号 6 标识 TCP,用协议号 17 标识 UDP,如图 19-1 所示。

图 19-1　TCP/UDP 端口号

在实际的端到端通信中,通信的双方实际上是两个应用程序,这两个程序都需要用各自的端口号进行标识。所以,一个通信连接可以用双方的 IP 地址及双方的端口号来标识,而每一个数据报内也必须包含源 IP 地址、源端口、目的 IP 地址和目的端口。IP 地址在 IP 头中标出,而端口号在 TCP/UDP 头中标出。

TCP/UDP 的端口号是一个 16 位二进制数,即端口号范围可以为 0~65535。其中,端口 0~1023 由因特网编号分配机构(Internet assigned numbers authority,IANA)统一管理,分配或保留给众所周知的服务使用,这些端口称为周知端口(well-known port)。大于 1023 的端口号没有统一的管理,可以由应用程序任意使用。虽然 UDP 端口号与 TCP 端口号是不相关的,但通常仍然为同一个应用保留相同的 TCP 和 UDP 端口号,以免麻烦。一些常见协议的保留端口号如表 19-1 所示。详细分配信息可参见 RFC 1700。

表 19-1　常见的保留端口号

端口号	协　　议
20	FTP data
21	FTP control
23	Telnet
25	SMTP
53	DNS
69	TFTP
80	HTTP
88	Kerberos
92	NPP(network printing protocol)
118	SQL services
161	SNMP
162	SNMP Trap

续表

端口号	协议
179	BGP
520	RIP

保留周知端口的必要性显而易见。例如,若 HTTP 服务的端口号是任意值,则用户在访问 Internet 网站时就会遇到麻烦,因为浏览器不知道目的网站所使用的端口号,用户就要自己输入端口号。但是这并不意味着众所周知的协议必须使用众所周知的端口号。例如,管理员也可以为 HTTP 分配端口 8080,目的恰恰是避免任何人都能随意访问其网页。

知道一个特定的 TCP/IP 应用程序服务使用了哪个端口是非常重要的。如果把主机当作一个封闭的堡垒,那么端口号就是堡垒上窗户的编号,可以开放主机上特定的端口来允许其他人访问,也可以关闭特定的端口来阻止非法的访问。

在 Windows 系统中也可以查看所使用的端口号信息。打开 Windows 的命令窗口,输入 netstat 命令,可以显示如图 19-2 所示的结果。从中可以看到本地主机和目标主机使用的端口号。其中 http 表示目标服务器使用了众所周知的 HTTP 端口 80。

图 19-2 netstat 命令显示信息

19.4 TCP 封装

如图 19-3 所示,TCP 收到应用层提交的数据后,将其分段,并在每个分段前封装一个 TCP 头。最终的 IP 包是在 TCP 头之前再添加 IP 头形成的。

图 19-3 TCP 封装

图 19-4 显示了 TCP 头的格式。TCP 头由一个 20B 的固定长度部分加上变长的选项(option)字段组成。

TCP 头的各字段含义如下。

(1) 源端口(source port):16 位的源端口字段包含初始化通信的端口号。源端口和源 IP 地址的作用是标识报文的返回地址。

(2) 目的端口(destination port):16 位的目的端口字段定义传输的目的。这个端口指明接收方计算机上的应用程序接口。

(3) 序列号(sequence number):该字段用来标识 TCP 源端设备向目的端设备发送的字节流,它表示在这个报文段中的第一个数据字节。如果将字节流看作在两个应用程序间的单

图 19-4　TCP 头格式

向流动,则 TCP 用序列号对每个字节进行计数。序列号是一个 32 位的数。

(4) 确认号(acknowledgement number):TCP 使用 32 位的确认号字段标识期望收到的下一个段的第一个字节,并声明此前的所有数据都已经正确无误地收到,因此,确认序号应该是上次已成功收到的数据字节序列号加 1。收到确认号的源计算机会知道特定的段已经被收到。确认号的字段只在 ACK 标志被设置时才有效。

(5) 数据偏移(data offset):这个 4 位字段包括 TCP 头大小,以 32 位数据结构(字)为单位。

(6) 保留(reserved):6 位置 0 的字段。为将来定义新的用途保留。

(7) 控制位(control bits):共 6 位,每 1 位标志可以打开一个控制功能,这 6 个标志从左至右是紧急指针字段标志(urgent pointer field significant,URG)、确认字段标志(acknowledgment field significant,ACK)、推功能(push function,PSH)、重置连接(reset the connection,RST)、同步序列号(synchronize sequence numbers,SYN)、数据传送完毕(no more data from sender,FIN)。

① URG:此标志表示 TCP 包的紧急指针字段有效,用于保证 TCP 连接不被中断,并且督促中间层设备要尽快处理这些数据。

② ACK:取值为 1 的时候表示应答字段有效,也即 TCP 应答号将会包含在 TCP 段中;为 0 则反之。

③ PSH:这个标志位表示 push 操作。所谓 push 操作就是指在数据包到达接收端以后,立即传送给应用程序,而不是在缓冲区中排队。

④ RST:这个标志表示连接复位请求,用来复位那些产生错误的连接,也被用来拒绝错误和非法的数据包。

⑤ SYN:表示同步序号,用来建立连接。

⑥ FIN:表示发送端已经发送到数据末尾,数据传送完成,发送 FIN 标志位的 TCP 段后,连接将被断开。

(8) 窗口(window):目的主机使用 16 位的窗口字段告诉源主机它期望每次收到的数据的字节数。窗口字段是一个 16 位字段。

(9) 校验和(checksum):TCP 头包括 16 位的校验和字段用于错误检查。源主机基于部分 IP 头信息、TCP 头和数据内容计算一个校验和,目的主机也要进行相同的计算,如果收到的内容没有错误过,两个计算结果应该完全一样,从而证明数据的有效性。

(10) 紧急指针(urgent pointer):紧急指针字段是一个可选的 16 位指针,指向段内的最后一个字节位置,这个字段只在 URG 标志被设置时才有效。

(11) 选项(options):至少 1B 的可变长字段,标识哪个选项(如果有的话)有效。如果没有选项,这个字节等于 0,说明选项字段的结束。这个字节等于 1 表示无须再有操作;等于 2 表示下 4B 包括源机器的最大段长度(maximum segment size,MSS)。MSS 是数据字段中可包含的最大数据量,源和目的机器要对此达成一致。当一个 TCP 连接建立时,连接的双方都要通告各自的 MSS,协商可以传输的最大段长度。常见的 MSS 有 1024B,以太网可达 1460B。

(12) 数据(data):从技术上讲,它并不是 TCP 头的一部分,但应该了解到,数据字段位于紧急指针和/或选项字段之后,填充字段之前。字段的大小是最大的 MSS,MSS 可以在源和目的机器之间协商。数据段可能比 MSS 小,但却不能比 MSS 大。

(13) 填充(padding):这个字段中加入额外的零,以保证 TCP 头是 32 位的整数倍。

19.5 TCP 的连接建立和拆除

TCP 是一个面向连接的、可靠的传输控制协议,在每次数据传输之前需要首先建立连接,当连接建立成功后才开始传输数据,数据传输结束还要断开连接。这一过程与打电话很相似,先拨号振铃,等待对方摘机说"喂",双方通过说"喂"确认可以通话后才开始通话。

由于 TCP 使用的网络层协议 IP 是一个不可靠、无连接的数据包传送服务,为确保连接的建立和终止都是可靠的,TCP 使用三次握手的方式来建立可靠的连接,也就是说其中交换了三个消息;结束 TCP 连接则采用四次握手来实现。TCP 使用报头中的标志同步段来描述创建一个连接的三次握手中的消息,用结束段(FIN segment,FIN 是 finish 的简写)来描述关闭一个连接的消息。另外,握手过程确保 TCP 只有在两端一致的情况下,才会打开或关闭一个连接。创建一个连接的三次握手过程中要求每一端产生一个随机 32 位序列号。因为每一个新的连接用的是一个新的随机序列号。

下面分别介绍三次握手和四次握手的过程。

TCP 的三次握手建立连接的过程如图 19-5 所示。

图 19-5 TCP 连接的建立

(1) 由发起方 hostA 向被叫方 hostB 发出连接请求。将段的序列号标为 a,SYN 置位。由于是双方发的第一个包,ACK 无效。

(2) hostB 收到连接请求后,读出序列号为 a,发送序列号为 b 的包,同时将 ACK 置为有效,将确认号置为 a+1,同时将 SYN 置位。

(3) hostA 收到 hostB 的连接确认后,对该确认再次作确认。hostA 收到确认号为 a+1、序列号为 b 的包后,发送序列号为 a+1、确认号为 b+1 的段进行确认。

(4) hostB 收到确认报文后,连接建立。

这样,一个双向的 TCP 连接就建立好了,双方可以开始传输数据。

以下来讨论一下三次握手过程是如何保证连接的可靠性的。如果接收方 hostB 在收到发送方 hostA 的连接请求分段 a 后,发送确认分段 b 并等待数据。由于其使用的网络层协议 IP 是不可靠的,可能使该确认信息丢失,这样会使得发送方 hostA 认为接收方没有确认,而事实上接收方正在等待发送方传数据分段确认。为避免接收方的盲目等待,接收方 hostB 要收到发送方 hostA 对它的确认后才开始等待,如果没有收到发送方 hostA 的确认,它将认为它自己的确认丢失,因而将反复重传刚发过的确认分段 b。对于发送方 hostA 也一样,在收到接收方 hostB 的确认后立即对 hostB 的确认再做确认,然后开始发数据。如果 hostA 发送的对 hostB 的确认 a+1 传递丢失了,hostB 不会认为连接已建好,而发送方 hostA 却会开始发送数据 a+2,面对这种故障可能性,是否要求 hostB 对 a+1 确认,而 hostA 收到此确认后再传 a+2 呢?没有必要。因为如果进行更多的确认,连接可靠性无疑会不断增加,但这样会消耗更多的连接时间,并且如果 hostB 没有收到 a+1,它会反复重传以前的确认分段 b,hostA 也可以借此意识到需要重新发送 a+1 确认。这样,在效率与可靠性的权衡中,TCP 选择了三次握手建立连接,在尽可能保证连接的可靠性的前提下也保证了一定的效率。

当数据传输结束后,需要断开 TCP 连接,过程如图 19-6 所示。

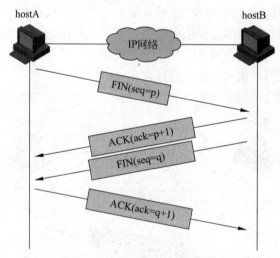

图 19-6 断开 TCP 连接

(1) hostA 要求终止连接,发送序列号为 p 的段,FIN 置为有效,同时确认此前刚收到的段。

(2) hostB 收到 HostA 发送的段后,发送 ACK 段,确认号为 p+1,同时关闭连接。

(3) hostB 发送序列号为 q 的段,FIN 置为有效,通知连接关闭。

(4) hostA 收到 HostB 发送的段后,发送 ACK 段,确认号为 q+1,同时关闭连接。

TCP 连接至此终止。可见这是一个四次握手过程。

19.6 TCP 可靠传输机制

19.6.1 传输确认

为保证数据传输的可靠性，TCP 要求对传输的数据进行确认。TCP 通过序列号和确认号来确保传输的可靠性。每一次传输数据时，TCP 都会标明该段的起始序列号，以便对方确认。在 TCP 中并不直接确认收到哪些段，而是通知发送方下一次该发送哪一个段，表示前面的段都已收到。序列号还可以帮助接收方对乱序到达的数据进行排序。

收到一个段确认一个段的方法虽然简单，但是会消耗网络资源较多。为了提高通信效率，TCP 采取了一些提高效率的方法。

首先，TCP 并不要求对每个段一对一地发送确认。接收端可以用一个 ACK 确认之前收到的所有数据。例如，接收到的确认序列号为 $N+1$ 时，表示接收方对到 N 为止的所有数据全部正确接收。

另外，TCP 并不要求必须单独发送确认，而是允许将确认放在传输给对方的 TCP 数据段中。如果收到一个段后没有段要马上传到对方，TCP 通常会等待一个微小的延时，希望将确认与后续的数据段合并发出。

由于每个段都有唯一的编号，这样当对方收到了重复的段时容易发现，数据段丢失后也容易定位，乱序后也可以重新排列。在动态路由网络中，一些数据包很可能经过不同的路径，因此报文可能会乱序到达。32 位的序列号由接收端计算机用于把段的数据重组成最初形式。

图 19-7 给出了一个经过简化的 TCP 传输过程示例。为了便于理解，本例只关注从 hostA 到 hostB 的单向传输。假设 hostA 向 hostB 发送的初始序列号为 1，且发送窗口为 4096B，hostA 向 hostB 发送的每个段数据长度为 1024B，hostA 将一次性向 hostB 发送 4 个段。而 hostB 收到并校验了数据的正确性后，在回送确认时只需发送确认号 $4096+1=4097$，就可以表示 4096 之前的全部数据都已经正确接收，下一次期望接收从 4097 开始的数据。下一次，hostA 仍然一次发送总量为 4096B 的 4 个段给 hostB。

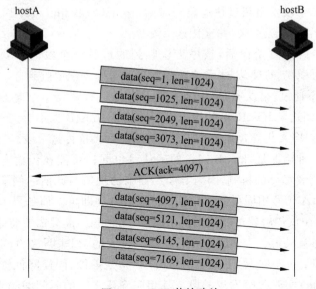

图 19-7 TCP 传输确认

19.6.2 超时重传

图 19-8 给出了一个经过简化的典型的 TCP 重传过程示例。假设 hostA 向 hostB 发送的序列号为 1025 的第二个段在途中丢失。hostB 只对全部按序无错接收到的序列号最高的段给以确认,即 hostB 只以确认号 1025 向 hostA 确认第一个段已收到。

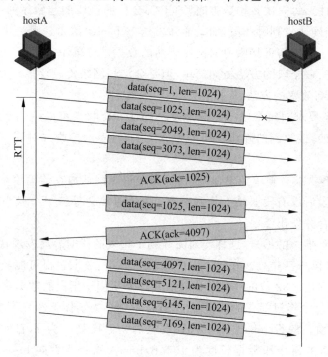

图 19-8　TCP 超时重传

hostA 在收到这个确认时,并不能确定 hostB 没有收到第二个段,因为也许第二个段也许还没有到达 hostB,或者 hostB 发出的第二个确认可能被延迟了,因此,hostA 不能立即重传第二个段。只有在第二个段发出超过往返路程时间(round trip time,RTT)而仍没有收到确认时,hostA 才认为这个段已经丢失,并重传这个段。

hostB 收到重传的第二个段后,按序无误收到的最后一个段的序列号为 3073,因此向 hostA 发送确认号为 4097 的确认,表示之前的数据均正确无误地收到。

TCP 接收方并不通过"错误通知"告知发送方重传。如果 hostA 向 hostB 发送的序列号为 1025 的第二个段到达了 hostB,但被检查出校验错误,hostB 也不会向 hostA 发送"错误通知"要求重传。因此,RTA 仍然需要等待 RTT 时间之后再重传这个段。

必须考虑的另一种情况是,hostB 回送的确认段也同样可能在传输中丢失或出错。此时对 hostA 来说并不需要额外的机制,因为 hostA 面临的现象与此前的例子是完全相同的——没有收到确认。hostA 仍然用同样的超时重传机制来处理即可。而如果 hostB 回送的确认只是被延迟,则 hostA 在重传后就可能收到两个确认,此时 hostA 只需要忽略多余的确认即可。

因此,RTT 时间就成为一个非常重要的参数。过大的 RTT 导致 TCP 重传非常迟缓,可能会降低传输的速度;过小的 RTT 则会导致 TCP 频繁重传,同样降低资源的使用效率。在实际实现中,TCP 通过实时跟踪发送的段与其相应确认之间的时间间隔来动态调整 RTT 的数值。

19.7 滑动窗口

TCP 使用大小可变的滑动窗口，并定义了窗口尺寸的通告机制，以增强流量控制的功能。这些机制为 TCP 提供了在终端系统之间调整流量的动态方法。

TCP 滑动窗口尺寸的单位为字节，起始于确认字段指明的值，这个值是接收端正期望一次性接收的字节。窗口尺寸是一个 16 位字段，因而窗口最大为 65535B。在 TCP 的传输过程中，双方通过交换窗口的大小来表达自己剩余的缓冲区空间，以及下一次能够接受的最大的数据量，避免缓冲区的溢出。

图 19-9 所示为仍然通过数据单向发送的简化示例，介绍 TCP 如何通过滑动窗口实现流量控制。

图 19-9　TCP 滑动窗口

假定初始的发送窗口大小为 4096，每个段的数据为 1024B，则 hostA 每次发送 4 个段给 hostB。hostB 正确接收到这些数据后，应该以确认号 4097 进行确认。然而同时，hostB 由于缓存不足或处理能力有限，认为这个发送速度过快，并期望将窗口降低一半。此时 hostB 在回送的确认中将窗口尺寸降低到 2048，要求 hostA 每次只发送 2048B。hostA 收到这个确认后，便依照要求降低了发送窗口尺寸，也就降低了发送速度。

若接收方设备要求窗口大小为 0，表明接收方已经接收了全部数据，或者接收方应用程序没有时间读取数据，要求暂停发送。

TCP 运行在全双工模式，所以发送者和接收者可能在相同的线路上同时发送数据，但发送的方向相反。这暗示着，每个终端系统对每个 TCP 连接包含两个窗口，一个用于发送，另一个用于接收。

可变滑动窗口解决了端到端流量控制问题，但是无法干预网络。如果中间节点，如路由器被阻塞，则没有任何机制可以通知 TCP。如果特定的 TCP 实现对超时设定和再传输具有抵抗性，则会极度增加网络的拥挤程度。

19.8 本章总结

（1）TCP 和 UDP 通过端口号标识上层应用和服务。
（2）TCP 通过三次握手建立可靠连接。
（3）TCP 通过校验和进行差错校验，通过序列号、确认和超时重传机制实现可靠传输。
（4）TCP 通过滑动窗口实现流量控制。

19.9 习题和解答

19.9.1 习题

1. TCP 为保证连接建立得可靠，采用了（　）来建立可靠的连接。
   A. 二次握手　　　　B. 三次握手　　　　C. 四次握手　　　　D. 五次握手
2. TCP 端口号区分上层应用，端口号小于（　）的定义为常用端口。
   A. 128　　　　　　B. 256　　　　　　C. 1024　　　　　　D. 4096
3. 下列字段包含于 TCP 头中的是（　）。
   A. 序列号　　　　　B. 源端口　　　　　C. 确认号　　　　　D. 目标端口
4. HTTP 默认使用的端口号是（　）。
   A. 10　　　　　　　B. 21　　　　　　　C. 80　　　　　　　D. 8080
5. FTP 默认使用的端口号是（　）。
   A. 10　　　　　　　B. 21　　　　　　　C. 80　　　　　　　D. 8080

19.9.2 习题答案

1. B　　2. C　　3. ABCD　　4. C　　5. B

第20章

UDP基本原理

TCP/IP 协议族的传输层协议主要包括传输控制协议(transmission control protocol, TCP)和用户数据报协议(user datagram protocol, UDP)。UDP 是无连接的传输协议,主要用于在相对可靠的网络上的数据传输,或用于对延迟较敏感的应用等。

20.1 本章目标

学习完本章,应该能够达到以下目标。
(1) 描述 UDP 的特点。
(2) 理解 UDP 封装。
(3) 描述 UDP 与 TCP 机制的主要区别。

20.2 UDP 的特点

RFC 768 定义的 UDP 是为实现数据报(datagram)模式的分组交换计算机网络通信而设计的。UDP 对应用程序提供了用最简化的机制向网络上的另一个应用程序发送消息的方法。UDP 提供无连接的、不可靠的数据报服务。

UDP 是面向数据报的传输协议。由于没有流的记录能力,UDP 无法记录数据位于流中的确切位置,因此不能像面向流的传输协议一样自动调整段的大小,而只能对应用程序进程的每个输出消息产生一个 UDP 数据报。

UDP 也采用端口号(port number)来标识这些上层的应用程序,从而使这些程序可以复用网络通道。

UDP 的特点如下。

(1) UDP 是无连接的:UDP 传送数据前并不与对方建立连接,在传输数据前,发送方和接收方程序需自行相互交换信息使双方同步。

(2) UDP 不对收到的数据进行排序:在 UDP 报文的首部中并没有关于数据顺序的信息(如 TCP 所采用的序列号),由于 IP 报文不一定按顺序到达,所以接收端无从排序。

(3) UDP 对接收到的数据报不发送确认,发送端不知道数据是否被正确接收,也不会重发数据。

(4) UDP 传送数据较 TCP 快速,系统开销也少。

(5) UDP 缺乏拥塞控制(congestion control)机制,需要基于网络的机制来减小因失控和高速 UDP 流量负荷而导致的拥塞崩溃效应。换言之,因为 UDP 发送者不能够检测拥塞,所以像使用包队列和丢弃技术的路由器这样的网络基本设备往往就成为降低 UDP 过大通信量的有效工具。

20.3 UDP 封装

如图 20-1 所示,UDP 收到应用层提交的数据后,将其分段,并在每个分段前封装一个 UDP 头。最终的 IP 包是在 UDP 头之前再添加 IP 头形成的。IP 用协议号 17 标识 UDP。

图 20-1 UDP 数据报封装

UDP 首部的各字段如图 20-2 所示。

图 20-2 UDP 头格式

由于功能简单,UDP 头相对于 TCP 头简化了很多。UDP 头包含以下字段。

(1) 源端口(source port):16 位的源端口号,含义与 TCP 相同。

(2) 目的端口(destination port):16 位的目的端口号,含义与 TCP 相同。

(3) 长度(length):16 位的长度字段,表明包括 UDP 头和数据在内的整个 UDP 数据报的长度,单位为字节。

(4) 校验和(checksum):16 位的错误检查字段,基于部分 IP 头信息、UDP 头和载荷数据的内容计算得到,用于检测传输过程中出现的错误。

20.4 UDP 与 TCP 的对比

表 20-1 所示为 UDP 与 TCP 的功能对比。

表 20-1 UDP 与 TCP 的对比

功 能 项	UDP	TCP
连接服务的类型	无连接	面向连接
维护连接状态	不维护连接状态	维持端到端的连接状态
对应用层数据的封装	对来自应用层数据直接封装为数据报。用端口号表示应用层程序	对应用层数据进行分段和封装,用端口号标识应用层程序
数据传输	不确保可靠传输	通过序列号和应答机制确保可靠传输
流量控制	无流量控制机制	使用滑动窗口机制控制流量

由表 20-1 可见,相对于 TCP,UDP 缺乏可靠性保证机制。UDP 段没有序列号、确认、超时重传和滑动窗口,其传输没有任何可靠性保证。

当然,使用 UDP 作为传输层协议也有独特的优势。

(1) 实现简单,占用资源少:由于抛弃了复杂的机制,不需要维护连接状态,也省却了发送缓存,UDP 可以很容易地运行在处理能力低、资源少的节点上。例如,无盘工作站在获得

OS 软件之前不可能实现复杂的传输机制,但系统的传递恰恰需要基于传输层协议,这时就可以使用基于 UDP 的 bootP 获取引导信息。

(2) 带宽浪费小,传输效率高:UDP 头比 TCP 头的尺寸小,而且 UDP 节约了 TCP 用于确认的带宽消耗,因此提高了带宽利用率。

(3) 延迟小:由于不需要等待确认和超时,也不需要考虑窗口的大小,UDP 发送方可以持续而快速地发送数据。对于很多应用而言,特别是实时应用,重新传输实际上没有意义。例如,对 VoIP 来说,如果丢失了一个语音包,通话质量立即会受到影响,但重新传递这个语音包也已经没有必要了,因为通话者不会等重建了话音之后再听。这种情况下 UDP 比 TCP 更加合适。

UDP 适用于不需要可靠传输的情形,如当高层协议或应用程序自己可以提供错误和流控制功能时,或错误重传没有意义时。另外,UDP 也适用于对传输效率或延迟较敏感的应用。UDP 服务于很多知名的应用,包括网络文件系统(NFS)、简单网络管理协议(SNMP)、域名系统(DNS)、简易文件传送协议(TFTP)、动态主机配置协议(DHCP)、路由信息协议(RIP)和语音视频流媒体传输等。

20.5 本章总结

(1) UDP 是无连接的传输协议。

(2) UDP 实现简单,资源占用少,实时性强。

(3) UDP 适用于不需要靠机制的情形,也适用于对传输效率或延迟较敏感的应用。

20.6 习题和解答

20.6.1 习题

1. UDP 协议为保证连接建立得可靠,采用了(   )来建立可靠的连接。
    A. 二次握手   B. 三次握手
    C. 四次握手   D. 以上都不对,UDP 不建立连接
2. UDP 端口号区分上层应用,端口号小于(   )的定义为常用端口。
    A. 128   B. 256   C. 1024   D. 4096
3. 下列字段包含于 TCP 头而不包含于 UDP 头中的是(   )。
    A. 序列号   B. 源端口   C. 确认号   D. 目标端口
4. 以下关于 UDP 的描述正确的是(   )。
    A. UDP 不维护连接状态,但可以实现差错重传
    B. UDP 维护连接状态,但不确保可靠传输
    C. UDP 无流量控制机制,但可以实现差错重传
    D. UDP 无流量控制机制,也不能实现可靠传输

20.6.2 习题答案

1. D   2. C   3. AC   4. D

第6篇
应用层协议原理

第21章 文件传输协议

第22章 DNS

第23章 其他应用层协议介绍

第21章

文件传输协议

在互联网中我们经常需要在远端主机和本地服务器之间传输文件,文件传输协议提供的应用服务满足了我们的这种需求。文件传输协议是互联网上文件传输的标准协议,FTP 使用 TCP 作为传输协议,支持用户的登录认证及访问权限的设置。互联网上另一种常用的文件传输协议是简单文件传输协议,TFTP 是一种简单的文件传输协议,不支持用户的登录认证,也不具备复杂的命令。TFTP 使用 UDP 作为传输协议,并具有重传机制。接下来我们将对这两种传输协议进行介绍。

21.1 本章目标

学习完本章,应该能够达到以下目标。
(1) 掌握 FTP 基础知识。
(2) 熟悉 FTP 文件传输模式。
(3) 熟悉 FTP 数据传输方式。
(4) 掌握 TFTP 基础知识。
(5) 掌握 FTP 与 TFTP 相关配置方法。

21.2 FTP

21.2.1 FTP 介绍

FTP 用于在远端服务器和本地主机之间传输文件,是 IP 网络上传输文件的通用协议。在万维网出现以前,用户使用命令行方式传输文件,最通用的应用程序就是 FTP。虽然目前大多数用户在通常情况下选择使用 E-mail 和 Web 传输文件,但是 FTP 仍然有着比较广泛的应用。

FTP 采用客户端/服务器的设计模式,承载在 TCP 之上。FTP 功能强大,拥有丰富的命令集。FTP 支持对登录服务器的用户名和口令进行验证,可以提供交互式的文件访问,允许客户指定文件的传输类型,并且可以设定文件的存取权限。

通过 FTP 进行文件传输时,需要在服务器和客户端之间建立两个 TCP 连接:FTP 控制连接和 FTP 数据连接。FTP 控制连接负责 FTP 客户端和 FTP 服务器之间交互 FTP 控制命令和命令执行的应答信息,在整个 FTP 会话过程中一直保持打开;而 FTP 数据连接负责在 FTP 客户端和 FTP 服务器之间进行文件和文件列表的传输,仅在需要传输数据的时候建立数据连接,数据传输完毕后终止。

FTP 服务器把文件列表通过数据连接发送到客户端，而不是在控制连接上使用多行应答。这样的好处是避免了行的有限性对文件列表大小的限制，并且用户可以把文件列表以文件的方式保存，而不仅仅只在终端上显示出来。

如图 21-1 所示，FTP 服务器启动后，FTP 服务打开 TCP 端口号 21 作为侦听端口，等待客户端的连接。客户端随机选择一个 TCP 端口号作为控制连接的源端口，主动发起对 FTP 服务器端口号 21 的 TCP 连接。控制连接建立后，FTP 客户端和 FTP 服务器之间通过该连接交互 FTP 控制命令和命令执行的应答信息。

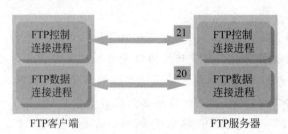

图 21-1　FTP 双连接方式

对于相同的一个文件，不同的操作系统可能会有不同的存储表达方式。为了在不同操作系统之间进行文件传输，确保文件能够准确无误地传送到对方，而不会引起格式上的误解，FTP 定义了不同的文件传输模式，适应于传输不同类型的文件。FTP 共定义了 4 种文件传输模式。

（1）ASCII 模式。ASCII 模式是默认的文件传输模式。发送方把本地文件转换成标准的 ASCII 码，然后在网络中传输；接收方收到文件后，根据自己的文件存储表达方式而把它转换成本地文件。ASCII 文件传输模式通常适用于传输文本文件。

（2）二进制流模式。二进制流模式又称为图像文件传输模式。发送方不做任何转换，把文件按照比特流的方式进行传输。二进制文件类型通常适用于传送程序文件。

（3）EBCDIC 模式。EBCDIC 模式要求文件传输的两端都是 EBCDIC 系统。

（4）本地文件模式。本地文件模式是在具有不同字节大小的主机间传输二进制文件。每一字节的比特数由发送方规定。对使用 8bit 字节的系统来说，本地文件以 8bit 字节传输就等同于二进制文件传输。

在 4 种文件传输模式中，ASICII 码模式和二进制模式是使用最广泛的 2 种传输模式，几乎所有 FTP 服务器都支持这 2 种文件类型，而 EBCDIC 和本地文件模式已经基本不再使用，因此大部分服务器都不提供这 2 种模式的支持。

21.2.2　FTP 数据传输方式

在 FTP 数据连接过程中，有两种数据传输方式：主动方式和被动方式。

1. FTP 主动方式建立连接过程

FTP 主动传输方式又称为 PORT 方式，是 FTP 最初定义的数据传输方式。采用主动方式建立数据连接时，FTP 客户端会通过 FTP 控制连接向 FTP 服务器发送 PORT 命令，PORT 命令携带如下格式的参数（A1,A2,A3,A4,P1,P2），其中 A1,A2,A3,A4 表示需要建立数据连接的主机 IP 地址，而 P1 和 P2 表示客户端用于传输数据的临时端口号，临时端口号的数值为 256×P1+P2。当需要传送数据时，服务器通过 TCP 端口号 20 与客户端提供的临时端口建立数据传输通道,完成数据传输。在整个过程中,由于服务器在建立数据连接时主动发起连接,因此被称为主动模式。

FTP 主动方式建立连接的过程如下。

(1) 阶段一:建立控制通道 TCP 连接,如图 21-2 所示。

图 21-2　FTP 主动方式阶段一

① FTP 客户端以随机端口(图 21-2 中是 1174)作为源端口,向 FTP 服务器的 TCP 端口 21 发送一个 TCP SYN 报文,开始建立 TCP 连接。

② FTP 服务器收到 SYN 报文后发送 SYN ACK 报文给客户端,源端口为 TCP 端口 21,目的端口为 FTP 客户端使用的随机端口 1174。

③ FTP 客户端收到 FTP 服务器发送的 SYN ACK 报文后,向 FTP 服务器回送一个 ACK 报文,完成 TCP 三次握手,建立 FTP 控制连接。

(2) 阶段二:主动方式参数传递,如图 21-3 所示。

图 21-3　FTP 主动方式阶段二

当 FTP 客户端希望请求文件列表或者需要同服务器进行文件传输时,FTP 客户端会通过已经建立好的控制通道向服务器发送 PORT 命令,命令中包含了自己的 IP 地址和端口号。在图 21-3 中,IP 地址是 192.168.0.1,端口号是 13×256+238=3566。

(3) 阶段三:建立数据通道 TCP 连接,如图 21-4 所示。

图 21-4　FTP 主动方式阶段三

① FTP 服务器向 FTP 客户端发送一个 SYN 报文,主动建立 TCP 连接。通信的源端口为 FTP 服务器的 TCP 端口号 20,目的端口为客户端在 PORT 命令中发送给服务器的端口号 3566。

② FTP 客户端以端口号 3566 为源端口,20 为目的端口向 FTP 服务器发送一个 SYN ACK 报文。

③ FTP 服务器端向 FTP 客户端发送一个 ACK 报文,完成 TCP 三次握手,建立数据通道的 TCP 连接。

(4) 阶段四:数据传输,如图 21-5 所示。

图 21-5　FTP 主动方式阶段四

① 数据通道连接建立后,FTP 客户端与 FTP 服务器利用该通道进行数据的传输。

② 数据传输完毕后,由发送数据的一方发送 FIN 报文,关闭这条数据连接。如果 FTP 客户端需要打开新的数据连接,则可以通过控制通道发送相关命令再次建立新的数据传输通道。

如果客户端处于防火墙内部,主动方式可能会遇到问题。因为客户端提供的端口号是随机的,防火墙并不知道。而为了安全起见,通常防火墙只会允许外部主机访问部分内部已知端口,阻断对内部随机端口的访问,从而造成无法建立 FTP 数据连接。此时,需要使用 FTP 被动方式来进行文件传输。

2. FTP 被动方式建立连接过程

被动方式又称为 PASV 方式。FTP 控制通道建立后,希望通过被动方式建立数据传输通道的 FTP 客户端会利用控制通道向 FTP 服务器发送 PASV 命令,告知服务器进入被动方式传输。服务器选择临时端口号并告知客户端,一般采用如下形式命令:Entering Passive Mode(A1,A2,A3,A4,P1,P2),其中 A1,A2,A3,A4 表示服务器的 IP 地址,P1,P2 表示服务器的临时端口号,数值为 $256 \times P1 + P2$。当需要传送数据时,客户端主动与服务器的临时端口建立数据传输通道,并完成数据传输。在整个过程中,由于服务器总是被动接收客户端的数据连接,因此称为被动方式。

采用被动方式时,两个连接都由客户端发起。一般防火墙不会限制从内部的客户端发出的连接,所以这样就解决了在主动方式下防火墙阻断外部发起的连接而造成无法进行数据传输的问题。

FTP 被动方式建立连接的过程如下。

(1) 阶段一:建立控制通道 TCP 连接,如图 21-6 所示。

① FTP 客户端以随机端口(图 21-6 中是 1174)作为源端口向 FTP 服务器 TCP 21 端口发送一个 TCP SYN 报文,开始建立 TCP 连接。

图 21-6　FTP 被动方式阶段一

② FTP 服务器收到 SYN 报文后发送 SYN ACK 报文给客户端,源端口为 TCP 21 端口,目的端口为 FTP 客户端使用的随机端口 1174。

③ FTP 客户端收到 FTP 服务器发送的 SYN ACK 报文后,向 FTP 服务器回送一个 ACK 报文,完成 TCP 三次握手建立 FTP 控制连接。

(2) 阶段二:被动方式参数传递,如图 21-7 所示。

图 21-7　FTP 被动方式阶段二

当 FTP 客户端希望请求文件列表或者需要同服务器进行文件传输时,FTP 客户端会通过已经建立好的控制通道向服务器发送 PASV 命令,告诉服务器进入被动模式。服务器对客户端的 PASV 命令应答,应答中包含了服务器的 IP 地址和一个临时端口信息。在图 21-7 中,IP 地址是 192.168.0.10,端口号是 $20 \times 256 + 245 = 5365$。

(3) 阶段三:建立数据通道 TCP 连接,如图 21-8 所示。

图 21-8　FTP 被动方式阶段三

① 此时,FTP 客户端已经得知 FTP 服务器使用的临时端口号是 5365。FTP 客户端以随机选择的临时端口号(图 21-8 中是 3789)作为源端口,向 FTP 服务器的端口 5365 发送一个 SYN 报文,主动建立 TCP 连接。

② FTP 服务器端发送 SYN ACK 给 FTP 客户端,目的端口为客户端自己选择的端口 3789,源端口为 5365。

③ FTP 客户端向 FTP 服务器端发送 ACK 消息，完成 TCP 三次握手，建立数据通道的 TCP 连接。

（4）阶段四：数据传输，如图 21-9 所示。

图 21-9　FTP 被动方式阶段四

① 数据通道连接建立后，FTP 客户端与 FTP 服务器利用该通道进行数据的传输。

② 数据传输完毕后，由发送数据的一方发送 FIN 报文，关闭这条数据连接。如果 FTP 客户端需要打开新的数据连接，则可以通过控制通道发送相关命令再次建立新的数据传输通道。

21.3　TFTP

21.3.1　TFTP 介绍

简单文件传输协议也是用于在远端服务器和本地主机之间传输文件的，相对于 FTP，TFTP 没有复杂的交互存取接口和认证控制，适用于客户端和服务器之间不需要复杂交互的环境。

TFTP 采用客户端/服务器设计方式，承载在 UDP 上，TFTP 服务器使用周知的端口号 69 侦听 TFTP 连接。由于 UDP 本身不能提供可靠的数据传输，因此 TFTP 使用自己设计的超时重传机制确保数据正确传送。TFTP 只能提供简单的文件传输能力，包括文件的上传和下载。TFTP 也不像 FTP 那样拥有一个庞大的命令集，不支持文件目录列表功能，也不能对用户的身份进行验证和授权。

TFTP 传输是由客户端发起的。当需要下载文件时，由客户端向 TFTP 服务器发送读请求包，然后从服务器接收数据，并向服务器发送确认；当需要上传文件时，由客户端向 TFTP 服务器发送写请求包，然后向服务器发送数据，并接收服务器的确认。

与 FTP 类似，TFTP 传输文件有两种模式：netascii 模式和 octet 模式。octet 传输模式对应于 FTP 中的二进制流模式，用于传输程序文件；netascii 模式对应于 FTP 中的 ASCII 模式，用于传输文本文件。

21.3.2　TFTP 报文

TFTP 共有五种协议数据报文，分别为读请求报文、写请求报文、数据报文、确认报文和错误报文。每种报文的头两个字节是操作码字段。对于读请求（RRQ）和写请求（WRQ），操作码字段分别为 1 和 2，文件名字段说明客户要读或写的位于服务器上的文件，文件名字段以 0 字节作为结束。方式字段填写的是一个 ASCII 码字符串 netascii 或 octet（可大小写任意组合），同样以 0 字节结束。操作码为 3 的报文是数据报文，数据报文中包含 2 字节的块编号，块编号需要在确认报文中使用。操作码为 4 的报文是数据的确认报文。操作码为 5 的报文是差错报文,它用于服务器不能处理读请求或写请求的情况。在文件传输过程中读和写差错也会导致传送这种报文,数据传输随即停止,差错报文不会被确认,也不会重传。

21.3.3 TFTP 文件传输过程

TFTP 进行文件传输时,将待传输文件看成由多个连续的文件块组成。每一个 TFTP 数据报文中包含一个文件块,同时对应一个文件块编号。每次发完一个文件块后就等待对方的确认,确认时应指明所确认的块编号。发送方发完数据后,如果在规定的时间内收不到对端的确认,发送方就要重新发送数据。发送确认的一方如果在规定时间内没有收到下一个文件块数据,则重发确认报文。这种方式可以确保文件的传送不会因某一数据的丢失而失败。

每次 TFTP 发送的数据报文中包含的文件块大小固定为 512B,如果文件长度恰好是 512B 的整数倍,那么在文件传送完毕后,发送方还必须在最后发送一个不包含数据的数据报文,用来表明文件传输完毕。如果文件长度不是 512B 的整数倍,那么最后传送的数据报文所包含的文件块肯定小于 512B,这正好作为文件结束的标志。

TFTP 的文件传输过程从 TFTP 客户端向 TFTP 服务器发送一个读请求或写请求开始。读请求表示 TFTP 客户端需要从 TFTP 服务器下载文件,写请求表示客户端需要向服务器上传文件。

如图 21-10 所示,TFTP 客户端需要从 TFTP 服务器下载文件时,会向 TFTP 服务器发送一个读请求报文,包含需要下载的文件名信息和文件传输的模式(netascii 或 octet)。如果这个文件可以被客户端下载,那么服务器回应一个数据报文,报文中包括文件的第一个文件块,块编号为 1。客户端收到块编号为 1 的数据报文后,返回一个确认报文,报文中的块编号为 1。服务器收到确认后继续发送块编号为 2 的数据报文,客户端回应块编号为 2 的确认报文。这个过程周而复始,直至文件全部传输完毕。除了最后一个数据报文可含有不足 512B 的数据,其他每个数据报文均含有 512B 的数据。当客户端收到一个不足 512B 的数据报文后,就知道它收到了最后一个数据分组。

图 21-10 TFTP 下载文件过程

如图 21-11 所示,TFTP 客户端需要向 TFTP 服务器上传文件时,会向 TFTP 服务器发送一个写请求报文,包含需要在服务器上保存的文件名信息和文件传输模式(netascii 或 octet)。如果这个文件可以被客户端上传,那么服务器回应一个块编号为 0 的确认报文。客户端继续发送块编号为 1 的数据报文,服务器返回块编号为 1 的确认报文。然后客户端继续发送块编号为 2 的数据报文,服务器返回块编号为 2 的确认报文。以此类推,直至文件全部传输完毕。

图 21-11　TFTP 上传文件过程

21.4　配置 FTP 与 TFTP

21.4.1　FTP 客户端配置

路由器可以作为 FTP 客户端，建立设备与远程 FTP 服务器的连接，访问远程 FTP 服务器上的文件。

（1）在用户视图下用以下命令来登录远程 FTP 服务器。

ftp *ftp-server* [*service-port*] [**vpn-instance** *vpn-instance-name*] [**dscp** *dscp-value* | **source** { **interface** { *interface-name* | *interface-type interface-number* } | **ip** *source-ip-address* }]

命令中常见参数含义如下。

① *ftp-server*：FTP 服务器的主机名或 IP 地址。

② *service-port*：远端设备提供 FTP 服务的 TCP 端口号，取值范围为 0～65535，默认值为 21。

③ **vpn-instance** *vpn-instance-name*：指定 FTP 服务器所属的 VPN。

④ **source** { **interface** *interface-type interface-number* | **ip** *source-ip-address* }：指定建立 FTP 连接时使用的源地址。

在上述命令中，如果不指定任何参数，则只进入 FTP 客户端视图，不登录 FTP 服务器。

如果指定参数，系统会提示用户输入登录 FTP 服务器的用户名和密码。如果用户名和密码正确，则登录成功，并进入 FTP 客户端视图；否则，登录失败。

（2）在登录到 FTP 服务器后，通常会查看服务器上的目录和文件，以确定需要下载的文件名。在 FTP 视图下查看 FTP 服务器上目录和文件。

ls *remotefile* [*localfile*]

（3）可以指定所需要下载的文件和下载到本地后的文件名。其命令如下。

get *remotefile* [*localfile*]

（4）也可以上传本地文件到远程 FTP 服务器上。命令如下。

put *localfile* [*remotefile*]

（5）在下载完成后，在 FTP 视图下用命令断开与 FTP 服务器之间的连接。

bye

其他会经常使用的命令如表 21-1 所示。

表 21-1　其他常用 FTP 客户端配置命令

命　　令	操　　作
binary	设置 FTP 文件传输的模式为二进制流模式
pwd	显示远程 FTP 服务器上的工作目录
cd pathname	切换远程 FTP 服务器上的工作路径
put localfile [remotefile]	上传本地文件到远程 FTP 服务器

21.4.2　FTP 服务器端配置

当路由器作为 FTP 服务器时，可进行如下配置。
第 1 步：在系统视图下启动 FTP 服务器功能。

`ftp server enable`

因为默认情况下，FTP 服务器功能处于关闭状态，所以必须使能 FTP 服务。
第 2 步：创建本地用户并设置相应的密码、服务类型、权限级别等参数。
（1）创建本地用户并进入本地用户视图。

local - user *user – name* [**class** { **manage** | **network** }]

（2）在本地用户视图下设置当前本地用户的密码。

password [{ **hash** | **simple** } *password*]

（3）在本地用户视图下设置服务类型。

service - type { **ftp** | { **ssh** | **telnet** | **terminal** } }

21.4.3　FTP 配置示例

图 21-12 为配置路由器作为服务器端和客户端的示例。图中作为 FTP 服务器的路由器接口 IP 地址是 10.0.0.1。

配置路由器作为 FTP 服务器端：

```
[Router] ftp server enable
[Router] local - user ftp_manager class manage
[Router - luser - ftp_manager] password simple 123456
[Router - luser - ftp_manager] service - type ftp
```

图 21-12　FTP 配置示例

所配置的用户名为 ftp_manager，密码为 123456，格式为未加密的明文，FTP 服务的目录为默认目录。

在客户端登录 FTP 服务器端，如下：

```
< Router > ftp 10.0.0.1
User(10.0.0.1:(none)):ftp_manager
331 Password required for ftp_manager.
Password:
230 User logged in.
```

然后上传本地文件 aaa.app 至服务器端,并在服务器端修改其文件名为 bbb.app。

ftp> put aaa.app bbb.app

21.4.4 TFTP 客户端配置

当路由器作为 TFTP 客户端时,可以把本地文件上传到 TFTP 服务器,还可以从 TFTP 服务器下载文件到本地。下载又分为两种。

(1) 普通下载。在这种方式下,设备将获取的远端文件直接写到存储设备中。这样如果是覆盖性下载系统文件,而且下载失败(如网络断开等原因),则原系统文件已被删除,设备将无法正常启动。

(2) 安全下载。在这种方式下,设备将获取的远端文件先保存到内存中,等用户文件全部接收完毕,才将它写到存储设备中。这样如果系统文件下载失败(如网络断开等原因),因为原有的系统文件没有被覆盖,设备仍能够启动。这种方法安全系数较高,但需要较大的内存空间。

当操作启动文件或配置文件等重要文件时,建议采用安全下载。

配置路由器作为 TFTP 客户端的命令如下。

tftp *tftp-server* { **get** | **put** | **sget** } *source-filename* [*destination-filename*] [**vpn-instance** *vpn-instance-name*] [**dscp** *dscp-value*] [**source** { **interface** *interface-type interface-number* | **ip** *source-ip-address* }]

其中参数含义如下。

(1) *tftp-server*:TFTP 服务器的 IP 地址或主机名。

(2) *source-filename*:源文件名。

(3) *destination-filename*:目标文件名。

(4) vpn-instance *vpn-instance-name*:指定 TFTP 服务器所属的 VPN。

(5) dscp *dscp-value*:指定设备发送的 TFTP 报文中携带的 DSCP 优先级的取值,取值范围为 0~63,默认值为 0。

(6) get:表示普通下载文件操作。

(7) put:表示上传文件操作。

(8) sget:表示安全下载文件操作。

(9) ip *source-ip-address*:当前 TFTP 客户端发送报文所使用的源 IP 地址。此地址必须是设备上已配置的 IP 地址。

(10) interface *interface-type interface-number*:当前 TFTP 客户端传输使用的源接口,包括接口类型和接口编号。此接口下配置的主 IP 地址即为发送报文的源地址。

21.5 本章总结

(1) FTP 与 TFTP 基础知识。

(2) FTP 文件传输的两种模式。

(3) FTP 数据传输方式。

(4) TFTP 文件传输过程。

(5) FTP 与 TFTP 相关配置方法。

21.6 习题和解答

21.6.1 习题

1. 互联网上文件传输的标准协议是( )。
   A. TFTP   B. SFTP   C. FTP   D. STFTP
2. FTP 和 TFTP 采用的传输层协议是( )。
   A. UDP 和 TCP   B. TCP 和 UDP
   C. 两者都采用 TCP   D. 两者都采用 UDP
3. 在尽力而为的 IP 网络上传输文件,需要文件传输协议具备重传机制。采用自己设计重传机制的文件传输协议是( )。
   A. FTP   B. TFTP   C. 两者都是   D. 两者都不是
4. 在网络上进行文件传输时,如果需要提供用户的登录认证,则可以使用( )文件传输协议。
   A. FTP   B. TFTP
   C. 两者都可以   D. 两者都不可以
5. FTP 所使用的数据连接和控制连接端口号分别是( )。
   A. 23,24   B. 21,22   C. 20,21   D. 21,20

21.6.2 习题答案

1. C   2. B   3. B   4. A   5. C

第22章

DNS

在 TCP/IP 网络中，IP 地址是网络节点的标识。但是，IP 地址是点分十进制数，比较难记忆。联想到在现实生活中，名字比身份证号码更容易被人记住，所以我们是否可以拿名字来标记某个网络节点呢？答案是肯定的。

域名系统(domain name system，DNS)是一种用于 TCP/IP 应用程序的分布式数据库，提供域名与 IP 地址之间的转换。

本章将针对 DNS 展开学习和讨论，目标是使大家能够熟悉和掌握该协议的基础知识及工作方式。

22.1 本章目标

学习完本章，应该能够达到以下目标。
(1) 掌握 DNS 的作用。
(2) 掌握 DNS 域名结构。
(3) 掌握 DNS 域名的解析过程。
(4) 掌握 DNS 两种查询方式。
(5) 了解 DNS 反向查询相关知识。
(6) 掌握如何在路由器上配置 DNS。

22.2 DNS 域名

在 TCP/IP 网络发展初期，人们直接使用 IP 地址来访问网络上的资源。随着网络规模的扩大和网络中所能提供服务的增加，需要记住越来越多的 IP 地址。但点分十进制的 IP 地址是很难记忆的。所以需要一种能够把 IP 地址与便于记忆的名字关联起来的方法，使人们只要能记住这些名字，就可以访问网络资源。

在 Internet 早期，网络中仅有几百台主机，那时的计算机使用一个叫作 hosts 的文件来实现主机名与 IP 地址之间的映射。hosts 文件中包括主机名和 IP 地址的对应信息。当一台主机需要通过主机名的方式访问网络上的另外一台主机时，它就会查看本地的 hosts 文件，从文件中找到相对应的 IP 地址然后进行报文发送。如果在 hosts 文件中没有关于那台主机名的相关信息，则主机访问将失败。

hosts 文件是主机的本地文件，它的优点是查找响应速度快。它主要用来存储一些本地网络上的主机名与 IP 地址对应的信息。这样，主机在以主机名访问本地网络主机时，通过本地 hosts 文件可以迅速获得相应 IP 地址。

每台主机的 hosts 文件都需要手工单独更新，而且几乎没有自动配置。随着 Internet 规模快速增长，维护包含一个大量映射条目的文件的难度越来越大，而且在每台主机间进行经常同步更新几乎是一件不可能完成的任务。

为了解决 hosts 文件维护困难的问题，20 世纪 80 年代 IETF 发布了域名系统。

DNS 域名系统主要解决了因特网上主机名与 IP 地址之间的相互转换，为用户实现多种网络资源的访问提供了必要条件。

DNS 系统采用客户端/服务器模式，DNS 客户端提出查询请求，DNS 服务器负责相应请求。DNS 客户端通过查询 DNS 服务器获得所需访问主机的 IP 地址信息，进而完成后续的 TCP/IP 通信过程。

DNS 系统是一个具有树状层次结构的、联机分布式数据库系统。1983 年，因特网开始使用层次机构的命名树作为主机的名字，树状层次机构的主机名在管理、维护、扩展等方面具有更大的优势。DNS 系统也采用树状层次结构与之对应。

从理论上讲，DNS 可以采用集中式设计，整个因特网只使用一台 DNS 服务器，这台 DNS 服务器包含 Internet 所有主机名与 IP 地址的映射关系。客户端简单地把所有咨询消息发送给这个唯一的名称服务器，该名称服务器则把响应消息返回给查询的主机。这种设计尽管具有诱人的简单性，但面对 Internet 大量的主机数量，而且仍在不断增长的主机数量，这种做法并不可取。集中式 DNS 系统存在的主要问题如下。

(1) 存在单点故障：要是唯一的 DNS 服务器崩溃了，整个 DNS 服务也失效了。

(2) 服务处理的访问量巨大，性能不足：单台 DNS 服务器将不得不处理所有 DNS 查询消息。

(3) 远距离访问，效率低下：单台 DNS 服务器主机不可能在所有请求查询的客户主机附近。例如，假设 DNS 服务器在纽约，而所有的查询都来自地球另一边的澳大利亚，可能要经过缓慢且拥塞的链路。这样造成的远距离访问将导致相当大的延迟。

(4) 系统维护工作量巨大：单台 DNS 服务器将保存所有因特网主机的记录。这个集中式数据库不仅会相当巨大，而且不得不为每台新增的主机频繁更新。允许任何用户在集中式数据库中注册主机还存在身份认证与授权问题。

因此，因特网的域名系统（DNS）被设计成为一个联机分布式数据库系统，名字到 IP 地址的解析可以由若干个域名服务器共同完成。大部分的名字解析工作可以在本地的域名服务器上完成，效率很高。并且由于 DNS 使用分布式系统，即使单个服务器出现故障，也不会导致整个系统失效，消除了单点故障。

22.3　DNS 域名结构

因特网早期使用的主机名是无等级概念的，其优点是短小精悍，记忆简单。但当因特网的联机主机数量急剧增加时，使用这种不划分等级的命名方法来管理一个规模巨大且不断变化的主机名集合是非常困难的。

DNS 域的本质是因特网中一种管理范围的划分，最大的域是根域，向下可以划分为顶级域、二级域、三级域、四级域等。相对应的域名是根域名、顶级域名、二级域名、三级域名等。不同等级的域名之间使用点号分隔，级别最低的域名写在最左边，而级别最高的域名则写在最右边。如域名 www.abc.com 中，com 为顶级域名，abc 为二级域名，而 www 则表示二级域中的主机。

每一级的域名都由英文字母和数字组成,域名不区分大小写,但是长度不能超过63B,一个完整的域名不能超过255B。根域名用"."(点)表示。如果一个域名以点结尾,那么这种域名称为完全合格域名(full qualified domain name,FQDN)。接入因特网的主机、服务器或其他网络设备都可以拥有一个唯一的完全合格域名。

如图22-1所示,因特网的域名空间结构像是一棵倒过来的树。根域名就是树根,用点号表示。

图 22-1 因特网域名结构树

根域名下属的顶级域名包括3大类。

(1) 国家顶级域名。国家顶级域名采用 ISO3166 的规定。例如,.cn 表示中国,.us 表示美国,.uk 表示英国,等等。现在使用的国家顶级域名大约为 200 个。

(2) 国际顶级域名。国际顶级域名采用.int。国际性的组织可以在.int 下注册。

(3) 通用顶级域名。最早的顶级域名共有 6 个:.com 表示公司企业,.net 表示网络服务机构,.org 表示非营利组织,.edu 表示教育机构(仅限美国),.gov 表示政府部门(仅限美国),.mil 表示军事部门(仅限美国)。随着因特网用户不断增加,从 2000 年 11 月起,因特网的域名管理机构 ICANN 又增加了七个通用顶级域名:.aero 用于航空运输业,.biz 用于公司和企业,.coop 用于合作团体,.info 用于各种情况,.museum 用于博物馆,.name 用于个人,.pro 用于自由职业者。

在顶级域下面注册的是二级域名,如图 26-1 中在顶级域.com 下的有二级域名 cctv、h3c 等。国家顶级域名下注册的二级域名均由该国家自行确定。我国将二级域名划分为类别域名和行政域名两大类,类别域名如.com、.edu、.gov 等分别代表不同的机构;行政域名如.bj 表示北京、.sh 表示上海等代表我国的各省、自治区及直辖市。二级域名下面是三级域、四级域等。命名树上任何一个节点的域名就是将从该节点到最高层的域名串起来,中间以"."分隔。

在域名结构中,节点在所属域中的标识可以相同,但域名必须唯一。例如,图 22-1 中 h3c 公司和新浪(sina)公司下都有一台主机的标识是 mail,但是两者的域名却是不同的,前者为 mail.h3c.com 而后者为 mail.sina.com.cn。

22.4 DNS 域名解析

22.4.1 DNS 域名解析概述

将域名转换为对应的 IP 地址的过程称为域名解析。在域名解析过程中，DNS 客户端上的用户程序调用解析器软件向 DNS 服务器发出请求，DNS 服务器调用安装在其上的解析器软件完成域名解析。DNS 采用客户端/服务器体系架构，使用 TCP 或 UDP 作为传输层协议，域名服务器使用 53 端口号侦听客户端发出的 DNS 查询请求。DNS 域名解析架构如图 22-2 所示。

图 22-2　DNS 域名解析架构

DNS 域名解析是按照 DNS 分层结构的特点自顶向下进行的。然而，如果每一个域名解析都从根服务器开始，那么根服务器有可能无法承载因特网中大量的信息交互流量。在实际应用中，大多数域名解析都是由本地域名服务器在本地解析完成的。通过合理设定本地域名服务器，由本地域名服务器负责大部分的域名解析请求，可以很大程度上提高域名解析的效率。

22.4.2 DNS 域名解析过程

1. DNS 域名服务器类型

1) 本地域名服务器

每个因特网服务提供商或者一个大的网络机构，如公司、大学等都可以拥有一台或多台可以自行管理的域名服务器，这类域名服务器称为本地域名服务器，有时也称为默认域名服务器。本地域名服务器一般离客户端较近。当一个 DNS 客户端发送 DNS 查询时，该查询首先被送往本地域名服务器，如果本地域名服务器数据库中存在对应的主机域名，本地域名服务器会立即将所查询的域名转换为 IP 地址返回客户端。在 Windows 操作系统的"Internet 协议（TCP/IP）属性"中设置的 DNS 服务器就是我们最常见的本地域名服务器。

2) 根域名服务器

通常根域名服务器用来管理顶级域，本身并不对域名进行解析，但它知道相关域名服务器的地址。在 DNS 解析过程中，当本地域名服务器的数据库中没有 DNS 客户端所查询的主机域名时，它会以 DNS 客户端的身份向某一个根域名服务器进行查询。根域名服务器收到本地域名服务器的查询后，会回应相关域名服务器的 IP 地址，本地域名服务器再向相关域名服务器发送查询请求。

3) 授权域名服务器

因特网上的每一个主机都必须在某个域名服务器上进行注册，这个域名服务器称为该主机的授权域名服务器。通常，一个主机的授权域名服务器就是该主机的本地域名服务器，实际上为了更加可靠地工作，每个主机最好有两个授权域名服务器，以防止单点故障。授权域名服务器上总是存在着注册主机域名与 IP 地址的映射信息，对于这样的 DNS 查询，授权域名服务器的回答是具备权威性的。当一个授权域名服务器被另外的域名服务器查询的时候，授权域名服务器就会向请求者应答相应主机的 DNS 映射。

4）主域名服务器

主域名服务器是完成一个或多个区域域名解析工作的主用域名服务器，通常主域名服务器就是一个或多个区域的授权域名服务器，主域名服务器具有区域内主机地址信息的源数据文件，并且是区域传送中区域数据的唯一来源。

5）辅助域名服务器

辅助域名服务器可以协助主域名服务器共同提供客户端请求的域名查询服务，在网络中主机很多的情况下，可以有效分担主域名服务器所承载的压力。辅助域名服务器同时也提供了冗余保护能力，在主域名服务器失效的时候，辅助域名服务器能够在其数据信息有效期内继续对网络中的主机提供域名解析服务。

一台主域名服务器可以具有多台辅助域名服务器，同时一台某区域的辅助域名服务器还可以担当其他区域主域名服务器的角色。辅助域名服务器中也包含区域内主机地址数据的授权信息，通过区域配置文件副本的方式存储在辅助 DNS 服务器中。辅助域名服务器也是区域的授权域名服务器，可以完成本区域内域名查询的授权回答。

辅助域名服务器本身并不建立区域地址信息的数据文件，它获得区域数据的唯一途径就是通过区域传送的方式从主域名服务器上获得区域数据的最新副本。辅助域名服务器获得最新区域数据副本的方式有两种，第一种是辅助域名服务器启动或配置的刷新时间到期，辅助域名服务器会主动查询主域名服务器获得副本或更新副本中区域数据信息。第二种是主域名服务器启动通知功能，在其区域数据发生变化的时候及时通知辅助域名服务器更新副本中区域数据信息。

2. DNS 域名完整解析过程

图 22-3 中是一个完整的 DNS 域名解析示例。DNS 客户端进行域名 www.h3c.com.cn 的解析过程如下：

图 22-3　DNS 域名完整解析过程

第 1 步：DNS 客户端向本地域名服务器发送请求，查询 www.h3c.com.cn 主机的 IP 地址。

第 2 步：本地域名服务器检查其数据库，发现数据库中没有域名为 www.h3c.com.cn 的主机，于是将此请求发送给根域名服务器。

第 3 步：根域名服务器查询其数据库，发现没有该主机记录，但是根域名服务器知道能够解析该域名的 cn 域名服务器的地址，于是将 cn 域名服务器的地址返回给本地域名服务器。

第 4 步：本地域名服务器向 cn 域名服务器查询 www.h3c.com.cn 主机的 IP 地址。

第 5 步：cn 域名服务器查询其数据库，发现没有该主机记录，但是 cn 域名服务器知道能够解析该域名的 com.cn 域名服务器的地址，于是将 com.cn 的域名服务器的地址返回给本地域名服务器。

第 6 步：本地域名服务器再向 com.cn 域名服务器查询 www.h3c.com.cn 主机 IP 地址。

第 7 步：com.cn 域名服务器查询其数据库，发现没有该主机记录，但是 com.cn 域名服务器知道能够解析该域名的 h3c.com.cn 域名服务器的 IP 地址，于是将 h3c.com.cn 的域名服务器的 IP 地址返回给本地域名服务器。

第 8 步：本地域名服务器向 h3c.com.cn 域名服务器发送查询 www.h3c.com.cn 主机的 IP 地址请求。

第 9 步：h3c.com.cn 域名服务器查询其数据库，发现有该主机记录，于是给本地域名服务器返回 www.h3c.com.cn 所对应的 IP 地址。

第 10 步：最后本地域名服务器将 www.h3c.com.cn 的 IP 地址返回给客户端。至此，整个解析过程完成。

22.5　DNS 传输层协议选择

DNS 域名服务器使用的端口号无论对 UDP 还是 TCP 都是 53。那么这意味着 DNS 均支持 UDP 和 TCP 访问。但是大多数情况下 DNS 客户端与 DNS 服务器交互采用的都是 UDP，也可以说 DNS 是基于 UDP 的。这是怎么回事呢？

原来，DNS 响应数据报文中有一个特殊的标志位，称为删减标志位，用 TC 来表示。当响应报文采用 UDP 封装且长度大于 512B 时(不包括 IP 和 UDP 头部)，那么服务器将仅仅返回前 512B，同时 TC 置位，表示报文进行了删减。当客户端收到 TC 置位的响应报文后，客户端将采用 TCP 封装重发原来的查询请求。DNS 服务器返回采用 TCP 封装的 DNS 响应报文，报文长度大于 512B。

当一个辅助域名服务器在启动时，将从该域的主域名服务器执行区域传送。正常运行过程中，辅助服务器也会定时向主服务器进行查询以便了解主服务器数据是否发生变动。如果有变动，将执行一次区域传送。区域传送的数据是使用 TCP 封装的。因为这里传送的数据远比一个查询或响应多得多。

所以，DNS 是基于 UDP 的说法是仅针对客户端来说的。既然我们访问 DNS 主要使用的是 UDP，而且查询和响应主要经过广域网，分组丢失率和往返时间的不确定性在广域网上又比局域网更大。所以对于 DNS 客户程序，一个好的重传和超时程序往往显得十分重要。

22.6　DNS 查询方式

DNS 域名解析包括两种查询方式：递归查询和迭代查询。

递归查询通常发生在主机发送查询请求到本地域名服务器时，而迭代查询通常发生在主机发送查询请求到根域名服务器。

22.6.1　递归查询

对于一个递归查询，DNS 服务器如果不能直接回应解析请求，它将以 DNS 客户端的方式继续请求其他 DNS 服务器，直到查询到该主机的域名解析结果，如图 22-4 所示。回复结果可以是该主机的 IP 地址或者是该域名无法解析。无论是哪种结果，DNS 服务器都将把结果返回给客户端。一个递归查询很好的例子是，当本地域名服务器接受了客户端的查询请求时，本地域名服务器将力图代表客户端来找到答案，而在本地域名服务器执行所有工作的时候，客户端只是等待，直到本地域名服务器将最终查询结果返回该客户端。

图 22-4　递归查询

22.6.2　迭代查询

如图 22-5 所示，在迭代解析方式中，如果服务器查不到相应的记录，会向客户端返回一个可能知道结果的域名服务器地址，由客户端继续向新的服务器发送查询请求。迭代查询的很好例子是一台本地域名服务器发送请求到根服务器。当某个企业的本地域名服务器向根域名服务器提出查询，根域名服务器并不一定代表本地域名服务器来担当起回答查询的责任，它会指引本地域名服务器到另一台域名服务器进行查询。例如，当根服务器被要求查询 www.h3c.com.cn 的地址时，根域名服务器不会到 h3c.com.cn 域名服务器查询 www 主机的地址，它只是给本地域名服务器返回一个提示，告诉本地域名服务器到 cn 域名服务器去继续查询和得到结果。所以，对域名服务器的迭代查询只能得到一个提示，再继续查询。

图 22-5　迭代查询

一般下一次访问的最佳服务器将在域名树中上移,并更靠近根域名服务器,或者就是根域名服务器。当查到根域名服务器后,一般只需再在域名树向下查询若干次,就能得出最终的结果;或者是到达所需的服务器,以返回查询的地址;或者是出错并终止查询。

22.7 DNS 反向查询

在 DNS 查询中,客户端希望知道域名所对应的 IP 地址,这种查询我们称为正向查询。大部分的 DNS 查询都是正向查询。

与正向查询相对应,有一种查询是反向查询。它允许 DNS 客户端根据已知的 IP 地址查找主机所对应的域名。反向查询采取问答形式进行,如"您能告诉我使用 IP 地址 192.168.1.20 的计算机的 DNS 名称吗?"如图 22-6 所示。

图 22-6 DNS 反向查询

为了实现反向查询,在 DNS 标准中定义了特殊域 in-addr.arpa 域,并保留在 Internet 域名空间中,以便提供切实可靠的方式执行反向查询。为了创建反向域名空间,in-addr.arpa 域中的子域是按照点分十进制表示法编号的 IP 地址的相反顺序构造的。

为什么不能使用正向的 IP 地址顺序构造 in-addr.arpa 域呢?这主要与 DNS 域名构成的层级关系有关。在 DNS 域名空间树结构中,根域是域名树的树根,最接近树根的是顶级域,依次向下是二级域、三级域、四级域……我们可以看出,越靠近树根域的范围越大,越远离树根域的范围越小,也就是越具体。因此对于域名 www.abc.com.cn,从左往右看时呈现了一种范围从小到大,逐层包容的关系。

对于 IP 地址的构成方式,从左向右看,首先是网络地址部分,然后才是具体的主机部分,包容关系与域名的构成方式恰恰相反。在反向查找中,其实也是把 IP 地址作为特殊的域名对待,因此需要把 IP 地址的 4 个八位字节倒置排列形成特殊的 in-addr.arpa 域。

在 DNS 中建立的 in-addr.arpa 域中使用一种称为指针类型的资源记录。这种资源记录用于反向查找区域中创建映射,它一般对应于其正向查找区域中某一主机的 DNS 主机名。与正向查找一样,如果所查询的反向名称不能从 DNS 服务器应答,则同样的 DNS 查询(递归或迭代)过程可用来查找对反向查找区域具有绝对权威且包含查询名称的 DNS 服务器。

22.8 H3C 设备 DNS 特性及配置

22.8.1 H3C 设备 DNS 特性

目前在 H3C 系列产品上,能够实现如下与 DNS 相关的功能。

(1) 静态域名解析。静态域名解析就是在设备上手工建立域名和 IP 地址之间的对应关系。当用户使用域名进行某些应用(如 Telnet)时,系统查找静态域名解析表,从中获取指定域名对应的 IP 地址。

(2) 动态域名解析。动态域名解析就是由设备查询 DNS 域名服务器,由 DNS 域名服务器完成解析。动态域名解析支持域名后缀列表功能。用户可以预先设置一些域名后缀,在域名解析的时候,用户只需要输入域名的部分字段,系统会自动把输入的域名加上不同的后缀进行解析。举例说明,用户想查询域名 h3c.com,那么可以先在后缀列表中配置 com,然后输入 h3c 进行查询,系统会自动将输入的域名与后缀连接成 h3c.com 进行查询。

(3) DNS 代理。DNS 代理(DNS proxy)用来在 DNS 客户端和 DNS 服务器之间转发 DNS 请求和应答报文,代替 DNS 服务器端进行域名解析。局域网内的 DNS 客户端把 DNS 代理当作 DNS 服务器,将 DNS 请求报文发送给 DNS 代理。DNS 代理将该请求报文转发到正确的 DNS 服务器,并将 DNS 服务器的应答报文返回给 DNS 客户端,从而实现域名解析。使用 DNS 代理功能后,当 DNS 服务器的地址发生变化时,只需改变 DNS 代理上的配置,无须改变局域网内每个 DNS 客户端的配置,从而简化了网络管理。

22.8.2 配置静态和动态域名解析

在路由器上可以配置 DNS 静态域名解析,能够加快解析速度。配置的要点是建立域名和 IP 地址之间的映射表。

(1) 在系统视图下,配置静态解析表中主机名和对应的 IP 地址。

ip host *hostname ip-address* [**vpn-instance** *vpn-instance-name*]

参数 **vpn-instance** *vpn-instance-name* 是指配置命令对指定的 VPN 有效。

如果网络中有域名服务器,可以在路由器上配置 DNS 动态域名解析。

(2) 在系统视图下,指定域名服务器的 IPv4 地址。

dns server *ip-address* [**vpn-instance** *vpn-instance-name*]

配置完成后,如果用户使用域名进行某些应用,如 Ping 一个主机名时,路由器将向所指定的域名服务器发出 DNS 解析请求,请求域名所对应的 IPv4 地址。

(3) 为了使用方便,可以在系统视图下配置域名后缀列表。

dns domain *domain-name* [**vpn-instance** *vpn-instance-name*]

配置完成后,路由器发送 DNS 解析请求时会自动把域名加上所配置的后缀。

22.8.3 配置 DNS 代理

如果 DNS 服务器和客户端不在同一个子网内,可以在路由器上使能 DNS 代理。配置步骤如下。

第 1 步:在系统视图下使能 DNS 代理功能。

dns proxy enable

只有使能 DNS 代理功能后,路由器才能中继客户端与 DNS 服务器之间的交互报文。

第 2 步:在系统视图下指定域名服务器。

dns server *ip-address* [**vpn-instance** *vpn-instance-name*]

配置完成后,路由器作为 DNS 代理,将客户端发出请求报文转发到所配置的 DNS 服务器，并将 DNS 服务器的应答报文返回给 DNS 客户端，完成跨越子网的域名解析。

在完成上述配置后，在任意视图下执行 display 命令可以显示域名解析配置后的运行情况，如表 22-1 所示，通过查看显示信息验证配置的效果。

表 22-1 display 命令

操 作	命 令
显示静态域名解析表	**display ip host** [**ip** | **ipv6**] [**vpn-instance** *vpn-instance-name*]
显示域名服务器的 IPv4 地址信息	**display dns server** [**dynamic**] [**vpn-instance** *vpn-instance-name*]
显示域名后缀信息	**display dns domain** [**dynamic**] [**vpn-instance** *vpn-instance-name*]

22.9 本章总结

（1）DNS 域名及域名树的基础知识。

（2）域名解析过程。

（3）域名解析两种查询方式。

（4）H3C 设备 DNS 特性及相关配置。

22.10 习题和解答

22.10.1 习题

1. DNS 系统的目的是实现（　　）。
    A. 主机物理地址与域名的映射解析
    B. 主机 IP 地址与域名的映射解析
    C. 主机物理地址与 IP 地址的映射解析
    D. 主机主用域名与辅助域名的映射解析

2. 如果没有 DNS，通常可以通过（　　）实现通过主机名对主机进行访问。
    A. 自定义 ARP 文件　　　　　　　　B. 自定义 hosts 文件
    C. 配置主机名　　　　　　　　　　D. 自定义启动文件

3. DNS 系统的工作模式是（　　）。
    A. 客户端/服务器模式　　　　　　　B. 客户端/浏览器模式
    C. 点对点模式　　　　　　　　　　D. 服务器/服务器模式

4. DNS 域的本质是因特网中一种管理范围的划分。DNS 中最大的域是（　　）。
    A. 顶级域　　　　B. 超级域　　　　C. 根域　　　　D. 一级域

5. 下列哪一个 DNS 域名表示根域名？（　　）
    A. .　　　　　　B. .com　　　　　C. .cn　　　　　D. .com.cn

22.10.2 习题答案

1. B　　2. B　　3. A　　4. A　　5. A

第23章

其他应用层协议介绍

为了解决网络应用问题,人们开发了各种各样的应用层协议,如 DNS、FTP、DHCP、HTTP、SMTP 等。

本章主要介绍了 3 种较常用的应用(远程登录、电子邮件、互联网浏览)所使用的应用层协议及其基本定义和工作原理。

23.1 本章目标

学习完本章,应该能够达到以下目标。
(1) 理解 Telnet 的工作原理和应用场景。
(2) 理解 SMTP/POPv3 的基本工作原理。
(3) 理解 HTTP 的基本工作原理。

23.2 Telnet

23.2.1 Telnet 概述

Telnet(远程通信网络协议)起源于 ARPANET,是最古老的 Internet 应用之一。Telnet 给用户提供了一种通过网络上的终端远程登录服务器的方式。

传统的计算机操作方式是使用直接连接到计算机上的专用硬件终端进行命令行操作。而使用 Telnet 时,用户可以使用自己的计算机,通过网络而远程登录到另一台计算机去进行操作,从而克服了距离和设备的限制。同样地,用户可以使用 Telnet 远程登录到支持 Telnet 服务的任意网络设备,从而实现远程配置、维护等工作,可以节省网络管理维护成本,所以得到了广泛的应用。

Telnet 使用 TCP 为传输层协议,使用端口号 23。Telnet 采用客户端/服务器模式,如图 23-1 所示。

在服务器端所需的组件如下。
(1) 内核命令行接口:操作系统内核与虚拟终端间的适配层。
(2) 虚拟终端:这个部分存在于大部分系统的实现中,其功能类似于实体终端的驱动程序。系统的内核命令行接口像与实体终端通信一样与虚拟终端进行通信;Telnet 服务器则通过虚拟终端与操作系统交换信息。
(3) Telnet 服务器进程:此服务器程序通常驻留在主机上。
(4) TCP/IP 协议栈:Telnet 服务器在众所周知的 TCP 端口 23 侦听客户端发起的连接请求,并与客户端建立连接,传递信息。

图 23-1　Telnet 的客户/服务器模式

客户端所需的组件如下。

（1）Telnet 客户端程序：用户在自己的计算机上通过运行 Telnet 客户端程序，可以远程登录到 Telnet 服务器来实现信息的传递。用户通过 Telnet 程序输入并获得信息，客户端程序通过 TCP/IP 协议栈与服务器进程通信。

（2）TCP/IP 协议栈：客户端可通过任意端口向服务器的 TCP 端口 23 发起连接，并传递信息。

23.2.2　Telnet 工作过程

当用户通过 Telnet 登录远程计算机时，实际上启动了两个程序，一个是"Telnet 客户端程序"，它运行在用户的本地计算机上；另一个是"Telnet 服务器端程序"，它运行在要登录的远程计算机上。因此，在远程登录过程中，用户的本地计算机是一个客户端，而提供服务的远程计算机则是一个服务器。

客户端与服务器间的 Telnet 远程登录包含以下交互过程。

（1）Telnet 客户端通过 IP 地址或域名与远程 Telnet 服务器端程序建立连接。该过程实际上是在客户端与服务器之间建立一个 TCP 连接，服务器端程序所侦听的端口号是 23。

（2）系统将客户端上输入的命令或字符以网络虚拟终端（net virtual terminal，NVT）格式传送到服务端。包括登录用户名、口令及以后输入的任何命令或字符，都以 IP 数据报文的形式进行传送。

（3）服务器端将输出的 NVT 格式的数据转化为客户端所接受的格式送回客户端，包括输入命令回显和命令执行结果。

（4）客户端发送命令对 TCP 连接进行断开，远程登录结束。

23.2.3　使用 Telnet 实现远程登录

大部分操作系统都支持 Telnet 客户端功能。以 Windows 10 操作系统为例，其具有内嵌的 Telnet 客户端应用。假如用户单击一个 Telnet 链接或从终端敲入 Telnet 命令，系统就会运行它并弹出其界面。

在 Windows 系统中,通过 Win+R 快捷键可以快速打开 Windows 系统的"运行"窗口,在弹出的窗口下直接输入 Telnet 命令,后面跟服务器端 IP 地址或域名,系统即可对所指定的 Telnet 服务器发起连接,如图 23-2 所示。

图 23-2　在 Windows 系统中输入 Telnet 命令

若连接成功就会弹出 Telnet 客户端的命令行窗口。此外,也可以在 Windows 系统的命令行方式下直接输入 Telnet 命令,或使用 Windows 系统中安装的仿真终端程序(如 PuTTY)发起 Telnet 连接。

H3C 的网络设备都支持 Telnet 客户端与服务器功能。以 MSR 为例,可以在用户视图下使用如下命令来进行 Telnet 远程登录至设备并进行配置。

telnet remote-host

注意:因为安全原因,默认情况下,MSR 的 Telnet 服务处于关闭状态。如需启动 Telnet 服务,需要在系统视图下使用 telnet server enable 命令。

23.3　SMTP/POP3

23.3.1　电子邮件概述

电子邮件(electronic mail,E-mail)又称电子信箱,是一种用电子手段提供信息交换的通信方式,是 Internet 应用中最广泛的服务。通过电子邮件,用户可以用非常低廉的价格,以非常快速的方式,与世界上任何一个角落的一个或多个网络用户联系。电子邮件可支持各种格式,包括文字、图像、声音等。自从 1971 年第一封电子邮件发送成功以来,由于它的使用简易、投递迅速、收费低廉、易于保存、全球畅通无阻等特点,使得电子邮件在全球范围内被广泛地应用,从而使人们的交流方式得到了极大的改变。

电子邮件地址的格式是 user@server.com,由三部分组成。第一部分 user 代表用户的邮箱账号,对于同一个邮件接收服务器来说,这个账号必须是唯一的;第二部分@是分隔符;第三部分 server.com 是用户邮箱的邮件接收服务器域名,用以标志其所在的位置。

电子邮件的工作过程基于客户/服务器模式。用户在电子邮件客户端程序上进行创建、编辑等工作,并将编辑好的电子邮件通过 SMTP 向本方邮件服务器发送。本方邮件服务器识别接收方的地址,并通过 SMTP 向接收方邮件服务器发送。接收方通过邮件客户端程序连接到邮件服务器后,使用 POPv3 或 IMAP 协议来将邮件下载到本地或在线查看、编辑等。

常见的电子邮件客户端程序包括有 Microsoft 的 Outlook Express,Foxmail 等。

常见的电子邮件协议有以下 3 种。

(1) 简单邮件传输协议(simple mail transfer protocol,SMTP),主要负责将邮件在网络上

的主机之间传输。

（2）邮局协议（post office protocol，POP），负责把邮件从邮件服务器上的电子邮箱中传输到本地邮件客户端程序的协议，目前的版本为POPv3。

（3）Internet 消息访问协议（internet message access protocol，IMAP）。目前的版本为IMAP4，是POPv3的一种替代协议。

以上几种协议都由 TCP/IP 协议族定义。

23.3.2　SMTP 原理

简单邮件传输协议（SMTP）是一种用于在邮件服务器之间交换邮件的协议。SMTP是应用层的服务，可以适应于各种网络系统。Windows9x/NT/2K/XP、Mac OS、UNIX、Linux 等操作系统都具有 SMTP 服务器功能。

SMTP 是基于 TCP 连接的，端口号是 25。

在电子邮件的发送过程中，用户在电子邮件客户程序上通过 SMTP 将邮件传送到本地邮件服务器。如果发送方与接收方使用同一个邮件服务器，则邮件直接转到接收方的电子邮箱中；如果发送方与接收方的邮件服务器不同，则由发送方邮件服务器通过 SMTP 向接收方邮件服务器进行电子邮件的中转。

SMTP 经过以下 3 个阶段来完成邮件传输功能。

（1）建立连接阶段。发送方提出申请，要求与接收方的 SMTP 服务建立双向的通信渠道。接收方服务器确认可以建立连接后，双方就可以开始通信。

（2）传送邮件阶段。发送方通过 MAIL 命令告知发送方的身份，接收方通过 OK 命令来表示同意；发送方再通过 RCPT 命令来告诉接收方的具体地址信息，接收方经检查确认同意后，再回答 OK；接下来就可以进行邮件数据传输了。在此过程中，发送方与接收件方采用交互方式，发送方提出请求，收件方进行确认，确认后才进行下一步的动作。

（3）释放连接阶段。邮件发送完成后，发送方断开 TCP 连接，SMTP 连接结束。

SMTP 服务器基于 DNS 中的邮件交换（MX）记录来路由电子邮件。电子邮件系统发送邮件时，根据接收方的地址后缀来定位邮件服务器。SMTP 通过用户代理程序（UA）完成邮件的编辑、收取和阅读等功能；通过邮件传输代理程序（MTA）将邮件传送到目的地。

23.3.3　POPv3 原理

电子邮件是存储在网络上的邮件服务器上的。在早期，用户只能远程连接到邮件服务器上进行邮件的在线查看和编辑，网络连接费用高且不方便。

POPv3（post office protocol version 3）即邮局协议第 3 版。通过 POPv3，用户能够从本地主机连接到邮件服务器上，通过命令来将邮件从邮件服务器的邮箱中下载到本地主机上进行查看和编辑。另外，用户也可以通过 POP3 将保存在邮件服务器上的邮件删除，以释放邮件服务器所在主机的存储空间。

在电子邮件的传送过程中，接收方的邮件客户端程序首先使用 TCP 连接到 POPv3 服务器的 TCP 端口 110；再通过交互式命令进行用户认证、邮件列表查询、邮件下载、邮件删除等操作，操作完成后，客户端与服务器之间再断开 TCP 连接。

注意：POPv3 仅负责邮件的下载，邮件从客户端到邮件服务器的上传工作由 SMTP 完成。

23.4 HTTP

23.4.1 WWW 概述

万维网（world wide web，WWW）是一个基于 Internet 的、全球连接的、分布的、动态的、多平台的交互式图形平台，综合了信息发布技术和超文本技术的信息系统。WWW 为用户提供了一个基于浏览器/服务器模型和多媒体技术的图形化信息查询界面。

在 WWW 工作过程中，用户使用本地计算机的浏览器，通过 Internet 访问分布在世界各地的 WWW 服务器，进而从服务器获得文本、图片、视频、音频等各种各样的服务资源。

WWW 服务器上的 Web 页面一般采用 HTML 语言编写。HTML 由本地浏览器解释，并将 Web 页面在浏览器中显示出来。

超文本标记语言（hyper text markup language，HTML）是一种专门用于描述、建立存储在 WWW 服务器上的超文本文件的编程语言。HTML 文本是由 HTML 命令组成的描述型文本，HTML 命令可以说明文字、图形、动画、声音、表格、链接等对象。HTML 必须使用特定的程序即 Web 浏览器翻译和执行。

Web 服务器和浏览器的软件都比较多，目前大量使用的浏览器有 Windows 系统自带的 IE（Internet Explorer）、Netscape、FireFox 等；Web 服务器软件有 Windows 平台下的 IIS WEB 服务器，UNIX 平台下的 Apache 等。

23.4.2 HTTP

超文本传输协议（hypertext transfer protocol，HTTP）用来在 Internet 上传递 Web 页面信息。HTTP 位于 TCP/IP 协议栈的应用层。传输层采用面向连接的 TCP。

HTTP 可以使浏览器更加高效，使网络传输减少。它不仅可以保证计算机正确快速地传输超文本文档，还可以确定传输文档中的哪一部分，以及哪部分内容首先显示（如文本先于图形）等各种功能。

在浏览器的地址栏里输入的网站地址叫作统一资源定位符（uniform resource locator，URL）。就像每家每户都有一个门牌地址一样，每个 Web 页面也都有一个 Internet 地址。当用户在浏览器的地址框中输入一个 URL 或是在网页上单击一个超级链接时，URL 就确定了要浏览的 Web 页面地址。

URL 的一般格式如下。

HTTP://<主机名>[：端口]/<路径>/<文件名>

例如，http://www.h3c.com/Newdoc/mydoc.htm，它表示浏览器请求查看 WWW 服务器根目录下的 Newdoc 目录下的页面文件 mydoc.htm（该目录既可以是在本机上，也可以是在局域网的其他主机上）。

WWW 服务的默认端口号为 80。如果 WWW 服务器在配置时，修改了默认端口号，则需要在 URL 中指明端口号。例如，WWW 服务器将端口号重新设定为 8080，则相应在客户端浏览器上输入的 URL 应该为 Http://www.h3c.com:8080/Newdoc/mydoc.htm。

HTTP 采用客户端/服务器通信模式。客户端和服务器之间的信息交互过程如下。

（1）在客户端与服务器之间建立 TCP 连接，通常情况下端口号为 80。

（2）客户端向服务器发送请求消息。

(3) 服务器处理客户请求后,回复响应消息给客户端。

(4) 关闭客户端与服务器之间的 TCP 连接。

HTTP 协议最初的版本为 0.9,现已基本被淘汰。目前使用最广泛的为 HTTP1.0、HTTP1.1 及 HTTP2.0。

HTTP/2(原名 HTTP/2.0)即超文本传输协议 2.0,由因特网工程任务组(IETF)的 hypertext transfer protocol bis(HTTPbis)工作小组进行开发。HTTP 2.0 在 2013 年 8 月进行首次合作共事性测试,并于 2015 年 5 月以 RFC 7540 正式发表。在开放互联网上 HTTP 2.0 只用于 https://网址,而 http://网址将继续使用 HTTP/1,目的是在开放互联网上增加使用加密技术,以提供强有力的保护去遏制主动攻击。目前所有主要的浏览器和服务器都支持此协议。

HTTP/2.0 虽然已经发布了 6 年,不过由于 HTTP/1.1 实在太过经典和强势,目前仍然有很多网站使用的是 HTTP/1.1 版本。

23.5 本章总结

(1) Telnet 的工作原理。
(2) SMTP/POP3 的基本工作原理。
(3) HTTP 的概述与 URL。

23.6 习题和解答

23.6.1 习题

1. Telnet 服务器所侦听的端口号是( )。
   A. 23　　　　　　　B. 25　　　　　　　C. 80　　　　　　　D. 一个随机值

2. SMTP 客户端所使用端口号是( )。
   A. 23　　　　　　　B. 25　　　　　　　C. 80　　　　　　　D. 一个随机值

3. POP 的作用是( )。
   A. 从邮件客户程序向邮件服务器传输邮件
   B. 从本方邮件服务器向对方邮件服务器传输邮件
   C. 从邮件服务器向本地下载邮件
   D. 在本地对邮件服务器上邮件进行编辑

4. 在 http://www.h3c.com.cn/Training/H3C_Certification/123.html 这个 URL 中,表明页面文件名的部分是( )。
   A. www.h3c.com.cn　　　　　　　B. Training
   C. H3C_Certification　　　　　　D. 123.html

5. 以下不是 Telnet、SMTP、HTTP、POP 等协议所共有的特点的是( )。
   A. 都是应用层协议　　　　　　　B. 都是基于客户端/服务器架构
   C. 都是由 TCP 协议所承载的　　　D. 都可以实现文件在网络中的传输

23.6.2 习题答案

1. A　　2. D　　3. C　　4. D　　5. D

附 录

课程实验

实验1　网络设备基本操作

实验2　网络设备基本调试

实验3　以太网基础

实验4　PPP

实验5　配置PPPoE

实验6　IP基础

实验7　ARP

实验8　DHCP

实验9　IPv6基础

实验10　FTP/TFTP

实验1

网络设备基本操作

1.1 实验内容与目标

完成本实验,应该能够达到以下目标。
(1) 使用 console 接口登录设备。
(2) 使用 Telnet 终端登录设备。
(3) 掌握基本系统操作命令的使用。
(4) 掌握基本文件操作命令的使用。
(5) 使用 FTP、TFTP 上传下载文件。

1.2 实验组网图

本实验按照实验图 1-1 进行组网。

实验图 1-1 实验组网

1.3 实验设备与版本

本实验所需的主要设备器材如实验表 1-1 所示。

实验表 1-1 实验设备器材

名称和型号	版本	数量	描述
MSR3620	version 7.1	1	—
PC	Windows 系统均可	1	安装 PuTTY 软件
console 串口线	—	1	—
第 5 类 UTP 以太网连接线	—	1	交叉线

1.4 实验过程

实验任务 1　通过 console 登录

实验前请保证路由器(交换机)的所有配置已经清空。

步骤 1：连接配置线缆。

将 PC 的串口通过标准 console 线缆与路由器的 console 接口连接。线缆的 RJ-45 头一端连接路由器的 console 接口；9 针 RS-232 接口一端连接计算机的串行口。

目前 PC 上大多没有串行接口，通常需要一条 USB 转 DB9 连接线实现计算机 USB 接口到通用串口之间的转换，或者可以直接使用 USB 转 RJ-45 网口的 console 线缆。

步骤 2：启动 PC，运行仿真终端。

在 PC 桌面上运行仿真终端 PuTTY，选择 serial 连接。

首先在 PC 设备管理器中查看本实验中 PC 连接 console 线缆的接口是_____，然后在弹出的 COM 接口属性页面，正确设置相关的参数，单击"确定"按钮。

请在下面的空格处填写选择的参数。

端口：_____

每秒位数：_____

数据位：_____

奇偶校验：_____

停止位：_____

数据流控制：_____

步骤 3：进入 console 配置界面。

按 Enter 键，进入用户视图。请根据显示信息回答以下问题。

用户视图的提示符为_____。

实验任务 2　使用系统操作及文件操作的基本命令

步骤 1：进入系统视图。

完成实验任务 1 时，配置界面处于用户视图下，执行_____命令进入系统视图。系统视图的提示符为_____形式。

在系统视图下，执行_____命令以从系统视图切换到用户视图。

步骤 2：练习使用帮助特性和补全键。

(1) 在系统视图下，使用帮助特性列出所有以 s 开头的命令，并记录所看到的前三个命令。

_____

(2) 在系统视图下，使用帮助特性列出 sysname 命令后可以输入的关键字和参数，并记下观察结果。

_____

(3) 练习智能补全功能：在输入命令时，不需要输入一条命令的全部字符，仅输入前几个字符，再按_____键，系统会自动补全该命令。如果有多个命令都具有相同的前缀字符时候,连续按_____,系统会在这几个命令之间切换。
请在系统视图下,先输入 in,然后多次使用智能补全功能,记下观察到的结果。
_____
_____

步骤 3:更改系统名称。
MSR 默认的系统名称是_____。使用适当的命令把系统名称改为 YourName。应在_____视图下使用完整命令_____。

步骤 4:更改系统时间。
(1) 执行合适的命令查看当前系统时间(用户视图和系统视图均可)。在下面的空格中写出完整的命令和观察到的结果。
_____
_____

(2) 进入用户视图,将系统时间修改为 2022 年 9 月 10 日 10:20:30。应使用的完整命令为_____。
再次查看当前系统时间,验证修改结果。

(3) 熟悉系统自动识别功能。在输入命令行时,为方便操作,有时仅输入前面几个字符即可,当然前提是这个几个字符可以唯一表示一条命令。进入用户视图,然后执行下列操作。
输入命令 d clock,结果是_____。
输入命令 dis clock,结果是_____。
输入命令 dis clo,结果是_____。

步骤 5:显示系统运行配置。
使用_____命令显示系统当前运行的配置(current-configuration),由于使用的设备及模块不同,操作时显示的具体内容也会有所不同。
在一屏显示的最后一行显示出提示信息"---- More ----"时,表示_____。此时按_____键可以继续翻页显示,按_____键可以继续翻行显示,按_____键可以结束显示。
注意查找刚刚使用过的配置系统名称的命令,是否出现在配置中。
查阅接口信息,并与设备的实际接口和模块进行比对。设备上的实际接口数目和类型与当前设备的型号和所插板卡有关。从当前配置中,可以看出该路由器拥有_____个物理接口,记录这些接口的名称。
_____
_____
_____

剩下其他的配置为该设备的出厂默认配置。

步骤 6:显示保存的配置。
使用_____命令显示当前系统的保存配置(saved-configuration)。输出信息的含义为_____。
与当前运行的配置(current-configuration)相比,输出信息的不同在于_____。
原因是_____。

步骤7：保存配置。

使用_____命令保存配置，将当前运行配置写进设备存储介质中。

系统提示输入保存配置文件的文件名，文件名的扩展名为＊.cfg。系统默认的保存后文件名为_____，如果不更改系统默认保存的文件名，可按 Enter 键。

按 Enter 键后，如果选择了系统默认文件名来保存配置文件，系统会提示是否覆盖以前的配置文件。选择覆盖原配置文件。

再次显示保存的配置。检查，与当前运行的配置（current-configuration）相比，输出信息的区别在于_____。原因是_____。

步骤8：删除和清空配置。

（1）删除所配置的系统名称，应使用的完整命令为_____。

（2）将设备恢复到出厂默认配置。首先在用户视图下执行_____命令清空保存配置，观察保存配置与当前配置有无不同。执行_____命令重启设备，启动成功后再观察保存配置与当前配置有无不同，设备配置是否清空。

步骤9：显示文件目录。

显示当前路径，应使用_____命令。输出信息说明当前路径为_____。

显示当前路径上所有的文件，应使用_____命令。记录从输出信息观察到的文件名称、尺寸和类型。

_____
_____
_____

步骤10：显示文本文件内容。

显示一个配置文件的内容，应使用的完整命令为_____。

步骤11：改变当前工作路径。

改变当前的工作路径，进入一个子目录，应使用的完整命令为_____。

退出当前目录，进入上一级目录，应使用的完整命令为_____。

步骤12：文件删除。

保存一个配置文件并命名为 myconfig.cfg。使用的完整命令为_____。

列出所有文件，确认该文件已经存在。使用的完整命令为_____，此时的空闲存储空间为_____。

删除该配置文件。使用的完整命令为_____。

再次列出文件，确认该文件已经删除。此时的空闲存储空间为_____。

删除 myconfig.cfg 文件前后的空闲存储空间有无变化：_____，原因是_____。

使用_____命令列出当前目录下包括隐藏文件在内的所有的文件及子文件夹信息。记录隐藏文件和回收站文件的名称。

_____
_____

使用_____命令清空回收站。再次显示包括隐藏文件在内的所有文件及子文件夹信息。输出结果与上次的区别在于_____。

再次创建配置文件 myconfig.cfg,用一条命令永久删除它,使用的完整命令为_____
_____。

再次列出所有文件,结果为_____。

实验任务3　通过 Telnet 登录

步骤 1：通过 console 接口配置 Telnet 用户。

进入系统视图,创建一个用户,用户名为 test；为该用户创建登录时的认证密码,密码为 test；要求显示配置时密码可以以明文显示出来；设置该用户使用 Telnet 服务类型,该用户的优先级为 network-operator,使用的完整命令应为_____
_____
_____。

步骤 2：配置 super 口令。

设置将用户切换到 network-admin 的密码为 H3C,密码以明文显示,以便用户可以用 super 命令从当前角色切换到 network-admin。使用的完整命令应为_____
_____
_____。

步骤 3：配置登录欢迎信息。

使用 header login 命令将登录验证时的欢迎信息设置为"Welcome to H3C world!"。

步骤 4：配置对 Telnet 用户使用默认的本地认证。

VTY 接口属于逻辑终端线,用于对设备进行 Telnet 或 SSH 访问。进入 VTY 0～63 用户界面,配置路由器使用本地认证授权方式(认证模式为 scheme)。使用的完整命令应为____
_____
_____。

步骤 5：进入接口视图,配置以太网接口和 PC 网卡地址。

使用 interface 命令进入与 PC 相连的以太网接口视图,用 ip address 命令配置将路由器以太网接口地址配置为 192.168.0.1/24。使用的完整命令应为_____
_____
_____。

同时为 PC 设置一个与路由器接口相同网段的 IP 地址 192.168.0.10/24。

步骤 6：打开 Telnet 服务。

在路由器上启动 Telnet 服务,应使用命令_____。

步骤 7：使用 Telnet 登录。

使用交叉网线连接 PC 和路由器的以太网接口。查看 PC 的连接状态和路由器接口指示灯,确认连接成功。

检测路由器与 PC 的连通性,在路由器上应使用的完整命令是_____。

在 PC 命令行窗口中,用 telnet 192.168.0.1 命令 Telnet 到路由器的以太网接口 IP 地址,并按 Enter 键。输入 Telnet 用户名及口令,进入命令行界面。键入＜?＞查看此时该用户角色(network-operator)可使用的命令。

步骤 8：更改登录用户角色。

使用 super 命令将用户角色切换到 network-admin。应使用的完整命令是_____。

按____键查看此时该用户（network-admin）可使用的命令，并与 network-operator 能够使用的命令进行对比，区别是_____。

步骤 9：保存配置，重新启动。

先保存当前配置。再重新启动系统。应使用_____命令重启系统。

实验任务 4 使用 FTP 上传下载系统文件

步骤 1：通过 console 接口配置 FTP 用户。

添加一个本地用户，为其设置密码，设置该用户使用 FTP 服务类型，并设置该用户的角色为 network-admin。使用的完整命令应为_____

_____

_____

_____。

步骤 2：打开 FTP 服务。

在路由器上启动 FTP 服务。使用的完整命令应为_____。

步骤 3：使用 FTP 登录。

在 PC 的命令行窗口中用 ftp 命令对路由器发起 FTP 连接。输入 FTP 用户名及口令，确保 FTP 登录成功。

步骤 4：使用 FTP 上传文件。

使用 put 命令上传一个系统文件。可以任意创建一个大小合适的文件来模拟系统文件，该上传文件应该存在于 FTP 客户端的本地目录中。上传时采用 binary 模式，上传成功后，用 dir 命令查看所有文件，确认文件上传成功。

步骤 5：使用 FTP 下载文件。

使用 FTP 中的 dir 命令列出所有文件。其中默认的配置文件是_____。用 FTP 的 get 命令将配置文件下载到 PC 本地目录。完成后在 PC 上检查相应的文件是否存在。

实验任务 5 使用 TFTP 上传下载系统文件

本实验以 3CDaemon 程序作为 TFTP 的服务器端。实际上任何支持 TFTP 服务的程序均可以使用。

步骤 1：启动 TFTP 服务器端程序。

在 PC 上安装 3CDaemon 程序，对其设置 TFTP server 参数。选择当前用于上传和下载的本地目录，如 C:\Documents and Settings\Administrator。在此目录下创建一个文本文件，命名为 mysystem.sys。

步骤 2：使用 TFTP 下载文件。

在路由器上对 PC 发起 TFTP 连接，将 mysystem.sys 文件下载到路由器中。使用的完整命令应为_____。

步骤 3：使用 TFTP 上传文件。

在路由器上对 PC 发起 TFTP 连接，将 config.sys 文件上传到 PC 上。使用的完整命令应为＿＿＿＿＿＿＿＿＿＿＿＿＿＿＿＿＿＿＿＿＿＿＿＿＿＿＿＿＿＿＿＿＿＿＿＿＿＿。

1.5 实验中的命令列表

本实验命令列表如实验表 1-2 所示。

实验表 1-2　命令列表

命　　令	描　　述
system-view	进入系统视图
sysname	更改设备名
quit	退出
clock	更改时钟配置
display current-configuration	显示当前配置
display saved-configuration	显示保存配置
reset saved-configuration	清空保存配置
pwd	显示当前目录
dir	列目录
more	显示文本文件
cd	更改当前目录
delete	删除文件
reset recycle-bin	清空回收站
local-user	配置本地用户
super password role	配置 super 口令
header login	配置 Login 欢迎信息
user-interface vty	进入用户接口
authentication-mode	设置认证模式
telnet server enable	启动 Telnet
save	保存配置
reboot	重启系统
ftp server enable	启动 FTP server
tftp get	使用 TFTP
tftp put	使用 TFTP
ping	测试连通性

1.6 思考题

1. 在实验任务 2 的步骤 5 中，为什么看不到在步骤 4 中配置的系统时间？

答：clock 属于更改系统硬件参数的命令，即时生效，因此并不作为配置命令显示在当前配置或保存配置文件中。

2. 在实验任务 2 的步骤 12 中，保存配置到 myconfig.cfg 文件后，可以查看到在 CF：/目录下有两个 .cfg 配置文件，当系统重启后，将自动载入哪个配置文件？

答：系统重新启动后，将自动载入系统默认的 startup.cfg 配置文件。使用命令 display startup 可以清楚地看到系统下一次启动时所要加载的配置文件。

可以使用命令 startup saved-configuration 来更改系统重启后加载的配置文件的顺序（主用和备用）。

3. 在实验任务 3 中步骤 4 中，如果要求用户 Telnet 后无须密码认证直接登录系统，应该怎么样修改配置？

答：将配置命令 authentication-mode scheme 改成 authentication-mode none 即可。应注意的是，当用户远程登入后，仍然需要通过 super 命令来切换用户优先级。

4. 在实验任务 4 的步骤 1 中，如果不使用 network-admin 角色，后续实验会有何结果？

答：由于用户角色默认为 network-operator，执行 put 操作时将被设备拒绝。

实验2

网络设备基本调试

2.1 实验内容与目标

完成本实验,应该能够达到以下目标。
(1) 掌握 ping、tracert 系统连通检测命令的使用方法。
(2) 掌握 debug 命令的使用方法。

2.2 实验组网图

本实验按照实验图 2-1 进行组网。

实验图 2-1　实验组网

2.3 实验设备与版本

本实验所需主要设备器材如实验表 2-1 所示。

实验表 2-1　实验设备器材

名称和型号	版　本	数　量	描　述
MSR3620	CMW 7.1	1	—
S5820V2	CMW 7.1	2	—
PC	Windows 系统均可	2	安装 PuTTY 软件
第 5 类 UTP 以太网连接线	—	4	—

2.4 实验过程

实验任务 1　搭建基本连接环境

步骤 1：完成 PC、交换机、路由器互连。

在教师指导下，完成实验环境的搭建。

步骤 2：配置 IP 地址。

将所有设备的配置清空，重启后开始下面的配置。

将路由器的两个以太网接口 IP 地址分别配置为 192.168.0.1/24 和 192.168.1.1/24。使用的完整命令为 _____

_____

_____

_____

PCA 和 PCB 的 IP 地址分别设置为 192.168.0.10 和 192.168.1.10，掩码均为 255.255.255.0，默认网关分别为 192.168.0.1 和 192.168.1.1。

实验任务 2　检查连通性

步骤 1：检测 RTA 与 PCA 的连通性。

通过仿真终端登录到 RTA 的命令行后，检测与 PCA 的连通性，使用的完整命令为 _____

_____。

观察输出信息，记录结果。RTA 发送了 _____ 个探测包，每个包长 _____ B；收到了 _____ 个应答包，每个包长 _____ B。说明 RTA 与 PCA 是否能够连通。要求最终达到可以连通。

查看路由器 ping 命令可携带的参数。使用的完整命令为 _____。

再次检查对 PCA 的连通性，要求一次发送 50 个探测包。使用的完整命令为 _____。

再次检查对 PCA 的连通性，要求发送的探测包长为 512B。使用的完整命令为 _____。

再次检查对 PCA 的连通性，要求发送探测包的源 IP 地址为 192.168.1.1。使用的完整命令为 _____。

步骤 2：检测 RTA 与 PCB 的连通性。

进入 PCB 命令行窗口，检测其与 RTA 地址 192.168.1.1 的连通性。使用的完整命令为 _____。

观察输出信息，说明 PCB 与 RTA 是否连通。

实验任务 3　检查数据包转发路径

步骤 1：检查从 PCA 到 PCB 的数据包转发路径。

进入 PCA 命令行窗口，检查从 PCA 到 PCB 的数据包转发路径，使用的完整命令为 _____。

从显示结果看,整个路径有_____跳,先后次序是_____。

步骤 2:检查从 RTA 到 PCB 的数据包转发路径。

进入 RTA 命令行界面,检查从 RTA 到 PCB 的数据包转发路径,使用的完整命令为_____。

从显示结果看,整个路径有_____跳,先后次序是_____。

查看路由器 tracert 命令携带的参数,使用的完整命令为_____。

实验任务 4 练习使用查看调试信息

步骤 1:开启 RTA 终端对信息的监视和显示功能。

在 RTA 上开启终端对系统信息的监视功能,使用的完整命令为_____。

在 RTA 上开启终端对调试信息的显示功能,使用的完整命令为_____。

步骤 2:打开 RTA 上 ICMP 的调试开关。

在 RTA 上开启 ICMP 模块的调试功能。使用的完整命令为_____。

步骤 3:在 PCA 上 ping RTA,观察 RTB 调试信息输出。

在 PCA 上 ping RTA 的接口地址,连续发送 10 个 ping 报文。使用的完整命令为_____。

在 RTA 上观察 debugging 信息输出。根据输出信息,说明哪些包是来自 PCA 的探测包,哪些包是 RTA 发出的应答包,这些包的源地址、目的地址各是什么。

步骤 4:关闭调试开关。

调试结束后,关闭所有模块的调试开关。使用的完整命令为_____。

2.5 实验中的命令列表

本实验命令列表如实验表 2-2 所示。

实验表 2-2 命令列表

命　　令	描　　述
ip address	配置 IP 地址
ip static-route	配置静态路由
ping	检测连通性
tracert	探测转发路径
terminal monitor	开启终端对系统信息的监视功能
terminal debugging	开启终端对调试信息的显示功能
debugging	打开系统指定模块调试开关

2.6 思考题

在实验任务 2 的步骤 1 中,要求 RTA 以源 IP 地址 192.168.1.1 发送探测包,检查对 PCA 的连通性。如果没有这种要求,默认的源地址是什么?

答:默认情况下,发出的探测包的源地址为出接口地址,即对 PCA 探测连通性时的源地址为 192.168.0.1,对 PCB 探测连通性时源地址为 192.168.1.1。

实验3

以太网基础

3.1 实验内容与目标

完成本实验,应该能够达到以下目标。
(1) 掌握网线制作方法。
(2) 理解交叉网线和直连网线的区别。
(3) 掌握以太网速率和双工的配置。

3.2 实验组网图

本实验按照实验图 3-1 进行组网。

实验图 3-1　实验组网图

3.3 实验设备与版本

本实验所需的主要设备器材如实验表 3-1 所示。

实验表 3-1　实验设备器材

名称和型号	版　本	数　量	描　述
S5820V2	CMW 7.1	1	—
PC	Windows 系统均可	1	—
console 串口线	—	1	—
第 5 类 UTP 以太网连接线	—	1	—
RJ-45 夹线钳	—	1	—
RJ-45 水晶头	—	若干	—
第 5 类 UTP	—	若干	—
以太网线缆测试仪	—	1	—

3.4 实验过程

实验任务 1　网线制作

步骤 1:确定双绞线线序。

双绞线由 8 根有色导线绞合而成,按橙白、橙、绿白、蓝、蓝白、绿、棕白、棕顺时针排列,依次编号为 1、2、3、4、5、6、7、8。

如果要制作直连网线,双绞线一端的线序为 1、2、3、4、5、6、7、8,那么另一端的线序应当为 _____；如果要制作交叉网线,那么另一端的线序应当为 _____。

步骤 2:制作直连网线并检测连通性。

按照步骤 1 的直连网线的线序,制作一条直连网线。

制作完成后,使用线缆测试仪检测线缆的连通性,检测时将双绞线两端分别插入信号发射器和接收器,打开电源,只有在 _____ 情况下,才能说明线缆连通性良好。

步骤 3:制作交叉网线并检测连通性。

按照步骤 1 的直连网线的线序,制作一条交叉网线。

制作完成后,使用线缆测试仪检测线缆的连通性。

实验任务 2　配置以太网双工与速率

步骤 1:建立物理连接并运行仿真终端。

将 PC(或终端)的串口通过标准 console 线缆与交换机的 console 接口连接。线缆的 RJ-45 头一端连接交换机的 console 接口,9 针 RS-232 接口一端连接计算机的串行口。

目前 PC 上大多没有串行接口,通常需要一条 USB 转 DB9 连接线实现计算机 USB 接口到通用串口之间的转换,或者可以直接使用 USB 转 RJ-45 网口的 console 线缆。

检查设备的软件版本及配置信息,确保各设备软件版本符合要求,所有配置为初始状态。如果配置不符合要求,请学员在用户视图下擦除设备中的配置文件,然后重启设备以使系统采用默认的配置参数进行初始化。

步骤 2:查看端口双工与速率。

按照组网图,将 PCA 与 SWA 的端口 GE1/0/5 相连,连接后,在 SWA 上通过 display interface GigabitEthernet 1/0/5 查看接口显示状态,根据该命令输出补充以下空格。

```
Current state: _____
Line protocol state: _____
Bandwidth: _____ kbps
Maximum transmission unit: 1500
IP packet frame type: Ethernet II, hardware address: 0c3a-fa33-102f
IPv6 packet frame type: Ethernet II, hardware address: 0c3a-fa33-102f
Media type: Twisted pair, loopback: Not set, promiscuous mode: Not set
1000Mbps-speed mode, full-duplex mode
Link speed type is _____, link duplex type is _____
```

从以上显示信息可以看到端口的状态、物理 MAC 地址、连接的线缆类型及端口的双工与速率。

如上信息显示目前端口在默认的情况下双工与速率是自协商模式,协商的结果是:速率为 _____,双工模式为 _____。

步骤 3:修改端口速率。

在 SWA 上将端口 GE1/0/5 的速率修改为 100Mbps,在以下空格填写完整的配置命令。

_____

修改完成后,再次通过命令 display interface GigabitEthernet 1/0/5 查看端口 GE1/0/5 的状态,根据该命令输出补充以下空格。

_____ - speed mode, full - duplex mode
Link speed type is _____, link duplex type is autonegotiation

从以上显示信息可以看到,虽然端口的速率仍然是 100Mbps,但是速率模式已经是强制模式,而不是自协商模式,而此时双工的工作模式依然是自协商模式。

步骤 4:修改端口双工模式。

在 SWA 上将端口 GE1/0/5 的双工模式配置为全双工模式,在以下空格中填写完整的配置命令。

_____

修改完成后,再次通过命令 display interface GigabitEthernet 1/0/5 查看端口 GE1/0/5 的状态,根据该命令输出补充以下空格。

_____ - speed mode, _____ mode
Link speed type is _____, link duplex type is _____

从以上显示信息可以看到,端口虽然依然是全双工模式,但是其协商模式已经是强制模式,而不是自协商模式。

同时也可以看到,修改端口的双工模式对端口的速率没有影响。

步骤 5:同时修改端口的速率与双工。

在 SWA 上将端口 GE1/0/5 的速率修改为 100Mbps,双工模式修改为半双工模式,请在以下空格补充完整的配置命令。

_____

修改完成后,再次通过命令 display interface GigabitEthernet 1/0/5 查看端口 GE1/0/5 的状态,根据该命令输出补充以下空格。

_____ - speed mode, _____ mode
Link speed type is _____, link duplex type is _____

步骤 6:关闭端口。

在 SWA 上通过在接口视图下执行_____命令可以将端口 GE1/0/5 关闭。

关闭接口后,再次通过命令 display interface GigabitEthernet 1/0/5 查看端口 GE1/0/5 的状态,根据该命令输出补充以下空格。

GigabitEthernet1/0/5
current state: _____
Line protocol state: _____
_____ - speed mode, _____ mode
Link speed type is _____, link duplex type is _____

可以看到接口被关闭,但是步骤 5 配置的双工模式和速率模式没有改变。该命令只是影响了端口的物理状态。

可以通过在接口视图下配置_____命令将端口 GE1/0/5 开启建立物理连接。

3.5 实验中的命令列表

本实验中的命令列表如实验表 3-2 所示。

实验表 3-2 命令列表

命　令	描　述
duplex { auto	full	half }	设置以太网接口的双工模式
speed { 10	100	1000	auto }	设置以太网接口的速率
shutdown	关闭以太网接口
description *text*	设置当前接口的描述信息

3.6 思考题

在实验任务 2 中,如果两台出厂默认配置的交换机的端口 GE1/0/5 互连,那么在其中一台交换机端口上配置修改端口速率为 100Mbps,那么另外一台交换机的端口 GE1/0/5 速率状态是什么样的?

答:交换机端口默认的速率和双工是自协商模式,如果一台交换机的端口强制修改速率为 100Mbps,那么另外一台处于自协商模式的交换机端口速率将协商为 100Mbps。

实验 4

PPP

4.1 实验内容与目标

完成本实验,应该能够达到以下目标。
(1) 完成 PPP 连接的基本配置。
(2) 完成 PPP PAP/CHAP 验证的配置。
(3) 熟悉 PPP 的常用监控和维护命令。

4.2 实验组网图

本实验按照实验图 4-1 进行组网。

实验图 4-1　PPP 实验组网图

4.3 实验设备与版本

本实验所需的主要设备器材如实验表 4-1 所示。

实验表 4-1　实验设备器材

名称和型号	版　本	数量	描　述
MSR3620	CMW 7.1	2	—
PC	Windows 系统均可	1	—
console 串口线	—	1	—
V.35 DTE 串口线	—	1	—
V.35 DCE 串口线	—	1	—

4.4 实验过程

本实验中路由器的 IP 地址规划如实验表 4-2 所示。

实验表 4-2　IP 地址规划

设备	接口	IP 地址/掩码	备　注
RTA	S0/0	10.1.1.1/30	—
RTB	S0/0	10.1.1.2/30	—

实验任务1　PPP 基本配置

在开始实验前,将路由器配置恢复到默认状态。

步骤1:运行仿真终端并初始化路由器配置。

将 PC(或终端)的串口通过标准 console 线缆与交换机的 console 接口连接。线缆的 RJ-45 头一端连接路由器的 console 接口;9 针 RS-232 接口一端连接计算机的串行口。目前 PC 上大多没有串行接口,通常需要一条 USB 转 DB9 连接线实现计算机 USB 接口到通用串口之间的转换,或者可以直接使用 USB 转 RJ-45 网口的 console 线缆。

检查设备的软件版本及配置信息,确保各设备软件版本符合要求,所有配置为初始状态。如果配置不符合要求,请学员在用户视图下擦除设备中的配置文件,然后重启设备以使系统采用默认的配置参数进行初始化。

步骤2:依据规划建立两台路由器之间的物理连接。

将两台路由器的 S1/0 接口通过 V.35 线缆连接,然后在 RTA 上执行命令 display interface serial1/0,根据其输出信息补充以下空格。

Current state: _____　Line protocol state: _____
Link layer protocol: _____

在 RTB 上执行同样的命令并查看以上信息。

通过以上输出信息可以得知,路由器串口默认的链路层封装协议是_____。

步骤3:配置路由器广域网接口 IP 地址。

在 RTA 上配置广域网接口 S1/0 的 IP 地址。补充完整的配置命令。

[RTA]interface Serial 1/0
[RTA-Serial1/0]_____

在 RTB 上也完成广域网接口 IP 地址配置。

在 RTA 的 S1/0 接口模式下,执行命令 display this,可以看到_____,根据此信息检查并核实配置的正确性。

在 RTB 的 S1/0 接口模式下,执行同样的命令并查看核实配置的正确性。

在 RTA 路由器上执行命令 display interface serial1/0,根据其输出信息补充以下空格。

Current state: _____　Line protocol state: _____
Link layer protocol: _____
LCP:_____, IPCP:_____

步骤4:检查路由器广域网之间的互通性。

在 RTA 上通过 ping 命令检查 RTA 与 RTB 广域网之间的互通性,其结果是_____。

实验任务2　PPP PAP 认证配置

在开始实验前,将路由器配置恢复到默认状态。

步骤1:配置路由器广域网接口 IP 地址并确认互通性。

依据本实验 IP 地址规划表,在 RTA 和 RTB 上配置广域网接口的 IP 地址。

从实验任务1得知,MSR 广域网接口默认的链路层封装协议是_____,因此只要在广域网接口配置正确的 IP 地址后,RTA 与 RTB 的广域网接口之间是_____(能/不能)ping

通的。

步骤 2：在 RTA 上配置以 PAP 方式验证对端 RTB。

RTA 为主验证方验证 RTB，那么首先要在_____视图下配置将对端 RTB 的用户名和密码加入本地用户列表并设置用户的服务类型，请在 RTA 上完成添加对端用户名 rtb，密码 pwdpwd 到本地用户列表，在以下空格中填写完整的命令。

_____

_____

其次在_____视图下设置本地验证对端 RTB 的方式为 PAP，请在以下空格中填写完整的命令。

_____

步骤 3：查看接口状态并验证互通性。

在 RTA 上执行命令 display interface serial 1/0，根据输出信息补充以下空格。

Current state: _____ Line protocol state: _____
Link layer protocol: _____
LCP: _____

在 RTA 上 ping RTB 广域网接口地址，其结果为_____。

步骤 4：配置 RTB 为被验证方。

在 RTB 上配置本地被对端 RTA 以 PAP 方式验证时发送的 PAP 用户名（rtb）和密码（pwdpwd），该配置需要在_____视图下完成，请在下面的空格填写完整的命令。

_____

步骤 5：查看接口状态及验证 RTA 与 RTB 的互通性。

在 RTA 上执行命令 display interface serial 1/0，根据输出信息补充以下空格。

Current state: _____ Line protocol state: _____
Link layer protocol: _____
LCP _____, IPCP _____

在 RTB 上完成同样的信息查看。

在 RTA 上 ping RTB 广域网接口地址，结果是_____。

实验任务 3 PPP CHAP 认证配置

在开始实验前，将路由器配置恢复到默认状态。

步骤 1：配置路由器广域网接口 IP 地址并确认互通性。

依据本实验 IP 地址规划表，在 RTA 和 RTB 上配置广域网接口的 IP 地址。

从实验任务 1 得知，MSR 路由器广域网接口默认的链路层封装协议是_____，因此只要在广域网接口配置正确的 IP 地址后，RTA 与 RTB 的广域网接口之间是_____（能/不能）ping 通的。

步骤 2：在 RTA 上配置以 CHAP 方式验证对端 RTB。

RTA 为主验证方验证 RTB，那么在 RTA 上完成了以下配置。

[RTA] local-user rtb class network

实验4 PPP

```
[RTA-luser-network-user2] password simple pwdpwd
[RTA-luser-network-user2] service-type ppp
```

以上配置的含义是_____。

其次在_____视图下设置本地验证对端 RTB 的方式为 CHAP,请在以下空格填写完整的命令。

_____

步骤 3：查看接口状态并验证互通性。

在 RTA 上执行命令 display interface serial 1/0,根据输出信息补充以下空格。

```
Current state: _____   Line protocol state: _____
Link layer protocol: _____
LCP: _____
```

在 RTA 上 ping RTB 广域网接口地址,其结果为_____。

步骤 4：配置 RTB 为被验证方。

在 RTB 上配置以下命令。

```
[RTB-Serial1/0] ppp chap user rtb
```

该配置命令的含义是_____。

```
[RTB-Serial1/0] ppp chap password simple pwdpwd
```

该配置命令的含义是_____。

步骤 5：查看接口状态及验证 RTA 与 RTB 的互通性。

在 RTA 上执行命令 display interface serial 1/0,根据输出信息补充以下空格。

```
Current state: _____   Line protocol state: _____
Link layer protocol: _____
LCP: _____, IPCP: _____
```

在 RTB 上完成同样的信息查看。

在 RTA 上 ping RTB 广域网接口地址,结果是_____。

4.5 实验中的命令列表

本实验中的命令列表如实验表 4-3 所示。

实验表 4-3 命令列表

命 令	描 述
link-protocol ppp	用来配置接口封装的链路层协议为 PPP
ppp authentication-mode { chap | pap } [[call-in] domain *isp-name*]	用来设置本端 PPP 对对端设备的验证方式
ppp chap password { cipher | simple } *password*	用来配置进行 CHAP 验证时采用的默认口令
ppp chap user *username*	用来配置采用 CHAP 认证时的用户名
ppp pap local-user *username* password { cipher | simple } *password*	用来配置本地设备被对端设备采用 PAP 方式验证时发送的用户名和口令

4.6 思考题

在配置 CHAP 验证的时候,如果 RTB 接口 S0/0 上不配置 ppp chap password simple pwdpwd,那么 RTB 收到 RTA 的验证请求后,该怎样处理才能完成 CHAP 验证的第二次握手操作并给 RTA 发送 Response?这个时候 RTB 上需要其他配置吗?

答:按照 CHAP 验证的原理,如果被验证方检查发现本端接口上没有配置默认的 CHAP 密码,则被验证方根据此报文中主验证方的用户名在本端的用户表查找该用户对应的密码,因此这个时候需要在 RTB 上配置本地用户名和对端密码。

```
[RTB] local-user rta class network
[RTB-luser-network-user1] service-type ppp
[RTB-luser-network-user1] password simple pwdpwd
```

当然这个时候在 RTA 上也需要将用户名 rta 通过 ppp chap user 命令的指定而发送出来。

```
[RTA] interface serial0/0
[RTA-Serial0/0] ppp chap user rta
```

配置 PPPoE

5.1 实验内容与目标

完成本实验后,应该能够达到以下目标。
(1) 完成 PPPoE 连接的基本配置。
(2) 了解和熟悉 PPPoE 的应用场景及使用方法。

5.2 实验组网图

实验组网如实验图 5-1 所示,由 2 台 MSR(PPPoE server、PPPoE client)、2 台交换机(SWA、SWB)、3 台 PC(PCA、PCB、Internet)组成。

实验图 5-1　PPPoE 实验环境图

本组网模拟了实际组网中 PPPoE 的应用,PCA、PCB 及 SWB 位于私网,PCA 及 PCB 可以理解为家庭终端,网关为 PPPoE client,PPPoE client 同时为 NAT 设备,PPPoE client 和 SWB 可以一起理解为家用路由器,有 1 个私网接口(G0/1)和 1 个公网接口(G0/0,可以认为是家庭路由器上的 WAN 口),公网接口通过 SWA(模拟城域网络)与公网 PPPoE server 相连。PPPoE server 及 Internet 位于公网,本实验用一台 PC 终端模拟 Internet,其网关为 PPPoE server 的 G0/1 端口。

5.3 实验设备与版本

本实验所需的主要设备器材如实验表 5-1 所示。

实验表 5-1　实验设备列表

名称和型号	版本	数量	描述
MSR 36-20	CMW 7.1	2	路由器

续表

名称和型号	版本	数量	描述
S5820V2	CMW 7.1	2	交换机
PC	Windows 系统	3	主机
第 5 类 UTP 以太网连接线	—	6	直通线

5.4 实验过程

本实验中的 PC 及路由器的 IP 地址规划如实验表 5-2 所示。

实验表 5-2 IP 地址规划

设备	接口	IP 地址/掩码	备注
PCA	—	DHCP	192.168.0.0/24 网段
PCB	—	DHCP	192.168.0.0/24 网段
PPPoE client	G0/1	192.168.0.254/24	终端 DHCP 地址池网关
	dialer 1	DHCP	由 PPPoE server 分配
PPPoE server	VT 1	1.1.1.1/24	PPPoE client DHCP 地址池网关
	G0/1	2.2.2.1/30	—
Internet	G0/1	2.2.2.2/30	外网服务器

实验任务 1 PPPoE server 配置

步骤 1：运行仿真终端并初始化路由器配置。

将 PC(或终端)的串口通过标准 console 线缆与交换机的 console 接口连接。线缆的 RJ-45 头一端连接路由器的 console 接口；9 针 RS-232 接口一端连接计算机的串行口。目前 PC 上大多没有串行接口，通常需要一条 USB 转 DB9 连接线实现计算机 USB 接口到通用串口之间的转换，或者可以直接使用 USB 转 RJ-45 网口的 console 线缆。

检查设备的软件版本及配置信息，确保各设备软件版本符合要求，所有配置为初始状态。如果配置不符合要求，请学员在用户视图下擦除设备中的配置文件，然后重启设备以使系统采用默认的配置参数进行初始化。

步骤 2：创建虚拟模板接口 1，配置接口 IP 地址，并采用 PAP 认证对端。

```
[H3C] sysname Server
[Server] interface virtual-template 1
[Server-Virtual-Template1] ip address 1.1.1.1 24
[Server-Virtual-Template1]
```

步骤 3：在 G0/0 接口上启用 PPPoE server 协议，并与虚拟模板接口 1 绑定。

```
[Server] interface GigabitEthernet 0/0
[Server-GigabitEthernet0/0]
```

步骤 4：配置 DHCP 地址池 pool1。

1 个 PPPoE server 可以管理多个 PPPoE client，通过设置地址池为其管理的 PPPoE client 分配 IP 地址。

```
[Server] dhcp enable
[Server] dhcp server ip-pool pool1
[Server-dhcp-pool-pool1] network 1.1.1.0 24 export-route
[Server-dhcp-pool-pool1] gateway-list 1.1.1.1 export-route
[Server-dhcp-pool-pool1] forbidden-ip 1.1.1.1
```

步骤 5：配置一个 PPPoE 用户。

在 PPPoE server 上配置本地用户名和密码，后续对端 PPPoE client 的用户名和密码需要与该本地用户保持一致。

```
[Server] local-user user1 class network
[Server-luser-network-user1] password simple pass1
[Server-luser-network-user1] service-type ppp
```

这里要回想一下 PAP 验证的过程。PAP 验证是两次握手完成的，PAP 验证的第一步就是被验证方以明文的方式发送用户名和密码到验证方。在本实验中，PPPoE client 作为被验证方，要把_____和_____以明文的方式发送给验证方 PPPoE server，然后由 PPPoE server 来确认。由此也可以看到 PAP 验证的不安全性。

步骤 6：在 ISP 域 dm1 下，配置域用户使用本地验证方案，并授权地址池 **pool1**。

```
[Server] domain dm1
[Server-isp-dm1] authentication ppp local
[Server-isp-dm1] _____
```

步骤 7：配置 PPPoE server G0/1 端口 IP 地址。

```
[Server] interface GigabitEthernet 0/1
[Server-GigabitEthernet0/1] ip address 2.2.2.1 30
```

实验任务 2　PPPoE client 配置

在配置 PPPoE 会话之前，需要先配置一个 dialer 接口，并在接口上开启共享 DDR。每个 PPPoE 会话唯一对应一个 dialer bundle，而每个 dialer bundle 又唯一对应一个 dialer 接口。这样就相当于通过一个 dialer 接口可以创建一个 PPPoE 会话。

步骤 1：拨号接口相关配置。

设置拨号访问组 1，设置拨号规则来发起 PPPoE 会话的条件（使用 IP），对 IP 报文进行 DDR 拨号，并创建 dialer 接口，将拨号访问组 1 与接口 dialer1 关联。

```
[H3C]sysname Client
[Client]dialer-group 1 rule ip permit
[Client]interface dialer 1
[Client-Dialer1]dialer-group 1
```

配置接口通过 PPP 协商获取 IP 地址，dialer1 会通过 PPPoE server 动态获取 IP 地址。

```
[Client-Dialer1]ip address ppp-negotiate
```

在 dialer1 接口上使能共享 DDR。

```
[Client-Dialer1]dialer bundle enable
```

配置本地被 PPPoE server 以 PAP 方式认证时 PPPoE client 发送的 PAP 用户名和密码。

[Client-Dialer1] _____

步骤2：配置 PPPoE 会话。

建立一个 PPPoE 会话，并且指定该会话所对应的 dialer bundle。该 dialer bundle 的序号 number 需要与 dialer 接口的编号相同。

[Client]interface GigabitEthernet 0/0
[Client-GigabitEthernet0/0] _____

配置 PPPoE client 工作在永久在线模式，以便于测试配置效果。

[Client]interface dialer 1
[Client-Dialer1] dialer timer idle 0

PPPoE Client 配置完成后，PPPoE Client 就可以与远端的 PPPoE server 建立 PPPoE 会话。可通过 display pppoe-client session summary 命令查看 PPPoE 会话是否成功建立。

当 PPPoE Client 通过 PPPoE 接入 Router 后，可在 PPPoE server 通过 display dhcp server ip-in-use 命令显示所有 DHCP 地址绑定信息。由此可知 _____ 被分配的公网 IP 地址。

步骤3：NAT 配置。

对于拨号接入这类常见的上网方式，其公网 IP 地址是由运营商方面动态分配的，无法事先确定，标准的 NAPT 无法为其做地址转换。_____ 适用于拨号接入 Internet 或动态获得 IP 地址的场合。

通过 acl 定义一条源地址属于 10.0.0.0/24 网段的流。

[Client]acl basic 2000
[Client-acl-ipv4-basic-2000]rule 0 permit source 192.168.0.0 0.0.0.255

在 dialer 接口视图下将 acl 2000 与接口关联下发 NAT。

[Client]interface Dialer 1
[Client-Dialer1] nat outbound 2000

步骤4：私网配置。

配置私网地址池。

[Client]dhcp enable
[Client]dhcp server forbidden-ip 192.168.0.254
[Client]dhcp server ip-pool pool1
[Client-dhcp-pool-pool1]network 192.168.0.0 mask 255.255.255.0
[Client-dhcp-pool-pool1]gateway-list 192.168.0.254

配置私网网关地址。

[Client]interface GigabitEthernet 0/1
[Client-GigabitEthernet0/1]ip address 192.168.0.254

步骤5：检查连通性。

从 PCA、PCB 分别 ping Internet(2.2.2.2)，检查是否能够 ping 通。

步骤 6：检查 NAT 表项。

完成上一步骤后，立即在 RTA 上通过 display nat session verbose 检查 NAT 表项。会发现有_____个会话。

5.5 实验中的命令列表

本实验中的命令列表如实验表 5-3 所示。

实验表 5-3 实验命令列表

命 令	描 述
interface *virtual-template number*	创建虚拟模板接口并进入指定的虚拟模板接口视图
ppp authentication-mode { **chap** | **pap** } [[**call-in**] **domain** *isp-name*]	用来设置本端 PPP 对对端设备的验证方式
pppoe-server bind *virtual-template number*	在接口上启用 PPPoE server，将该接口与指定的虚拟模板接口绑定
dialer-group *group-number* **rule** { *protocol-name* { **deny** | **permit** } | **acl** { *acl-number* | **name** *acl-name* } }	创建拨号访问组，并配置拨号控制规则
interface dialer *number*	创建 dialer 接口，并进入该 dialer 接口视图
ip address { *address mask* | **ppp-negotiate** }	配置接口 IP 地址
dialer bundle enable	使能共享 DDR
dialer-group *group-number*	配置该拨号接口关联的拨号访问组，将该接口与拨号控制规则关联起来
dialer timer idle [**in** | **in-out**]	配置链路空闲时间

实验6

IP 基 础

6.1 实验内容与目标

完成本实验,应该能够达到以下目标。
(1) 掌握 IP 子网划分原理。
(2) 掌握子网掩码概念。
(3) 掌握网关的概念。
(4) 掌握基本的 IP 网段内通信。

6.2 实验组网图

本实验按照实验图 6-1 进行组网。

实验图 6-1 实验组网

6.3 实验设备与版本

本实验所需的主要设备器材如实验表 6-1 所示。

实验表 6-1 实验设备器材

名称和型号	版 本	数量	描 述
MSR36-20	version 7.1	1	—
PC	Windows 系统均可	2	—
console 串口线	—	1	—
第 5 类 UTP 以太网连接线	—	2	—

6.4 实验过程

实验任务 基本的 IP 网段内通信

本实验的主要任务是通过划分子网及配置网关实现基本的 IP 网段内通信。

步骤 1：划分 IP 子网。

本实验中给定的一个 C 类网段地址 192.168.1.0，该地址段有_____个地址位，一共有_____个 IP 地址，其网络地址是_____，广播地址是_____，一共有_____个可用主机地址。

现在要求将该网段地址划分子网实现每个网段内可用的主机地址数是 25，在下面的空格中写出最佳的子网划分结果(包括网段和掩码)。

IP：_____ 掩码：_____
IP：_____ 掩码：_____
IP：_____ 掩码：_____
IP：_____ 掩码：_____
IP：_____ 掩码：_____
IP：_____ 掩码：_____
IP：_____ 掩码：_____
IP：_____ 掩码：_____

步骤 2：配置 IP 地址。

在 PCA 上配置其 IP 地址为 192.168.1.10/255.255.255.240，在 RTA 的 G0/0 接口上配置 IP 地址为 192.168.1.19/255.255.255.240。

配置完成后，在 PC 的"命令提示符"窗口下，输入命令 ipconfig 来验证 PC 的 IP 地址是否配置正确，根据其输出信息回答下面的问题。

PCA 的显示结果是

IP Address _____ ; Subnet Mask _____ ;
Default Gateway _____ 。

在 RTA 上通过_____命令可以查看接口 G0/0 的信息，根据其输出信息可以看到 Internet Address is _____ Primary。

步骤 3：验证相同 IP 网段内通信。

在 PCA 上通过 ping 命令检测 PCA 与 RTA 之间的互通，其结果是_____。
产生这种情况的原因是_____。
在不修改 PCA 的 IP 地址及掩码情况下，修改 RTA 的 G0/0 接口地址为 192.168.1.16/28，该地址中数字 28 的含义是_____，在 RTA 的 G0/0 接口下_____(能/不能)成功地配置该 IP 地址，产生这种情况的原因是_____。
要解决该问题，在不修改 PCA 的 IP 地址及掩码的情况下，RTA 的 G0/0 接口 IP 地址可以配置范围是_____。

步骤 4：配置网关。

配置 RTA 接口 G0/1 的 IP 地址为 2.2.2.1/30，要确保 PCB 与 G0/1 能够互通，那么 PCB 的 IP 地址应该配置为_____。

配置完成后，在 PCA 上 ping RTA 接口 G0/1 的地址 2.2.2.1，其结果是_____。
产生这种结果的原因是_____。
保持步骤 2 中配置的 PCA 的 IP 地址不变，配置 RTA 的 G0/0 接口的 IP 地址为 192.168.1.1/28，那么要实现 PCA 可以和 RTA 接口 G0/1 互通，那么 PCA 的网关地址应该配置为_____。
　　配置完成后,在 PCA 上 ping RTA 接口 G0/1 的地址 2.2.2.1,其结果是_____。
　　由此可以理解,PC 上网关的含义是_____。
步骤 5:验证不同网段 IP 互通。
　　在 PCA 上 ping PCB,其结果是_____。
　　要解决该问题,需要_____。
　　按照上述解决办法完成配置修改后,在 PCA 上再次 ping PCB,其结果是_____。

6.5　实验中的命令列表

本实验中的命令列表如实验表 6-2 所示。

实验表 6-2　命令列表

命　　令	描　　述
ip address *ip-address* { *mask* | *mask-length* }	配置接口的 IP 地址
display ip interface [*interface-type interface-number*]	显示三层接口的相关信息

6.6　思考题

在步骤 4 中,是否可以配置 RTA 的接口 G0/1 的 IP 地址为 192.168.1.13/28?

答:不能配置,因为该地址与接口 G0/0 的 IP 地址在一个网段。一个三层设备上,不能配置相同网段的 IP 地址。

实验7

ARP

7.1 实验内容与目标

完成本实验,应该能够达到以下目标。
(1) 掌握 ARP 的工作机制。
(2) 掌握 ARP 代理的工作原理及配置方法。

7.2 实验组网图

本实验按照实验图 7-1 所示。

实验图 7-1 实验组网

7.3 实验设备与版本

本实验所需的主要设备器材如实验表 7-1 所示。

实验表 7-1 实验设备器材

名称和型号	版 本	数量	描 述
MSR3620	version 7.1	1	—
PC	Windows 系统均可	2	安装 PuTTY 软件
console 串口线	—	1	—
第 5 类 UTP 以太网连接线	—	2	交叉线

7.4 实验过程

实验任务 1 ARP 表项观察

本实验通过观察设备上的 ARP 表项建立过程,使学员能够了解 ARP 的基本工作原理。

步骤 1:运行仿真终端并初始化路由器配置。

将 PC(或终端)通过 console 线缆与路由器的 console 接口连接。运行 PC 上的 PuTTY 仿真终端,在 PC 上打开终端仿真软件 PuTTy,单击 session,选择连接方式为 serial,设置 PuTTy 连接的接口及通信参数,确保成功登录到路由器设备。

检查设备的软件版本及配置信息,确保各设备软件版本符合要求,所有配置为初始状态。如果配置不符合要求,在用户视图下擦除设备中的配置文件,然后重启设备以使系统采用默认的配置参数进行初始化。

步骤 2:配置 PC 及路由器的 IP 地址。

据实验表 7-2 所示在 PC 上配置 IP 地址和掩码。配置完成后,在 PC 的"命令提示符"窗口下,输入命令 ipconfig 来验证 PC 的 IP 地址是否配置正确,根据其输出信息回答下面的问题。

实验表 7-2 IP 地址列表

设备名称	接口	IP 地址
PCA	—	172.16.0.1/24
PCB	—	172.16.1.1/24
RTA	G0/0	172.16.0.254/24
RTA	G0/1	172.16.1.254/24

PCA 的显示结果是

IP Address _____; Subnet Mask _____;
Default Gateway _____。

PCB 的显示结果是

IP Address _____; Subnet Mask _____;
Default Gateway _____

然后在 RTA 的接口上配置 IP 地址及掩码,在下面的空格中补充完整的命令。

[RTA]interface GigabitEthernet0/0
[RTA-GigabitEthernet0/0] _____
[RTA]interface GigabitEthernet0/1
[RTA-GigabitEthernet0/1] _____

步骤 3:查看 ARP 信息。

在 RTA 上执行命令 display interface GigabitEthernet 0/0,根据该命令的输出信息,填写以下空格。

Internet Address: _____ Primary
IP Packet Frame Type: Ethernet II, Hardware Address: _____

在 RTA 上执行命令 display interface GigabitEthernet 0/1,根据该命令的输出信息,填写以下空格。

Internet Address: _____ Primary
IP Packet Frame Type: Ethernet II, Hardware Address: _____

在 PC 的"命令提示符"窗口下,输入命令 ipconfig/all 来查看 PC 的接口 MAC 与 IP 地址根据该命令的输出信息,请填写以下空格 PC 的 MAC 地址。

PCA: Physical Address. . . . . : _____
PCB: Physical Address. . . . . : _____

根据以上信息做一张表,表的内容是 PC 及 RTA 的 IP 地址与 MAC 地址对应关系,请补充实验表 7-3 中空格处的 MAC 地址。

实验表 7-3　IP 地址与 MAC 地址对应关系列表

设备名称	接口	IP 地址	MAC 地址
PCA	—	172.16.0.1/24	—
PCB	—	172.16.1.1/24	—
RTA	G0/0	172.16.0.254/24	
RTA	G0/1	172.16.1.254/24	

然后,分别在 PCA 和 PCB 的"命令提示符"窗口下用 ping 命令来测试 PC 到 RTA 的可达性,以使 PC 及 RTA 建立 ARP 表项。

测试完成后,分别在 PCA、PCB 和 RTA 上查看 ARP 表项信息,分别在 PCA 和 PCB 的"命令提示符"窗口下用 arp-a 来查看 ARP 表象信息,根据该命令的输出信息,请填写以下空格。

PCA 的输出信息是

Internet Address　　Physical Address　　Type
_____　　_____　　_____

PCB 的输出信息是

Internet Address　　Physical Address　　Type
_____　　_____　　_____

在 RTA 上可以在_____视图下执行_____命令查看路由器所有的 ARP 表项,请执行该命令并根据其输出信息补充以下空格。

```
IP Address      MAC Address         VLAN/VSI    Interface/Link ID    Aging       Type
172.16.0.1      _____       N/A         GE0/0                _____       _____
172.16.1.1      _____       N/A         GE0/1                _____       _____
```

以上输出信息中,type 字段的含义是_____;
Aging 字段的含义是_____。
把做的表 7-3 与 PC 及 RTA 上的 ARP 表项对比一下。可知,PC 及 RTA 都建立了正确的 ARP 表项,表项中包含了 IP 地址和对应的 MAC 地址。

注意:学员实验过程中所显示的 MAC 地址与本指导手册中的不同,是正常现象。

实验任务 2　ARP 代理配置

本实验通过在设备上配置 ARP 代理,使设备能够对不同子网间的 ARP 报文进行转发,使学员能够了解 ARP 代理的基本工作原理,掌握 ARP 代理的配置方法。

步骤 1:运行仿真终端并初始化路由器配置。

将 PC(或终端)通过 console 线缆与路由器的 console 接口连接。运行 PC 上的 PuTTY 仿真终端登录到路由器设备。

检查设备的软件版本及配置信息,确保各设备软件版本符合要求,所有配置为初始状态。如果配置不符合要求,在用户视图下擦除设备中的配置文件,然后重启设备以使系统采用默认的配置参数进行初始化。

步骤 2：配置 PC 及路由器的 IP 地址。

根据实验表 7-4 在 PC 上配置 IP 地址和掩码。配置完成后，在 PC 的"命令提示符"窗口下，输入命令 ipconfig 来验证 PC 的 IP 地址是否配置正确。根据其输出信息回答下面的问题。

实验表 7-4　IP 地址列表

设备名称	接口	IP 地址
PCA	—	172.16.0.1/16
PCB	—	172.16.1.1/16
RTA	G0/0	172.16.0.254/24
RTA	G0/1	172.16.1.254/24

PCA 的显示结果是

IP Address _____ ; Subnet Mask _____ ;
Default Gateway _____

PCB 的显示结果是

IP Address _____ ; Subnet Mask _____ ;
Default Gateway _____

然后在 RTA 的接口上配置 IP 地址及掩码，在下面的空格中补充完整的命令。

[RTA]interface GigabitEthernet 0/0
[RTA-GigabitEthernet0/0] _____
[RTA]interface GigabitEthernet 0/1
[RTA-GigabitEthernet0/1] _____

步骤 3：配置 ARP 代理。

在 PCA 和 PCB 上通过 ping 来检测它们之间是否可达，检测的结果是_____。
导致这种结果的原因是_____
_____。

在 RTA 上配置 ARP 代理，在下面的空格处补充完整的命令。

[RTA]interface GigabitEthernet 0/0
[RTA-GigabitEthernet0/0] _____
[RTA]interface GigabitEthernet 0/1
[RTA-GigabitEthernet0/1] _____

配置完成后，在 PCA 上用 ping 命令测试到 PCB 的可达性，其结果是_____。

步骤 4：查看 ARP 信息。

在 PCA 上查看 ARP 表项，根据其输出信息补充以下的空格。

Internet Address　　Physical Address　　Type
_____　　_____　　_____

ARP 表项中 PCB 的 IP 地址对应的 MAC 地址与_____ MAC 地址相同，由此可以看出，是_____接口执行了 ARP 代理功能，为 PCA 发出的 ARP 请求提供了代理应答。

在 PCB 上查看 ARP 表项，可以看到 ARP 表项中 PCA 的 IP 地址对应的 MAC 地址与

_____ MAC 地址相同。

在 RTA 上通过可以通过 _____ 命令查看 ARP 表项,其输出结果与实验一的结果 _____ 。

7.5 实验中的命令列表

本实验中的命令列表如实验表 7-5 所示。

实验表 7-5 命令列表

命　令	描　述
proxy-arp enable	开启端口的 ARP 代理特性
display arp all	显示 ARP 表项

7.6 思考题

在实验任务 2 的步骤 3 中,没有在 RTA 上启用 ARP 代理功能之前,在 PCA 上通过 arp-a 查看 PCA 的 ARP 表项,输出信息是什么?

答:此时在 PCA 上看到以下输出信息:

```
Interface: 172.16.0.1 --- 0x2
Internet Address      Physical Address         Type
172.16.1.1            00-00-00-00-00-00        invalid
```

实验8

DHCP

8.1 实验内容与目标

完成本实验,应该能够达到以下目标。
(1) 了解 DHCP 工作原理。
(2) 掌握设备作为 DHCP 服务器的常用配置命令。
(3) 掌握设备作为 DHCP 中继的常用配置。

8.2 实验组网图

本实验按照实验图 8-1 进行组网。

实验图 8-1 实验组网图

8.3 实验设备与版本

本实验所需的主要设备器材如实验表 8-1 所示。

实验表 8-1 实验设备器材

名称和型号	版 本	数量	描 述
MSR36-20	version 7.1	1	—
S5820V2	version 7.1	1	—
PC	Windows 系统均可	1	—
console 串口线	—	1	—
第 5 类 UTP 以太网连接线	—	2	—

8.4 实验过程

实验任务 1 PCA 直接通过 RTA 获得 IP 地址

本实验通过配置 DHCP 客户机从处于同一子网中的 DHCP 服务器获得 IP 地址、网关等信息,能够掌握路由器上 DHCP 服务器的配置。

步骤 1:建立物理连接并初始化路由器配置。

按图 8-1 拓扑进行物理连接并检查设备的软件版本及配置信息,确保各设备软件版本符合要求,所有配置为初始状态。如果配置不符合要求,请学员在用户视图下擦除设备中的配置文件,然后重启设备以使系统采用默认的配置参数进行初始化。

步骤 2:在设备上配置 IP 地址及路由。

在以下空格中补充完整命令,配置 RTA 接口 G0/0 IP 地址为 172.16.0.1/24。

[RTA-GigabitEthernet0/0]＿＿＿＿＿＿＿＿＿＿＿＿＿＿＿

交换机采用出厂默认配置,不做任何配置,在这种情况下,交换机所有的端口都属于VLAN ＿＿＿＿＿。

步骤 3:配置 RTA 作为 DHCP 服务器。

配置 RTA 为 DHCP 服务器,给远端的 PCA 分配 IP 网段为 172.16.0.0/24 的地址。补充下面空格中默认的命令。

[RTA]＿＿＿＿＿ //启动 DHCP 服务
[RTA]dhcp server forbidden-ip 172.16.0.1
//以上配置命令的含义是＿＿＿＿＿＿＿＿＿＿＿＿＿＿＿＿＿＿
[RTA]dhcp server ip-pool 1
//以上命令中数值 1 的含义是＿＿＿＿＿＿＿＿＿＿＿＿＿＿＿
[RTA-dhcp-pool-1]network ＿＿＿＿＿ mask ＿＿＿＿＿
[RTA-dhcp-pool-1]gateway-list ＿＿＿＿＿

配置完成后,通过 display current-configuration 命令查看配置的正确性。

步骤 4:PCA 通过 DHCP 服务器获得 IP 地址。

在 Windows 操作系统的"控制面板"中选择"网络和 Internet 连接"命令,选取"查看网络状态和任务"中的"更改适配器设置"选项,选择"以太网"选项,右击选择"属性"命令,在弹出的窗口中选择"Internet 协议(TCP/IP)"选项,单击"属性"按钮,出现界面如实验图 8-2 所示。

实验图 8-2　Internet 协议(TCP/IP)属性

如实验图 8-2 所示,选中"自动获得 IP 地址"和"自动获得 DNS 服务器地址"单选按钮并确定,以确保 PCA 配置为 DHCP 客户端。在 PCA 的"命令提示符"窗口下,键入命令 ipconfig 来验证 PCA 能否获得 IP 地址和网关等信息。其输出的显示结果是

IP Address ＿＿＿＿＿＿＿＿; Subnet Mask ＿＿＿＿＿＿＿;
Default Gateway ＿＿＿＿＿＿＿＿

如果无法获得 IP，请检查线缆连接是否正确，然后在"命令提示符"窗口下用 ipconfig / renew 命令来使 PCA 重新发起 DHCP 请求。

步骤 5：查看 DHCP 服务器相关信息。

在 RTA 上用_____命令来查看 DHCP 服务器的统计信息，执行该命令根据其输出信息可以看到_____个地址被服务器禁止分配。

在 RTA 上用_____来查看 DHCP 服务器可供分配的 IP 地址资源。

在 RTA 上用_____来查看 DHCP 服务器已分配的 IP 地址，执行该命令，根据其输出信息可以看到 PCA 的 MAC 地址绑定的 IP 地址为_____。

实验任务 2 PCA 通过 DHCP 中继方式获得 IP 地址

本实验通过配置 DHCP 客户机从处于不同子网的 DHCP 服务器获得 IP 地址、网关等信息，能够掌握 DHCP 中继的配置。本实验中需要将 SWA 更换为一台 MSR(RTB)。

步骤 1：建立物理连接并初始化路由器配置。

按图 8-1 拓扑进行物理连接并检查设备的软件版本及配置信息，确保各设备软件版本符合要求，所有配置为初始状态。如果配置不符合要求，在用户视图下擦除设备中的配置文件，然后重启设备以使系统采用默认的配置参数进行初始化。

步骤 2：在设备上配置 IP 地址及路由。

按实验表 8-2 所示在交换机及路由器上配置 IP 地址。

实验表 8-2 设备 IP 地址列表

设备名称	物理接口	IP 地址	VLAN 虚接口
SWA	G1/0/1	172.16.1.1/24	Vlan-interface1
	G1/0/2	172.16.0.1/24	Vlan-interface2
RTA	G0/0	172.16.0.2/24	—

在 SWA 上配置 VLAN 虚接口及 IP。

[SWA]vlan 2
[SWA]interface GigabitEthernet 1/0/2
[SWA－GigabitEthernet1/0/2]port access vlan 2
[SWA]interface Vlan－interface 1
[SWA－Vlan－interface1]ip address 172.16.1.1 24
[SWA]interface Vlan－interface 2
[SWA－Vlan－interface2]ip address 172.16.0.1 24

在 RTA 上配置接口 IP 及静态路由。

[RTA－GigabitEthernet0/0]ip address 172.16.0.2 24
[RTA]ip route－static 172.16.1.0 24 172.16.0.1

步骤 3：在 RTA 上配置 DHCP 服务器并在 RTB 上配置 DHCP 中继。

配置 RTA 为 DHCP 服务器，给远端的 PCA 分配 IP 网段为 172.16.1.0/24 的地址，在以下的空格中补充完整的配置命令。

[RTA]_____
[RTA]dhcp server forbidden－ip _____

```
[RTA]dhcp _____
[RTA-dhcp-pool-1]network _____ mask _____
[RTA-dhcp-pool-1]gateway-list _____
```

配置 SWA 提供 DHCP Relay 服务，在以下的空格中补充完整的配置命令。

```
[SWA]_____    //启动 DHCP 服务
[SWA]dhcp relay server-group 1 ip _____
//以上命令中，数字 1 的含义是_____
[SWA]interface Vlan-interface 1
[SWA-Vlan-interface1]dhcp select _____
[SWA-Vlan-interface1]dhcp relay server-address _____
```

步骤 4：PCA 通过 DHCP 中继获取 IP 地址。

断开 PCA 与 SWA 之间的连接线缆，再接上，以使 PCA 重新发起 DHCP 请求。

完成重新获取地址后，在 PCA 的"命令提示符"窗口下，输入命令 ipconfig 来验证 PCA 能否获得 IP 地址和网关等信息，其输出信息显示为

```
IP Address _____; Subnet Mask _____;
Default Gateway _____
```

步骤 5：查看 DHCP 中继相关信息。

在 SWA 上通过命令 _____ 查看 DHCP 服务器地址信息。
通过命令 _____ 查看 DHCP 中继的相关报文统计信息。

8.5 实验中的命令列表

本实验中的命令列表如实验表 8-3 所示。

实验表 8-3　命令列表

命　　令	描　　述
dhcp enable	使能 DHCP 服务
network network-address [mask-length ｜ mask mask]	配置动态分配的 IP 地址范围
gateway-list ip-address	配置为 DHCP 客户端分配的网关地址
dhcp server forbidden-ip low-ip-address [high-ip-address]	配置 DHCP 地址池中不参与自动分配的 IP 地址
dhcp server ip-pool pool-name	创建 DHCP 地址池并进入 DHCP 地址池视图
dhcp relay server-group group-id ip ip-address	配置 DHCP 服务器组及组中 DHCP 服务器的 IP 地址
dhcp select relay	配置接口工作在 DHCP 中继模式
dhcp relay server-address ip-address	配置在 DHCP 中继上指定 DHCP 服务器的地址
display dhcp server free-ip	显示 DHCP 地址池的可用地址信息
display dhcp server forbidden-ip	显示 DHCP 地址池中不参与自动分配的 IP 地址
display dhcp server statistics	显示 DHCP 服务器的统计信息
display dhcp relay server-address [interface interface-type interface-number]	显示工作在 DHCP 中继模式的接口上指定的 DHCP 服务器地址信息
display dhcp relay statistics [interface interface-type interface-number]	显示 DHCP 中继的相关报文统计信息

8.6 思考题

1. 在实验任务一里,如果设置 RTA 的 DHCP 地址池为 192.168.0.0/24,那么 PCA 能否获得该子网的 IP 地址?为什么?

答:不能获得。这是网络设备上的一个检查机制。因为 RTA 不仅是 DHCP 服务器,而且作为 PCA 的网关,还承担了转发数据的工作。如果 RTA 分配了与接口不同子网的 IP 地址给 PCA,PCA 与 RTA 之间无法通信,地址分配就失去了意义。因此它发现自己收到 DHCP 请求的接口子网与地址池资源所属子网不同时,是不会响应 DHCP 客户机的请求的,因此也就不会把错误的地址分配出去。

2. 在实验 2 的环境下,如果设置 RTA 地址池为 192.168.0.0/24,那么 PCA 能否获得该子网的 IP 地址?为什么?

答:PCA 将无法获得该子网的地址。因为 DHCP 中继在向 DHCP 服务器转发 DHCP 客户端发出的 DHCP 报文时,会把自己接收到 DHCP 客户端请求的接口地址填入 DHCP 报文中。服务器会根据 DHCP 中继接口所属的子网来分配正确的 IP 地址资源,如果地址池中 IP 资源与中继接口 IP 所在子网不匹配,地址不能被分配。

实验 9

IPv6 基 础

9.1 实验内容与目标

完成本实验,应该能够达到以下目标。
(1) 在路由器上配置 IPv6 地址。
(2) 用 IPv6 ping 命令进行 IPv6 地址可达性检查。
(3) 用命令行来查看 IPv6 地址配置和邻居信息。

9.2 实验组网图

本实验按照实验图 9-1 进行组网。

实验图 9-1 IPv6 实验组网

9.3 实验设备与版本

本实验所需的主要设备器材如实验表 9-1 所示。

实验表 9-1 实验设备列表

名称和型号	版 本	数量	描 述
MSR36-20	version 7.1	2	每台至少带有一个以太网接口
PC	Windows 系统均可	1	路由器配置用机
console 串口线	—	1	—
第 5 类 UTP 以太网连接线	—	1	—

9.4 实验过程

实验任务 IPv6 地址配置及查看

本实验令学员在路由器上配置 IPv6 地址,然后用命令行观察 IPv6 邻居表项,再用命令行来测试 IPv6 邻居的可达性,从而深化对 IPv6 地址的认识,深入对邻居发现协议功能的了解。

步骤 1:建立物理连接。

按照实验图 9-1 进行连接,并检查路由器的软件版本及配置信息,确保路由器软件版本符合要求,所有配置为初始状态。如果配置不符合要求,在用户模式下擦除设备中的配置文件,然后重启路由器以使系统采用默认的配置参数进行初始化。

以上步骤可能会用到以下命令。

<RTA> display version
<RTA> reset saved-configuration
<RTA> reboot

步骤2：配置接口自动生成链路本地地址及测试可达性，查看邻居信息。

请在路由器RTA和RTB的G0/0接口视图下，配置接口自动生成链路本地地址，并在下面的空格中写出完整的命令。

RTA上的命令是_____。

RTB上的命令是_____。

以上配置完成后，路由器会自动生成前缀为FE80::的链路本地地址。请用命令来查看生成的链路本地地址，并在下面的空格中写出完整的命令。

_____

请在下面填入所看到的地址。

RTA的接口G0/0链路本地地址是_____。

RTB的接口G0/0链路本地地址是_____。

在RTA上用命令来进行RTA与RTB之间的IPv6可达性测试，并在下面的空格中写出完整的命令。

_____

可达性测试的结果是：成功 □　失败 □

如果可达性测试失败，请分析原因。

在RTA和RTB上通过命令来查看路由器的邻居信息，并在下面的空格中写出完整的命令。

_____

RTA上看到的邻居地址信息是_____。

RTB的看到的邻居地址信息是_____。

步骤3：配置接口生成全球单播地址并测试可达性，查看邻居信息。

请在RTA及RTB的G0/0接口视图下，配置全球单播地址，并在下面的空格中写出完整的命令。

RTA上的命令是_____。

RTB上的命令是_____。

以上配置完成后，路由器接口会生成全球单播地址。用命令来查看全球单播地址。请在下面填入实验结果。

RTA的接口G0/0全球单播地址是_____。

RTB的接口G0/0全球单播地址是_____。

在RTA上用命令来进行RTA与RTB之间的IPv6可达性测试，并在下面的空格中写出完整的命令。

_____

可达性测试的结果是：成功 □　失败 □

在RTA和RTB上通过命令来查看路由器的邻居信息。

RTA 上看到的邻居地址信息是 _____。
RTB 的看到的邻居地址信息是 _____。

9.5 实验中的命令列表

本实验中的命令列表如实验表 9-2 所示。

实验表 9-2 IPv6 实验命令列表

命　　令	命令执行视图	描　　述
ipv6 address { *ipv6-address prefix-length* | *ipv6-prefix/prefix-length* }	接口视图	手工配置接口的 IPv6 全球单播地址
ipv6 address auto link-local	接口视图	配置系统自动为接口生成链路本地地址
display ipv6 interface [*interface-type interface-number* | brief]	任意视图	显示接口的 IPv6 信息
ping ipv6	任意视图	测试对端设备的 IPv6 可达性
display ipv6 neighbors{*ipv6-address*|all|dynamic|interface *interface-type interface-number*|static|vlan *vlan-id* }[verbose]	任意视图	显示邻居信息

9.6　思考题

1. 在进行 IPv6 邻居的查看时，邻居表项中的"state"一栏中的显示是什么？它表示什么意思？

答：显示有可能为 INCMP、REACH、STALE、DELAY 及 PROBE 之中的一种。INCMP 表示正在解析地址，邻居的链路层地址尚未确定；REACH 表示邻居可达；STALE、DELAY 及 PROBE 表示未确定邻居是否可达。ND 协议借此表示邻居地址的可信度，结合更多的操作，从而实现比 ARP 更高的安全性。

2. 全球单播地址和链路本地地址有什么不同？各使用在什么场合？

答：链路本地地址是以 FE80::开头，只能在本地链路上转发，主要用在邻居间建立协议关系。而全球单播地址的前缀是自己定义的，代表了链路所处的网络号，可以在全球范围内转发，主要用于业务数据传输。

实验 10

FTP/TFTP

10.1 实验内容与目标

完成本实验,应该能够达到以下目标。
(1) 掌握 FTP 和 TFTP 的操作。
(2) 掌握 FTP 和 TFTP 的工作原理。

10.2 实验组网图

本实验按照实验图 10-1 进行组网。

实验图 10-1　实验环境图

10.3 实验设备与版本

本实验所需的主要设备器材如实验表 10-1 所示。

实验表 10-1　实验设备和器材

名称和型号	版 本	数量	描 述
MSR36-20	version 7.1	1	—
PC	Windows 系统均可	1	安装有报文分析软件
console 串口线	—	1	—
第 5 类 UTP 以太网连接线	—	1	—

10.4 实验过程

实验任务 1　FTP 操作与分析

本实验将路由器配置为 FTP 服务器,PC 作为 FTP 客户端连接到路由器,利用 FTP 在 PC 与路由器之间传输文件。期间通过报文分析软件对 FTP 的连接建立和文件传输过程进行观察,从而掌握 FTP 的工作原理。

步骤 1：建立物理连接。

按照图 10-1 进行连接,并检查设备的软件版本及配置信息,确保各设备软件版本符合要求,所有配置为初始状态。如果配置不符合要求,在用户模式下擦除设备中的配置文件,然后重启设备以使系统采用默认的配置参数进行初始化。

以上步骤可能会用到以下命令。

< RTA > display version
< RTA > reset saved-configuration
< RTA > reboot

步骤2:IP 地址配置。

按实验表 10-2 所示在 PC 及路由器上配置 IP 地址。

实验表 10-2　IP 地址列表

设备名称	接口	IP 地址	网　关
PCA	—	10.0.0.2/24	10.0.0.1
RTA	G0/0	10.0.0.1/24	—

步骤3:报文分析软件配置。

因为在本实验中,需要对 PC 与路由器间的 FTP 交互报文进行观察,所以要首先会使用报文分析软件进行相应的报文截获。报文分析软件有多种,较多使用的有 Wireshark(Ethereal)、Sniffer 等。本实验以较常用的开源软件 Wireshark(Ethereal)为例,简单描述相关配置。

首先从网站上获取相关软件,安装在 PC 上。然后打开软件,按照下述步骤操作。

(1) 在主菜单下选取"捕获"选项,在弹出的下拉菜单中选择"选项"命令,系统会弹出一个配置界面。

(2) 在"捕获接口"对话框中选择使用当前的网卡,然后单击"开始"按钮。软件开始进行报文截获。

(3) 截获到所需报文后,单击"停止"按钮以停止截获,然后查看报文的详细信息。

熟悉软件操作后,请先关闭软件。

说明:本实验以 Wireshark 的 version 2.0.2 为例来说明操作过程,不同版本可能会有差异,以软件本身的说明为主。

步骤4:FTP 服务器端配置。

请在路由器 RTA 的系统视图下,使能路由器的 FTP 服务器功能,并在下面的空格中写出完整的命令。

_____

然后在路由器上创建本地用户并设置相应的密码、服务类型等参数,并在下面的空格中写出完整的命令。

_____

_____

_____

配置完成后要注意保存。

步骤5:使用 FTP 下载文件。

在 PCA 的 Windows 操作系统桌面左下角搜索框中输入命令 CMD,进入命令行界面下。

同时，按照步骤 2 中的方法，将报文分析软件打开，并开始进行报文捕获。

在命令行界面下，输入命令 ftp 10.0.0.1 连接到 FTP 服务器。请按照系统的提示来输入相应的用户名和密码。

用户名：_____

密码：_____

正常情况下，PCA 现在已经通过 FTP 连接到 RTA 上。现在需要把 RTA 上的文件下载到 PCA 上。在命令行下输入命令 dir 来查看 RTA 上的文件名，并在下面的空格中写出看到的后缀名称为.cfg 的文件名。

_____

_____

说明：此处可能会有多个文件。

将上述后缀名称为.cfg 的文件下载到本地。在下面的空格中写出所使用的命令。

_____

待系统提示下载完成后，退出 FTP 命令行会话。在下面的空格中写出所使用的命令。

_____

步骤 6：TCP 及 FTP 分析。

停止报文分析软件 Ethereal，然后查看所截获报文的详细信息。在实验表 10-3 中填入所截获的前三个 TCP 报文的相关信息。

实验表 10-3 TCP 报文信息表

报文序号	源 IP	目的 IP	源端口	目的端口	标志位（flag）	序列号（sequence number）	确认号（acknowledgement number）	Window size
1								
2								
3								

根据实验表 10-3 中的内容，思考并回答以下问题。

在 TCP 连接中，第一个报文的标志位是_____，表示_____；确认号是_____，表示_____。

第二个报文的标志位是_____，表示_____；acknowledgement number 是_____，表示_____。

在 TCP 建立完成后，客户端与服务器端之间建立 FTP 连接并开始传输文件。请观察 FTP 报文，并在下面的空格中填入结果。

PCA 上的 FTP 客户端端口号是_____。

RTA 上的 FTP 服务器端端口号是_____。

FTP 文件传输模式是_____。

FTP 数据传输方式是_____。

实验任务 2 TFTP 操作与分析实验

本实验通过将 PC 配置为 TFTP 服务器端，然后在路由器上使用 TFTP 客户端连接到

TFTP 服务器并传输文件。期间通过报文分析软件对 TFTP 的连接建立和文件传输过程进行观察,从而掌握 TFTP 的工作原理。

步骤 1:TFTP 服务器软件配置。

本实验中需要用到 TFTP 服务器。TFTP 服务器软件有多种,本实验以较常用的 3CDaemon 软件为例,简单描述相关配置。

首先从网站上下载 3CDaemon 并安装。安装成功后,打开 3CDaemon 软件,其默认界面如实验图 10-2 所示。

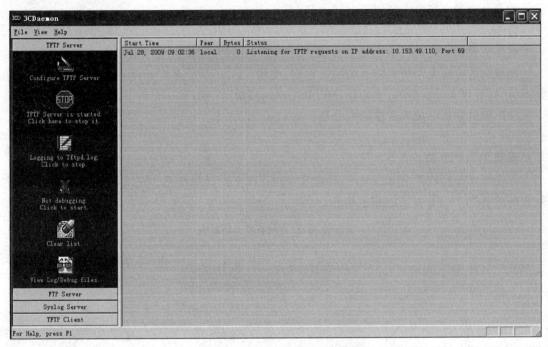

实验图 10-2　CDaemon 默认界面

界面的左边是状态栏,表示所能配置的服务器,默认就是 TFTP 服务器。单击状态栏中的 Configure TFTP Server 图标,弹出如实验图 10-3 界面。

实验图 10-3　TFTP 服务器配置界面

此界面上主要配置 TFTP 服务器的参数。在 Upload/Download 对话框输入所需要上传或下载文件的目录,或单击右边的图标,在弹出的菜单中进行目录选择。

将所需要上传或下载的文件放置于目录中,以备后续操作。考虑到路由器的存储空间有限,文件不宜太大。在下面的空格中填入所放置的文件名称。

_____

步骤 2:使用 TFTP 下载文件。

在路由器的用户视图下,使用命令来查看路由器中的存储空间。在下面的空格中填入所使用的命令和输出所显示的剩余存储空间。

命令:_____

剩余空间:_____

确保剩余空间大于所需要下载的文件后,使用 TFTP 命令来将文件下载到路由器中。与此同时,打开报文分析软件,来截获 TFTP 操作的报文。

在下面的空格中填入所使用的命令。

_____

步骤 3:TFTP 分析。

停止报文分析软件 Ethereal,然后查看所截获报文的详细信息。在实验表 10-4 中填入所截获的前三个 TFTP 报文的相关信息。

实验表 10-4 TFTP 报文信息表

报文序号	源 IP	目的 IP	源端口	目的端口	块编号 (block)	确认块编号 (acknowledgement block)	数据块大小
1							
2							
3							

根据 TFTP 报文信息表中内容,思考并回答以下问题。

在 TFTP 传输中,第一个报文是_____,表示_____。

第二个报文的块编号是_____,表示_____。

第三个报文的确认块编号是_____,表示_____。

在 TFTP 传输中,报文数据块的大小是:_____。

另外,最后一个 TFTP 报文块的大小是:_____。

10.5 实验中的命令列表

本实验中的命令列表如实验表 10-5 所示。

实验表 10-5 实验命令列表

命 令	描 述
ftp server enable	启动 FTP 服务器功能
local-user *user-name* [**class** { **manage**	**network** }]	创建本地用户
password [{ **hash**	**simple** } *password*]	设置当前本地用户的密码
service-type { **ftp**	{ **ssh**	**telnet**	**terminal** } }	设置服务类型

命 令	描 述
tftp *tftp-server* { **get** | **put** | **sget** } *source-filename* [*destination-filename*] [**vpn-instance** *vpn-instance-name*] [**dscp** *dscp-value* | **source** { **interface** *interface-type interface-number* | **ip** *source-ip-address* }]	配置路由器作为 TFTP 客户端

10.6 思考题

列出要提出的思考题,或要提问的知识点。

1. 在 TCP 传输中,窗口大小(window size)的作用是什么?

答:表示接收端期望一次性接收的字节,最大为 65535B。在 TCP 的传输过程中,双方通过交换窗口的大小来表达自己剩余的缓冲区空间,以及下一次能够接受的最大的数据量,避免缓冲区的溢出。

2. 在 FTP 数据传输中,服务器端所侦听的端口号在什么情况下不是 20?

答:当数据传输方式是被动方式(PASV)时,服务器端会使用一个临时端口号来传输数据,此时端口号不是 20。

参 考 文 献

[1] 新华三认证 https://www.h3c.com/cn/.
[2] 新华三人才研学中心 https://www.h3c.com/cn/Training/.
[3] 产品文档中心-新华三集团-H3C https://www.h3c.com/cn/Service/Document_Software/Document_Center/.
[4] HCLHub社区 http://hclhub.h3c.com/home.